时尚首饰

FASHION

JEWELRY
HISTORY

U0728528

胡俊　熊芏芏——

著

史　　话

中国纺织出版社有限公司

内 容 提 要

本书从中外两个视角系统介绍了时尚首饰的发展脉络。外国部分讲述了时尚首饰的起源，从宫廷时尚到大众时尚分阶段介绍时尚首饰的发展状况与传播路径，此外，对典型首饰的形态、材质与时代背景等做了专门的讲述。中国部分讲述了时尚首饰的发展以民国为源头，结合时代背景、社会文化对中国时尚首饰的缘起、产销与流行样式的演进进行了全面的解读。

本书适合首饰设计专业的学生、高校教师、时尚首饰研究者阅读使用。

图书在版编目（CIP）数据

时尚首饰史话 / 胡俊，熊芝芝著. -- 北京 ：中国纺织出版社有限公司，2025. 5. -- ISBN 978-7-5229-2746-6

Ⅰ. TS934. 3-091

中国国家版本馆CIP数据核字第20259GK689号

责任编辑：亢莹莹　黎嘉琪　　责任校对：高　涵
责任印制：王艳丽

中国纺织出版社有限公司出版发行
地址：北京市朝阳区百子湾东里 A407 号楼　邮政编码：100124
销售电话：010—67004422　传真：010—87155801
http://www.c-textilep.com
中国纺织出版社天猫旗舰店
官方微博 http://weibo.com/2119887771
天津千鹤文化传播有限公司印刷　各地新华书店经销
2025 年 5 月第 1 版第 1 次印刷
开本：787×1092　1/16　印张：14.25
字数：260 千字　定价：98.00 元

历史中的动人微光

　　我虽然是用了两天时间读完了胡俊老师发给我的电子版书稿，但是实际从时间上看，我的阅读却跨越了一年。因为这两天分别是 2024 年 12 月 31 日和 2025 年 1 月 1 日。说实话，看完的感觉绝不是仅仅过了一年，而是 200 多年展现在眼前，转瞬即逝。在不知不觉之中，跟随书中的文字，从 1730 年走到了今天。

　　作为一个做了十几年珠宝时尚杂志的主编，我真心羡慕胡俊老师和熊芷芷老师可以写出这样一部完整的"时尚首饰"史书。因为，杂志只能将所有的知识、信息与故事拆分到每个专栏、每段采访与每期杂志里，以碎片化的方式慢慢呈现给读者，而这本书，却完完整整地呈现了一条清晰又详尽的时尚珠宝发展线，酣畅淋漓又充满细节。

　　本书尤为珍贵的一点在于，作者结合查阅的文献和当下的时代发展，重新定义了"时尚珠宝"，它打破了材质贵重与否的边界，从社会风尚、设计创新、媒体传播和流行周期性的维度来考量。因此，本书才会写得全面而有趣。在书中描写的每一个时代里，我们都可以看到贵重金属、宝石如何与廉价金属、人造材料相爱相杀，你中有我、我中有你。

　　本书的结构简洁，分为两个部分：外国时尚首饰和中国时尚首饰。所以，在横向梳理历史的同时，又给读者提供一个纵向的历史切面，让我们从同一个时间点看到外国与中国珠宝首饰发展的交互影响。

书写历史和阅读历史的最大价值都在于，能够帮助我们更好地审视当下。那些现代人认为非常惊奇的事件、新鲜的流行、难以逾越的艰辛，其实已经在历史上反复上演过多次。

比如在20世纪60年代"年轻的女性在穿戴方面已不再模仿她们的母亲，她们所选择的服饰装扮一定要能够反映出她们年轻化、叛逆性和注重玩乐的时代精神"。这和每一代的年轻人又有什么不一样呢？前两年深受年轻人喜欢的"小雏菊"首饰题材，早在嬉皮时代就已经流行过。当单只耳环成为潮流时，或许有人并不知道，早在20世纪30年代的中国，这种戴法就已经流行过。甚至这两年大火的各种珍珠，也曾是民国时期最受欢迎的珠宝材质。

现代技术的发展一日千里，带给当下珠宝时尚行业非常多的焦虑。但本书的历史反复告诉我们，曾经也有很多新的材料被发明，廉价的替代了珍贵的，但是随着时代和社会的发展，有些曾经引领风潮、风光无限的东西，随着历史的发展，而最终销声匿迹，成为历史的一部分。从历史的长河看现在，对缓解当下的焦虑有着非常好的指导意义。我们也不断看到技术的发展催生的新材料，影响着当下的审美和流行趋势。这也证明人类在各方面的改变，包括审美，从来都离不开科技的发展，所以科学和艺术从来都是一体的两面。

读完整本书，最令我感慨与动容的是，在漫长的岁月中，珠宝首饰作为"美"的传递者，一直抚慰着人类的心灵。第二次世界大战期间，人们甚至会采用各种各样的方法继续做时尚首饰，比如用半宝石替代钻石，用合成树脂替代素面仿真宝石等。对于美的向往和爱恋，人类从来都不会停止，有生命就有美的存在。这让我想起世界上第一本高级时装杂志美国版《时尚芭莎》（*Harper's BAZAAR*）也从未在战争期间停止过出版。珠宝首饰的光芒或许很微弱，但却依然能带给人们希望。

谢谢胡俊老师和熊芏芏老师写出这样一本书，让人们看到时尚珠宝在历史中展现的永恒之美。

敬静

BAZAAR Jewelry 中文版《芭莎珠宝》创刊人、前执行出版人兼主编

2025年1月1日

前言

FOREWORD

时尚首饰的起源与发展有其偶然性，亦有必然性。它与当时的社会生活和时代精神密不可分，而对时尚首饰的发展进行全面的梳理与分析，对于我们审视与诠释当下风头正劲的艺术首饰亦不无裨益。甚或对我们理解今日目不暇接的时尚文化也会有所启迪。

时尚首饰起源至今已近300年，然而业界对时尚首饰概念的界定却众说纷纭，给时尚首饰的研究工作带来困惑。时尚首饰作为首饰的一种，在首饰发展史上起到了承上启下的重要作用，在传统首饰与艺术首饰之间架设了一座桥梁。当然，时尚首饰发轫至今，仍在首饰领域扮演着极其重要的角色，并以其鲜明的时代特征，影响着当代人的审美情趣与生活方式，推动着现代时尚产业的发展。

本书的撰写工作得到多位学者与友人的倾力相助，他们为本书的撰写献计献策，并提供了部分图片，为本书的顺利出版提供了有力的支持。当然，家庭成员的支持也是至关重要的，在此一并作谢。

胡　俊　熊芏芏

2024年12月

目录

001 绪论
时尚首饰概述

005 第 1 部分
外国时尚首饰

1.1 奢华与优雅的宫廷时尚首饰 / 006

1.2 艺术设计运动与时尚首饰 / 013

1.3 花卉主题与时尚首饰 / 031

1.4 女权运动与时尚首饰 / 036

1.5 材料引发新时尚首饰 / 045

1.6 时尚首饰品牌与设计师 / 053

1.7 反叛的 20 世纪 60 年代 / 066

1.8 自由的 20 世纪 70 年代 / 073

1.9 20 世纪 80 年代的"物质世界" / 078

1.10 标新立异的 20 世纪 90 年代 / 085

1.11 进入 21 世纪 / 092

103

第 2 部分
中国时尚首饰

2.1　民国首饰时尚的传播路径 / 104

2.2　民国时尚首饰的产销状况 / 111

2.3　民国时尚首饰的材质 / 117

2.4　民国时尚首饰的制作工艺 / 124

2.5　民国男士时尚首饰 / 131

2.6　民国女士时尚首饰 / 138

2.7　珍稀的20世纪50—70年代 / 190

2.8　开放的20世纪80年代 / 195

2.9　百花争妍的20世纪90年代 / 201

2.10　进入21世纪 / 205

214　**参考文献**

绪论

时尚首饰概述

时尚首饰（Fashion Jewelry）起源于西方，是西方近现代商业资本的产物。时尚首饰在 20 世纪 60 年代之前，多被称为服装首饰或时装首饰（Costume Jewelry）。但服装首饰对服装的依附性极强。当首饰逐渐摆脱服装的束缚而转向时尚之后，时尚首饰才最终成为社会风尚的衍生品。

时尚首饰与传统首饰、艺术首饰的对比

时尚首饰是指以销售为目的，在一定社会风潮引导下，具有创新性且持续而有规律变化风格的首饰，约起源于 18 世纪 30 年代。传统首饰是指形制、材质、纹饰与加工工艺较为固定、变化周期长及能够体现佩戴者身份和地位等的首饰，其发展历史十分悠久，约起源于原始社会时期。艺术首饰则是指在设计形态、材质、纹饰装饰与制作工艺等方面均能体现创作者个人思想、情感和审美追求的首饰，约起源于 20 世纪 60 年代，发展历史较短。

但三者有显著差异。时尚首饰是在一定的社会风潮的引导下，依据设计规律或法则而设计制作的产品，体现了一定社会阶层或群体的思想情感。其选材以体现材料的设计与文化价值而非固有价值为依据。传统首饰在制作过程中，极少将工匠的个人思想与情感参与进去，主要功能为宗教、仪式、装饰、保值等，彰显了佩戴者的社会地位与身份象征，其选材一般以贵重材料为主。艺术首饰是依据艺术规律而创作出来的产物，主要传达了艺术家个人的思想情感，具有独特的美学理念，其选材是以体现材料的艺术价值而非固有价值为依据，材料必须服务于艺术家的创作观念以及作品的概念表达。

时尚首饰的定义

从现有的研究状况来看，时尚首饰的定义较为模糊，国内外的文献资料普遍以首饰材料的固有价值来界定时尚首饰，认为相对于高级珠宝，时尚首饰主要采用较为廉价的材料来制作，如："由廉价金属和仿宝石或半宝石制成的首饰。"[1] "由非贵金属制成的相对便宜的首饰，通常镶嵌有仿宝石或半宝石、珍珠等。"[2] "具有高度装饰

[1] Editors of the Amercian Heritage Dictionaries. The American Heritage Dictionary of the English Language[M]. Fifth Edition Boston: Houghton Mifflin Harcourt Publishing Company, 2011.
[2] Random House. Random House Kernerman Webster's College Dictionary[M]. New York: Random House Reference, 1999.

性的、但由廉价材料而非贵重材料制成的首饰。"[1] "服装首饰成为文化的一部分已将近300年。早在18世纪，珠宝商就开始用廉价的玻璃制作首饰。19世纪，由半贵重材料制成的服装首饰进入市场，这种首饰的价格较低，从而能够让普通人买得起服装首饰。"[2] 这些定义均把时尚首饰的材料限制在"廉价"的范围，是因为昂贵材料制成的首饰更主要的是身份地位的彰显，而不是标榜短期的"时尚"。"至于昂贵珠宝的文化分量，从理论上讲，似乎不太符合被定义为接连不断的短暂时尚概念，因为昂贵首饰更多的是要构建一种配得上名誉、信誉、跨年代性的价值。"[3]

的确，首饰的历史是从使用非珍贵材料开始的，但当时非珍贵材料的首饰主要服务于巫术，人们佩戴首饰并不是完全基于装饰的需要。当首饰真正作为装饰的存在、隶属于工艺美术的范畴时，基本都是采用贵重的金属或宝石等，这种做法延续了相当长的时间。直到18世纪初期，工业革命在欧洲已经兴起，导致中产阶级的极大繁荣，他们渴望展示自己在经济上的成功和在社会上的新地位的同时，还渴望拥有贵族阶层的辉煌生活，从而导致宝石的需求量大增，但市场上天然宝石的供应量显然是不够的，于是，仿真宝石或其他廉价材质参与到首饰的设计制作中，打破了贵重材质"一统天下"的局面。换言之，1724年，巴黎珠宝商乔治·弗雷德里克·斯特拉斯（Georges Frédéric Strass）大量使用玻璃来仿制宝石，且设计制作了大量镶嵌仿制宝石的首饰，其本意并非为了依靠"造假"而盈利，而是为了迎合当时的时尚。廉价材质的运用从某种程度上解放了首饰工匠的思想和双手，由于没有了成本压力，廉价材质的可塑性得以提高，工匠们可以大胆地尝试新的加工工艺，设计制作新的造型，也即工匠们可以把主要的精力从关注和体现首饰材料的固有价值转移到首饰材料的设计、时尚与文化价值，从而，时尚首饰第一次把首饰从传统工艺美术领域分离出来。

19世纪末，法国珠宝界针对"高级珠宝"（joaillerie）和"时装珠宝"（bijouterie）的定义进行了较多的思考，亨利·维弗（Henri Vever）的三卷本《十九世纪的法国珠宝》（French Jewelry of the 19th Century）试图对此进行明确定义，作者说道："如果根据本书的主旨来进行一番定义，那高级珠宝匠应该指的是那些致力于为他们所用原料的固有价值服务的匠人；而那些被我归入时装珠宝匠的设计师的理念和前者截然相反，他们认为匠心和艺术表达才真正奠定了一件珠宝的核心价值。尽管两个群体都在试图创作现代风格的作品，但他们通过不同的手法传达着艺术表现力，并且在材料的选择上也有完全不同的偏好。"这个定义从材料价值和文化价值两个方面对

---

[1] Diagram Group. The Dictionary of Unfamiliar Words[M]. New York: Skyhorse Publishing, 2008.
[2] Nancy Schiffer, Tim Scott. The Best of Costume Jewelry[M]. Schiffer Publishing, 2008.
[3] 露西尔·萨莱斯，等. 时尚的管理与营销[M]. 祁大伟，译. 北京：清华大学出版社，2015.

"高级珠宝"和"时装珠宝"进行了阐述,可见亨利·维弗已经意识到时尚与材质的价值高低无关,并提出"高级珠宝"和"时装珠宝"的不同着眼点和依据,具有重要的启迪意义。

时至今日,由于综合材质(包括贵重材料与廉价材料)制成的首饰已十分常见,故而,大多数人已不会把时尚首饰与其他类型的首饰做明确的区分。"真正的珠宝首饰与时尚首饰或服装首饰之间的区别从来没有明确过。如我们用黄金丝缠绕一个蜗牛壳制成一枚胸针或一件耳坠,或者在龟甲中嵌入黄金,然后悬挂在金链子上制成一串项链。这两件作品都含有贵金属,但贵金属之外的材料却比较廉价。在首饰设计图中,我们通常不会区分真正的、贵重的、假的、服装的或时尚的珠宝,但在设计说明中,我们会明确哪些首饰含有真正的宝石,哪些含有假的、仿制的、玻璃或塑料宝石等材料。"[1]此外,对于"价值"的认识也在改变,"从词源上来讲,'Bijou'源于法语,意为'珍贵的珠宝','Bijou de couture'意为'非珍贵的装饰品'。同样的道理也适用于英语中的相关分类,也就是高级珠宝与服装或时尚珠宝之间的区别。在法语和英语中,将价值传递给物品的不是首饰本身,而是规定其使用关系的形容词:精致的、高雅的、华丽的、高级定制的、戏剧的、奇幻的、时尚的……这是一个至关重要的澄清,因为如此一来,单纯的价值判断就会被关系判断所取代。"[2]又如,时尚首饰品牌科波拉·帕奇(Coppola e Toppo)的创始人莱达·帕奇(Lyda Coppola)曾说:"当一件贵重珠宝首饰在造型、宝石琢型和颜色设计方面不可避免地受到限制时,它能表达什么样的个性呢?它很昂贵,这是它仅有的价值。但一件首饰的昂贵价值并不代表佩戴者的个性,它只能说明佩戴者很富有,你不会告诉我只有富人才会有个性吧?""我创作时尚首饰的目的是为了让女性与众不同。"[3]也就是说,首饰价值的决定因素不是材料的固有价值,而是它的设计与艺术价值。恰如罗兰·巴特(Roland Barthes)所说:"首饰主宰着服装,并不是因为它绝对珍贵,而是因为它在让衣服有意义方面起着至关重要的作用。"所以,首饰的艺术价值、精神价值越来越被重视,仅从材质的价值方面来界定时尚首饰是不妥当的,而首先打破这种贵重材料与非贵重材料边界的恰恰就是时尚首饰。

时尚首饰可以由非贵重材料制成,也不反对用贵重材料制成,时尚与奢侈密切相关,由贵重材料制成的首饰同样可以具备时尚特征,因为材料的选择是根据设计的需要来决定的,倘若需要使用贵重材质来设计制作时尚首饰,又有什么不可以呢?总之,时尚并非取决于材质的贵重与否,而取决于社会风尚、设计创新、媒体传播以及流行周期性等。

---

[1] John Peacock. 20th Century Jewelry: The Complete Sourcebook[M]. London: Thames & Hudson Ltd, 2002.
[2] Alba Cappellieri. Gioielli alla Moda[M]. Amsterdam: Corraini Edizioni, 2016.
[3] Deanna Farneti Cera. Coppola e Toppo: Fashion Jewellery[M]. Suffolk: Antique Collectors'Club Ltd, 2009.

第1部分

外国时尚首饰

1.1　奢华与优雅的宫廷时尚首饰

时尚源于日常生活，又超越了日常生活，它由日常生活的审美化而起，但并不是社会所有的阶层都具备审美化日常生活的能力。墨子说："食必常饱，然后求美，衣必常暖，然后求丽，居必常安，然后求乐。"这说明审美化的生活形式需要一定的物质条件。杨道圣指出："之所以特权阶层常常成为时尚的发起者，是因为他们有能力，有闲暇，而且在审美趣味上确实又有一定的优势，所以他们对于生活形式的改变就给人们提供了追新逐异的契机。"❶故而，现代性的时尚首先诞生于受资本主义商业影响的西方宫廷，继而蔓延于城市之中。

1.1.1　时尚首饰的起源

17世纪中叶，从路易十三（Louis XIII）时代起，法国在加强中央集权的同时，推行一系列抵制进口货、扶持和发展本国工业的经济政策，使国力得到提升。"太阳王"路易十四（Louis XIV）时代是法国封建社会时期最后的辉煌，当时的法兰西王国在各个方面都已经走到了同时代欧洲的前列。法式风尚成为法国光荣的标志，其影响扩展到整个西欧，改变了整个欧洲的精神文化风貌。路易十四下令建造了凡尔赛宫，在宫中推行一整套完整而严谨的宫廷秩序规范，从而成为奢侈时尚的积极倡导者和推动者，从某种程度来讲，路易十四本人的服饰装扮就是人们争先效仿的榜样。18世纪，随着资产阶级社会地位的不断上升，巴洛克时期的帝国风格服饰逐渐被洛可可风格服饰所代替。路易十五（Louis XV）时代，洛可可风格盛行一时，并很快遍及欧洲。洛可可风格在沿袭巴洛克艺术中灿烂色彩和华丽形式的基础上，添加了许多绚丽的色彩、纤弱柔美的形象和繁琐精致的造型。那时，穿着优雅的服装、佩戴奢华的首饰参加豪华的社交晚宴，已成贵族的生活时尚。值得一提的是，路易十五和路易十六（Louis XVI）时代，法国的宫廷时尚一度受女性的支配，这些女性中，尤以蓬巴杜夫人（Madame de Pompadour）（图1-1）和玛丽·安托瓦内特王后（Marie Antoinette）为代表，她们在树立时尚的过程中，起着举足轻重的作用，甚至可以说，洛可可时期的艺术与时尚，就是由像蓬巴杜夫人这样的贵族和艺术家们共

❶ 杨道圣.时尚的历程[M].北京：北京大学出版社，2013.

同推动而形成的。

17世纪，一种用蜂蜡制成的蜡烛出现，这种蜡烛燃烧时不滴蜡油，气味好闻，还能带来更大的亮度，使得越来越多的宫廷社交活动可以在夜间举行。这便增加了对能在烛光下闪闪发光的宝石首饰的需求，也由此实现了宝石明亮式切割（Brilliant Cut）的改进，从而56刻面的多角琢型替代了16刻面的玫瑰琢型（Rose Cut）。因为白天佩戴的日间首饰与晚上佩戴的夜间首饰，在选材、颜色与制作工艺方面均有较大区别。相对于夜间首

图1-1 《蓬巴杜夫人》（局部），布面油画，弗朗索瓦·布歇（Francois Boucher），1756年，法国

饰的灿烂炫目，日间首饰一般较为朴素、收敛，呈现安静的气质，选材不如夜间首饰那么昂贵。此时，由于宫廷夜间社交活动的剧增，对璀璨华丽的珠宝的偏爱迅速在法国宫廷蔓延，很快影响了整个欧洲。1675年，英国商人乔治·雷文斯克罗夫特（George Ravenscroft）发明了在玻璃中融入铅的方法，英国工匠开始使用铅质玻璃来仿造宝石，以满足不断增长的宝石需求。这种铅质玻璃质地坚硬、光泽闪亮，十分适合制作仿制宝石。18世纪30年代，巴黎珠宝商乔治·弗雷德里克·斯特拉斯开始大量使用这种玻璃来仿制宝石，尤其是仿制钻石，设计制作了大量的镶嵌仿制宝石的首饰。❶这可视为时尚首饰的起点，因为这是首饰发展史上，首饰第一次不再作为巫术、宗教、权力、财富以及社会地位的附庸与象征，第一次摆脱了对服装的依附，不再是塑造身体的配角，而是以主角的身份、作为一种独立的审美与造型因素，参与对社会风尚的关注与响应、对身体的塑造以及情感的表达。此时，首饰制作者关注和体现的不再是首饰材料的固有价值，而是首饰材料的设计价值与精神文化价值。对于首饰制作者来说，他们真正开始为了报酬而设计制作首饰："珠宝设计师为了佣金而制作首饰——这都是现代社会才有的概念，而在过去，最上乘的珠宝都为皇室贵族所有，作为'传家宝'一代代地传承下去。"❷

斯特拉斯的仿制技术十分高超，他在玻璃中添加铋和铊元素，增强玻璃折射率的同时，也改变了玻璃的颜色。斯特拉斯仿制的宝石大受欢迎，他也由此获得了极高的声誉，并于1734年被路易十五任命为御用珠宝商。除了斯特拉斯，还有其他的

---

❶ Judith Miller. Costume Jewellery[M]. London: Octopus Publishing Group Ltd., 2007.
❷ 卡罗琳·柯克斯. 百年时尚珠宝设计[M]. 王陶均，译. 上海：东华大学出版社，2019.

首饰制造商也使用人造宝石来制作首饰。据英
国当时的珠宝商交易清单记载，甚至有顶级的
珠宝商都曾销售过人造宝石首饰。不过，随着
法国的珠宝时尚在欧洲的迅速传播，斯特拉斯
的仿造宝石技术遇到的竞争对手也越来越多。

人造宝石的出现主要是为了迎合新的市场
需求，一些人对首饰有兴趣，但又买不起用传
统贵重材料制成的首饰，尤其是那些镶嵌着贵
重宝石的首饰。那么，购买和佩戴使用人造宝
石制成的首饰，也可以获得同样的炫彩装饰效
果，何乐而不为呢！从此，仿真宝石与首饰逐
渐被重视，质量过硬的仿真宝石首饰甚至得到
了国王、贵族们的认可，许多皇室成员也拥有
人造宝石首饰套装。到18世纪末，人造宝石成
为一种新的艺术表现媒介（图1-2）。

图1-2　圣鸽吊坠，材质：银、铅质玻璃
仿真宝石，1798—1809年，法国

1.1.2　奢华与优雅的宫廷风格时尚首饰

18世纪末，也许是由于珐琅光泽不及宝石闪耀的原因，这个时期的首饰制作较
少使用珐琅工艺，甚至珍珠的应用也在减少，取而代之的是宝石镶嵌工艺。此时，
比较时尚的首饰款式是吊灯式耳坠（Girandole），这种耳坠以一种烛灯的名字而得
名。其造型一般是在顶部的弓形装饰上悬挂三串宝石镶嵌造型，这种摇曳生姿的宝
石耳坠在烛光下更能闪烁扑朔迷离的光芒，满足了贵妇参加晚宴时佩戴珠宝的需要
（图1-3）。这种设计样式随后也应用到胸针、吊坠和腰带之中。

图1-3　吊灯式耳坠，材质：蛋白石、人造宝石、红宝石、托帕石、钻石，18世纪晚期，法国

最时髦的款式大多是设计风格大胆而奢华的，许多宝石都会设计镶嵌在弹簧上，
随着身体的摆动，这些宝石也会摆动，更显佩戴者的风姿绰约。女性在高耸的假发

上戴上羽毛状的头饰，即艾格莱特（Aigrettes），胸前装饰着美丽的胸针，颈脖处和手腕上都佩戴首饰，这是一种首饰套装（Parures），那时的首饰套装一般包括项链、手链、耳坠以及一枚吊灯式胸针。我们注意到，此时的首饰套装并不包含戒指，可能是因为尽管戒指的佩戴已然普遍，但戒指承载着特定的象征意义，不完全是装饰品，因而不可随意佩戴。一直以来，首饰套装的成员始终处于变化之中，但项链和耳饰始终是首饰套装中的成员，未曾改变过。

宝石虽好，终归是稀有的，尤其是钻石，产量极低。不过，由于与东方贸易的进一步加强，使得钻石在欧洲更容易被买到了。另外，1710—1730年在巴西发现了钻石，从而进一步增加了钻石的供应量。丰富的钻石供应使得珠宝商在尝试切割钻石时更有了自由度，为了增强钻石的闪耀度和纯净度，珠宝商千方百计尝试新的切割方式，于是新的镶嵌方式层出不穷。镶嵌宝石的镶边越来越薄，宝石的增亮工艺也随之提高，这种增亮工艺是使用金属箔片粘贴在宝石的底部，增大光泽的反射量，从而大大地提升宝石的色度和亮度。为了强化宝石的美丽色泽，金银匠甚至会选择白银而不是黄金来镶嵌宝石，因为黄金的固有色会影响到宝石的颜色。而使用硬度相当高的、白色的铂金来镶嵌宝石则是19世纪末的事情，那时的技术水平才达到了允许人们对铂金进行深度加工的高度。到18世纪末，镶嵌仿真宝石的首饰的精致度已经相当高了，首饰工匠制作了大量足以与贵重首饰相媲美的仿真首饰，其接受度也已很高。19世纪30年代，开放式底托镶嵌工艺的运用，允许更多的光线透过真宝石与人造宝石，宝石的切割和抛光技术也有了很大的进步。19世纪的最后25年，南非钻石矿的开放开采意味着优质钻石的稳定供应，从而促进了宝石琢型技术的飞速发展，"明亮式切割"应运而生，人造宝石的应用也更为广泛。在首饰专卖店中，把仿真首饰与真正贵重的奢侈品首饰陈列在一起来进行销售，已经不会引起人们的异议，这种陈列与销售模式一直延续到20世纪初。

1720年左右，伦敦手表制造商克里斯托弗·平奇贝克（Christopher Pinchbeck）开发出一种铜锌合金，由83%的紫铜和17%的锌组成。这种合金从外表看酷似黄金，具有黄金的色泽，硬度高，不易损伤。这种铜锌合金以发明者的名字来命名：平奇贝克合金（Pinchbeck Alloy）。这种合金类似我们现在的黄铜，呈金色。虽然这是一种廉价的材质，但首饰工匠们利用它来镶嵌仿真宝石，结合珐琅彩，制作了许多精美的时尚首饰，尤其是制作了大量的腰饰作品，比如查特兰（Châtelaine），这种名为查特兰的腰饰十分流行（图1-4），男女皆可佩戴。查特兰主要由三个部分组成，一为带有钩子的饰片，可挂于腰带上；二为与饰片相连接的数量不等的链条；三为悬挂在链条末端的小物件。查特兰一般佩戴在腰部，链子末端可悬挂香水瓶、钥匙、手表和牙签盒等小物件，属于具有一定实用功能的首饰。不过，平奇贝克合金的配方很快被英国和法国的首饰制造商解密，随即，诸多平奇贝克合金首饰大量问世，直到19世纪中叶，才逐渐被包金和镀金所取代。所有的一切，都是为了让首饰发出闪亮的光芒，由此，这一时期时尚首饰的整体风貌呈现华丽、璀璨、优雅的风格。

1.1.3　沙龙与宫廷时尚

18世纪之前，王室贵族是首饰工匠的主要雇主，不过，时至18世纪中叶，这种情况有了显著改变。由于资本主义的不断发展，资本家开始登上历史的舞台，资本主义在社会生活中的影响力也日益强大。"18世纪品位形成的社会空间不再只是宫廷，贵族沙龙和艺术沙龙逐渐代替宫廷成为品位形成和教化的场所。"[1] 沙龙不仅因为对那些有才华的资产阶级文人、艺术家的开放而促进了品位的改变，而

图1-4　查特兰腰饰，材质：铜锌合金，18世纪中期，英国

且沙龙里的女性所具有的主导作用也使得沙龙的品位逐渐脱离宫廷的影响。王公贵族之所以把控着时尚，这与他们的权力、经济实力以及高高在上的身份是分不开的。然而，自从1789年法国大革命爆发之后，资产阶级和中产阶级兴起，服饰获得解放，男性的西装和女性的高级定制服装正式登场。最初，资产阶级一度模仿贵族的装扮，但逐渐地，他们也建立了自己的品位与时尚。"受法国大革命影响，时尚被卷入了公元1000年以来第一次简约主义浪潮，从而与它的过去彻底决裂。富丽堂皇、豪华奢靡的旧时尚被抛弃，取而代之的是朴素、简约、温文尔雅的新时尚。"[2] 对于首饰的需求急剧下滑，可以说，动荡的法国大革命时期（1789—1794年）几乎没有生产过首饰，而时尚的主导权也转移到了资产阶级手里，他们倾向于较为生活化与实用化的时尚。

然而，1804年拿破仑成为法兰西第一帝国皇帝时，他鼓励工匠们设计一种与新领袖荣耀相匹配的首饰风格：新古典主义。尽管奢华的新古典主义艺术风格与革命的信条相悖，但随着拿破仑的扩张，新古典主义艺术在拿破仑的积极倡导下，逐渐成为一种具有世界影响力的精致艺术时尚。拿破仑在埃及和意大利的战争激发了首饰设计师的灵感，大量具备罗马风格的时尚首饰作品问世，而由于拿破仑对罗马浮雕的热爱，更是引发了首饰界的浮雕风潮，微雕技术在首饰制作上风靡一时，热度

---

[1] 杨道圣. 时尚的历程[M]. 北京：北京大学出版社，2013.
[2] 多米尼克·古维烈. 时尚简史[M]. 治旗，译. 桂林：漓江出版社，2018.

持续递增（图1-5）。1805年，法国杂志《女性日记》上记载来自古代的石雕和当代的贝雕都达到了时代的顶峰，写道："一个时尚的女人需要在皮带、项链、手镯和珠宝头带上都镶嵌浮雕宝石。"约瑟芬皇后（Joséphine de Beauharnais）大大促进了这一风潮。此外，苏格兰金属制造商詹姆斯·塔西（James Tassie）从18世纪中叶开始生产古代凹版雕刻复制品，仿制的水平很高，其产品的形状类似徽章，故有"塔西徽章"之称。

图1-5　卡梅奥手镯，材质：黄金、缠丝玛瑙，1880年，法国

18世纪30—40年代，意大利庞贝古城（Towns of Pompeii）和赫库兰尼姆城（Herculaneum）的考古发掘工作如火如荼，大大激发了人们对古典日用品设计与建筑设计的兴趣，因此，詹姆斯·塔西公司收到了很多新古典主义设计订单，凯瑟琳大帝（Catherine the Great）也为俄罗斯皇家订购了一套新古典主义风格的首饰。这些订单均以古代雕刻为题材，最初均以成套出售，后来单件的塔西徽章也被镶嵌在戒指、印章、胸针、手镯、项链和纽扣上出售，深受大众欢迎。同时期，陶瓷制造商约西亚·韦奇伍德（Josiah Wedgewood）也开始在他的玉器作品中镶嵌古代卡梅奥（Cameo）浮雕复制品，其浮雕图案包括古典神话人物和场景等（图1-5）。到18世纪末，韦奇伍德与马修·博尔顿（Matthew Boulton）合作生产了许多卡梅奥浮雕仿制首饰，包括胸针、头饰、梳子和腰带等，产品的新古典主义风格十分明显。

此外，麦穗主题的首饰在法兰西第一帝国时期深受欢迎。麦穗在古罗马神话中是丰收女神克瑞斯（Ceres）的标志，象征着繁荣与丰产。拿破仑一世的两任皇后都定制了以麦穗为设计题材的首饰，引领了法兰西帝国的时尚风尚（图1-6）。18世纪末，河流样式（Riviere）项链十分流行，这种样式采用尺寸逐级渐变的同种宝石（通常中间的宝石的尺寸最大）串联在一起，或把多颗单独镶嵌的、大小一致的同种宝石串联在一起而成项链，其形状宛如一条细长的河流。与此前奢华繁复的洛可可式首饰样式相对照，这种样式的造型显得极为克制、简约和素雅，是对洛可可样式的反省与矫正。

图1-6　麦穗主题头饰，材质：黄金、玛瑙、珍珠，1870年，法国

　　随着拿破仑的下台以及法兰西帝国的终结，盛行数百年的宫廷艺术与时尚也逐渐退出历史的舞台，奢华、优雅的宫廷风格时尚首饰不再流行。随着资本主义的兴起，艺术设计运动的轮番登场，首饰设计在社会精英们的引领下，紧跟艺术设计运动的风潮，从服务王公贵族，转而服务于新兴资产阶级乃至普通大众，从而逐渐形成了具有现代设计风格的时尚首饰。

1.2 艺术设计运动与时尚首饰

20世纪以来，艺术设计运动层出不穷、连续不断，如工艺美术运动（Arts & Crafts）、新艺术运动（Art Nouveau）、装饰艺术运动（Art Deco）、包豪斯（Bauhaus）、立体主义（Cubism）、超现实主义（Surrealism）、极简主义（Minimalism）、国际主义（Internationalism）、波普艺术（Pop Art）以及后现代主义（Postmodernism）等。这些艺术设计运动或风潮都对当时的首饰设计产生了比较大的影响。

1.2.1 工艺美术运动

19世纪下半叶，欧洲的大规模生产和工业化蓬勃发展，批量制作工艺品的技术相对落后，一方面是艺术家不屑于设计工业产品，另一方面是制造商只重视生产和销量，对设计疏于考虑，从而造成设计与技术的脱节与对立。首饰方面，维多利亚晚期与爱德华时期的首饰风格呈现实用与优雅兼具的特点，然而设计的同质化现象严重，款式单一，设计师在作品设计中倾注的情感不多，表现得较为冷漠。19世纪60年代，机械加工与镀金工艺的出现使首饰的生产出现变化，使廉价首饰的批量生产成为现实。

工艺美术运动是一场起源于英国的设计改良运动，又称"艺术与手工艺运动"。工艺美术运动意在抵制工业生产的粗制滥造，重建手工艺的价值，试图塑造出"艺术家中的工匠"或者"工匠中的艺术家"。它是世界现代设计史上第一场真正意义的设计运动，其领域涉及建筑、家具、产品、首饰、服装、书籍、雕塑、绘画等，持续时间长达50余年。

1.2.1.1 设计师

设计师兼哲学家威廉·莫里斯（William Morris）作为工艺美术运动的奠基人，他的理想是通过设计进行社会改革。他反对机械化、工业化风格，反对装饰过度，强调实用性与美观性相结合。查尔斯·罗伯特·阿什比（Charles Robert Ashbee）是威廉·莫里斯的忠实追随者，但他不像威廉·莫里斯那样排斥机械生产，因为他发现利用机械来制作首饰可以带来许多的便利。阿什比的设计风格较为接近意大利文艺复兴时期金工名家贝维努托·切利尼（Benvenuto Cellini）的风格，但相较文艺

复兴风格的纤巧繁缛，阿什比的风格更为简洁
有力。阿什比的首饰大多装饰有自然题材的纹
饰，造型较为抽象，线条蜿蜒流转、明快而洗练
（图1-7），与欧洲后期的"新艺术风格"颇有相
似之处，由此可推测，后期新艺术运动的多位首
饰设计师都从阿什比这里有所继承与发扬。

　　另一位极具声望的设计师阿奇博尔德·诺克
斯（Archibald Knox）是一位多才多艺的金匠、银
匠以及金工制作师，擅长制作具有凯尔特风格的
镶嵌宝石与珐琅的威尔士银饰，作品中常见缠
绕纹样，被誉为"鞭绳"，成为诺克斯作品的标
志性符号。西比尔·邓禄普也是一位非常优秀
的首饰设计师，她在伦敦著名的肯辛顿教堂大街
（Kensington Church Street）开设首饰店，并组建了
一个工匠团队，雇佣技艺高超的工匠来开发产品，
他们擅长在银饰上镶嵌多种彩色宝石、珍珠，然
后装饰叶子和涡卷纹。

图1-7　阿什比，项饰，材质：黄金、银、钻石、珍珠、石榴石，1901年

　　工艺美术运动时期的首饰设计师喜欢采用天然材料、彩色宝石、半宝石、白银
和珐琅彩来设计制作首饰。金属材料以白银为主，有时也会加入黄金细丝参与制作。
宝石以珍珠、石榴石、月光石、绿松石、欧珀、水晶、紫晶、青金石、玉髓、玛瑙
等为主，均为价格不高的半宝石。

1.2.1.2　珐琅工艺

　　珐琅是宝石的完美补充，工艺美术运动时期的许
多首饰都用色彩艳丽的珐琅装饰来强化艺术效果，蓝
绿色调的珐琅首饰尤为时尚。工艺美术运动的影响也
很快遍及欧洲，甚至远达美国，受此影响，美国的
蒂凡尼公司（Tiffany & Co.）推出了一系列具有异国
情调的珐琅时尚首饰（图1-8）。另外，德国的西奥
多·法尔纳（Theodor Fahrner）、丹麦的乔治·杰生
（Georg Jensen）和莫恩斯·巴林（Mogens Ballin）都
受到工艺美术运动的影响，设计制作了大量独具特色
的珐琅首饰作品。

图1-8　蒂凡尼，胸针，材质：黄金、铂金、欧珀、玉髓，1904年

1.2.2 新艺术运动

19世纪末，在欧洲和美国各地，许多艺术家以及社会精英对廉价、劣质珠宝和其他大规模批量生产的商品产生了抵触情绪，于是首饰设计师和工匠们摒弃了机械制造，转而采用传统手工方式来制作首饰。他们认为一件珠宝应该因其精湛的工艺和所表达的创造力而受到赞赏。这其实是新艺术运动的主要思想。

新艺术运动实质上是英国"工艺美术运动"在欧洲大陆的延续与传播，新艺术运动的主导思想是：艺术家不能为艺术而艺术，要把艺术从高高在上的位置拉到现实中，让艺术贴近生活，服务于普通人的生活。同时，倡导艺术家亲自参与产品设计中，实现艺术与技术的无缝对接，拒绝成为工业化的奴隶，强调手工艺制作，是新艺术运动的核心思想。同时，在装饰风格上，积极学习东方艺术风格的特点，突出表现清新而神秘的自然风格（图1-9）。新艺术运动在本质上是一场装饰运动，但它用抽象的自然花纹与曲线，脱掉了守旧的外衣是现代设计简化和净化过程中的一个重要步骤。

图1-9 亨利·维弗，吊坠，材质：黄金、珍珠、珐琅，1900年

1.2.2.1 起源

新艺术是一种新的国际风格，它的名字来源于巴黎一家名为"新艺术之家"（Maison de l'Art Nouveau）的商店。这是一家具有很高知名度的艺术品商店，由艺术品经销商萨穆尔·宾（Samuel Bing）拥有。19世纪60年代的法国珠宝行业深陷于复古主义的浪潮之中，大量伊特鲁里亚时期、亨利二世时期、查理曼时期、文艺复兴时期和路易十三时期风格的复古首饰层出不穷。评论家们对于首饰业普遍缺乏艺术整体性和创造力的摹古做法深恶痛绝，不断发出批评之声。这种仿古之风终于在19世纪70年代杰出珠宝匠人奥斯卡·马桑（Oscar Massin）那里有了改观。他将一种隐约的自然主义风格和流线型引入花卉珠宝造型之中，提前预示了新艺术运动的到来。虽然新艺术运动在法国最为普遍，但它的影响遍及整个西半球。新艺术运动不仅使首饰设计艺术统一起来，而且成功地使首饰设计革命化。这种新风格面向未来，而不是回到过去，它是20世纪的第一种现代设计风格。可以说19世纪中叶日本传统艺术的传播让艺术家们感受到了不对称的美。在法国现代诗人夏尔·皮埃尔·波德莱

尔（Charles Pierre Baudelaire）神秘而颓废的象征主义艺术思想的共同影响下，催生了这种全新的设计运动。

1.2.2.2 设计特点

新艺术运动的首饰设计师热衷于表现华美、精致的装饰，以及对自然题材进行综合与提炼，以更为自由和更富想象力的方式来表现自然主题。他们崇尚热烈而旺盛的自然活力，这种活力是难以用复制其表面形式来传达的。新艺术运动首饰最典型的纹样都是从自然植物中抽象出来的，多是流动的形态和蜿蜒交织的线条，充满了内在活力，体现了隐藏于自然生命表面形式之下无止无休的创造过程。新艺术运动首饰最具代表性的艺术形象是蜿蜒曲折的、像鞭子一样的线条，用来描绘植物的藤茎、少女飘逸的头发或一切旋转的物体。这场运动的一个基本主题是大自然的无情之美，神秘、迷人、性感、身披盔甲的海妖，还有蛇蝎美人、毒蛇（图1-10）、喷火巨龙、秃鹰、黄蜂、孔雀、飞燕、蜻蜓、兰花、蝙蝠、缠枝花卉和槲寄生，都是新艺术运动首饰的典型形象，尤其是孔雀的运用十分突出，这种具有自恋象征意味的孔雀形象，在新艺术运动首饰里多有运用，用色浓郁而大胆。此外，女性形象在新艺术运动首饰中也是随处可见。既反映了新艺术运动对回归自然的渴求，也反映了女性社会角色的转变以及女性意识的觉醒。这些感性甚至颓废、邪恶的新艺术首饰，与19世纪90年代和20世纪初的宝石镶嵌首饰套装所表现出的克制品位完全相反。

图1-10 勒内·拉利克，毒蛇胸针，材质：黄金、珐琅，1898—1899年

1.2.2.3 设计师

新艺术运动首饰在工艺上最大的贡献就是透光珐琅。透光珐琅（Plique à jour）是一种没有底托的珐琅工艺，起源于15世纪。"Plique à jour"意为"让光线进入"，它是珐琅装饰技艺中最难掌握的一种，其视觉效果类似教堂中彩绘玻璃窗。以透光珐琅首饰而闻名于世的新艺术首饰设计师有亨利·维弗（Henri Vever）、尤金·菲亚特（Eugène Feuillatre）、安德鲁·特斯马（André Fernand Thesmar）、乔治·富凯（Georges Fouquet）、勒内·拉利克（René Lalique）、菲利普·沃尔弗斯（Philippe

Wolfers）和卢西恩·盖拉德（Lucien Gaillard）等。

勒内·拉利克作为新艺术运动的领军人物，率先使用较为廉价的材质来进行首饰设计创作，如月光石、牛角、玉髓、玻璃、铝等，尤其对牛角情有独钟。勒内·拉利克的首饰作品妩媚与奢华并存，蛇蝎美女、蜻蜓、罂粟花、公鸡、卷曲的纹样，充斥于他的作品中，呈现一种魅惑、阴险的艺术效果，令人战栗与疯狂。他最著名的首饰作品可能是《蜻蜓女人》胸针，这件半女人半蜻蜓的作品即使在今天也丝毫没有失去震撼力。

另一位有代表性的新艺术运动首饰设计师是比利时的菲利普·沃尔弗斯，他也喜欢运用蛇蝎美女的主题来进行设计，可见这个极具象征主义特点的艺术形象十分流行。沃尔弗斯创造了一系列让人神魂颠倒的新艺术运动首饰（图1-11），他以过人的天赋，将珐琅、金银、宝石、半宝石以及象牙搭配糅合在一起，并大量采用新艺术运动中惊世骇俗的题材作为他的设计主题，比如罪恶的夜行动物和神话中的女妖美杜莎。尽管受到了法国人的影响，沃尔弗斯的风格依旧具有强烈的个人特征和原创性。

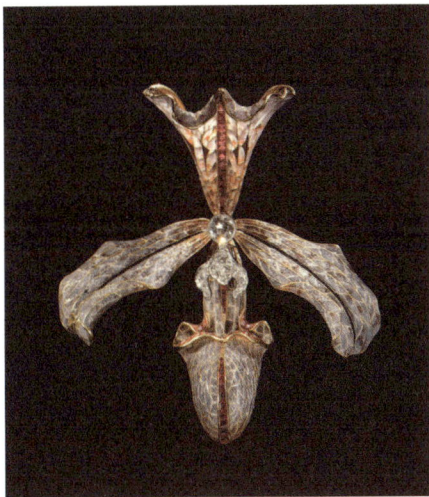

图1-11 菲利普·沃尔弗斯，发饰，材质：黄金、珐琅、红宝石、钻石，1900年

此外，乔治·富凯则与捷克斯洛伐克的新艺术运动代表艺术家阿尔丰斯·穆夏（Alphonse Maria Mucha）合作，设计制作了许多脍炙人口的新艺术运动首饰，其中最知名的是为巴黎女演员、新艺术运动设计师的伟大赞助人莎拉·伯恩哈特（Sarah Bernhardt）设计的巨大蛇形手链。作为画家的阿尔丰斯·穆夏，也参与首饰设计的过程中，他的首饰作品与绘画艺术联系紧密，他甚至把平面的绘画艺术移植到首饰作品中，创造了一种新的首饰品类：绘画首饰（bijoux de peintres）。这种首饰的中间主体部分通常是在由象牙或者其他材料制成的平面上，穆夏在这个平面上完成小画的绘制，小画的题材有人物也有风景，然后在周围镶嵌各种宝石。

除了这些设计师，还有巴黎的高级时装首饰设计师也积极参与了新艺术运动首饰的设计中，这些设计师包括皮埃尔·弗雷尔斯（Piel Frères）、鲁泽（Rouzé）和马斯卡尔德（Mascaraud）等。他们都是美好年代（Belle Époque era，约从19世纪末到第一次世界大战爆发之前）具有代表性的时尚首饰设计师，为舞台和时装设计师制作了许多新艺术运动风格的时尚首饰作品。其一流的工艺、设计以及相对低廉的价格，使新艺术运动首饰的接受度大为提高，在当时的时尚杂志上赢得了广泛的赞誉，从而进一步推广了这种风格的首饰作品，使得新艺术运动的影响远至美国。

除了设计师，诸多首饰制造公司也参与了新艺术运动首饰的设计制作中，有英国的利伯蒂公司（Liberty & Company）和查尔斯·霍纳公司（Charles Horner），美国的昂格尔兄弟公司（Unger Brothers）、威廉·克尔公司（William B.Kerr）、戈若姆公司（Gorham Corporation）、马喀斯公司（Marcus & Company）和孔雀公司（Peacock Company）等。

新艺术运动首饰因为对机械加工与批量生产的有限接纳而导致产量的提升，从而能够满足人们对首饰不断增加的需求。由于在加工过程中有了机械的参与，以及采用了批量生产的方式，新艺术运动首饰的成本得以降低，最终的售价也较为低廉，从而拓展了自身的接受度。不过，尽管新艺术运动首饰的接受度较为广泛，但它实际上影响到的仍旧是相对小部分的时尚女性。当第一次世界大战突如其来，存续多年的"美好年代"戛然而止，新艺术运动也如流星划过夜空，消失在天际。崇尚装饰、重视手工的新艺术运动首饰最终无法抵挡工业化的脚步，让位于更为重视机械生产、设计形式更为简约与现代的装饰艺术首饰。"从艺术进化的角度来说，新艺术运动宣告的是旧时代的结束，装饰艺术代表的则是新时代的开始。"[1] 正是由于装饰艺术运动的出现，时尚首饰才得到极大的发展，真正走上现代之路。

1.2.3　装饰艺术运动

第一次世界大战结束时，一种大胆的新风格开始渗透到设计的各个领域，它就是装饰艺术风格。19世纪20年代，在大工业迅速发展、商业日益繁荣的形势的推动下，欧美的工业设计逐渐走向成熟。此时，仍然流连于手工业生产的新艺术运动已不能适应机械化生产的要求。以法国为首的各国设计师，开始认识到机械化时代已经无法避免，他们不再回避机械形式，也不再拒绝新的材料。这种思路的转变，也使得艺术家与设计者们采用新的装饰构思，使得机械形式和时代特征变得更为自然、优雅和美观。他们纷纷站在新的高度肯定机械生产，对采用新材料、新技术的现代建筑和各种工业产品的形式美和装饰美进行新的探索。

1.2.3.1　起源

装饰艺术运动之所以最早出现在法国，这与法国20世纪20年代的文化与经济地位是分不开的。1925年，经过长时间筹备的"国际装饰艺术与现代工业博览会"在艺术家的共同努力下拉开了大幕，装饰艺术运动也因这个博览会而得名。美国艺

[1] 丁文萱. 时装首饰的美好年代 [M]. 北京：文物出版社，2017.

理论家大卫·瑞兹曼（David Raizman）说："参加展览的大部分装饰派艺术设计师都视自己为艺术家或手工艺大师，为他们享有同画家和雕塑家一样的地位而感到骄傲，并意识到他们的产品在高端国际市场上有独一无二的地位。通过海报、广告和《时尚》等风尚类杂志的推广，装饰派艺术的市场进一步扩大，商业曝光度也得到了提升。"❶在政府、行业与媒体的助推之下，这场由艺术家、设计师等社会精英发起的设计运动渐成风尚，其设计产品也广受大众欢迎。

1.2.3.2 设计特点

装饰艺术运动的设计特点和以往的设计运动强调从有机的自然形态中寻找装饰动机不同，它与大工业生产紧密联系，具有强烈的时代特征。装饰艺术运动的设计大多采用简洁的长方形块状结构，以几何方式衔接，辅以曲线装饰元素，使得整个设计变得生动，而装饰艺术运动首饰的造型同样以几何形为主，在20世纪最初的10年里，装饰艺术运动首饰的装饰元素主要来源于各种先锋派绘画运动，如立体主义和结构主义，设计师把画面中的图像分成块面与重叠几何形，为首饰设计提供了大量的灵感来源，而多余的细节被去除，取而代之的是对简洁的追求。此外，来自埃及、法国的非洲殖民地、阿拉伯国家、日本以及中国的元素，也被纳入装饰艺术运动首饰的设计中。到了20世纪20年代，装饰艺术首饰呈现轮廓线清晰、大胆与粗犷的设计，明亮的颜色让位于柔和的色调，缟玛瑙和钻石形成了强烈的黑白对比，耳环变得越来越长，大小均匀的细手镯被中间变厚的新款式所取代，重叠的形式让位于干净、简洁的线条。新艺术运动首饰那些自然主义的、婉转的曲线逐渐被严肃而抽象的直线和曲线所取代，首饰设计师以圆形、正方形和三角形为基础，设计制作了许多令人眼花缭乱的、具有机械美的首饰作品。与新艺术运动中大量采用的天然植物的曲折缠绵的纹样不同，装饰艺术运动的首饰使用的装饰纹样大多是有棱有角、强劲利落，且被几何化和立体化了，其色彩摒弃了新艺术运动首饰的典雅、含蓄、温柔与婉约的风格，重视原色和金属色的表现。设计师们大胆采用具有强烈对比的色彩，形成独特的色彩系统。

装饰艺术首饰的色彩样式可分为三种：白色样式（Mode blanche）、黑白样式（Black and white）、水果沙拉（Fruit Salad）样式。白色样式指由铂金、钻石、珍珠、白银、铝、钢、镍、玻璃、水晶以及无色合成宝石等组成的色调（图1-12）；黑白样式指铂金、钻石、珍珠与白银等白色材质与黑色的玛瑙、珐琅等材质组成的黑白色调；水果沙拉样式则是指由卡地亚主导的、具有印度风格的、与彩色宝石搭配在一起的多彩色调（图1-13）。

❶ 大卫·瑞兹曼，若斓达·昂. 现代设计史[M]. 2版.李昶，译.北京：中国人民大学出版社，2013.

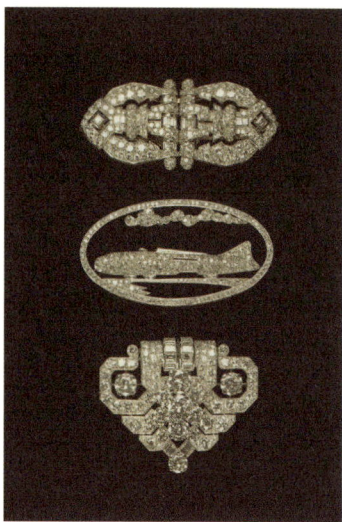

图1-12　白色样式胸针，材质：铂金、钻石，20世纪30年代

图1-13　水果沙拉样式项圈，卡地亚，材质：祖母绿、铂金、黄金、钻石、蓝宝石、红宝石，1936年

1.2.3.3　材料与工艺

　　装饰艺术运动首饰在宝石切割琢型以及宝石镶嵌方面都有了长足的进步，长方形阶梯式切割成为流行的宝石切割样式，这种切割工艺能使宝石的线条和边缘更加明确，从而能够极好地匹配装饰艺术运动首饰的几何式造型，而隐秘式镶嵌不但进一步凸显了宝石的尺寸与光泽，也保证了装饰艺术运动首饰几何式造型的完整性。此外，电镀技术进一步提升，镀金、镀银、镀铑、镀铬、镀镍等电镀手段都能轻易获得。从材质来讲，装饰艺术运动首饰的选材更为大胆，具有创新性。除了传统的贵重材质（如黄金、白银、宝石、半宝石），铂金也因其较高的硬度，取代金银而成为极佳的宝石镶嵌材质，从而得到大量的使用。除此以外，还有赛璐珞、酚醛树脂（Bakelite）、铬、铝、黄铜、钢等新材质被大量运用，尤其是酚醛树脂，这种材料也称"电木"或"胶木"，是一种合成塑料，1907年由美国化学家利奥·贝克兰（Leo Baekeland）发明。这种塑料较为坚固，具有较高的机械强度、良好的绝缘性、耐热性和耐腐蚀性，呈半透明状，可制成琥珀黄、樱桃红、玉绿色和深黑色等颜色。这种低成本的人造材料可以让设计师和制造商随心所欲地进行设计与制作，人们可以对其进行铸造、切割和雕刻，创造出许多令人兴奋的首饰新形态，从而极大地激发了时尚首饰的原创设计之风。

　　酚醛树脂的兴起似乎与1929年美国华尔街股市崩盘以及随之而来的可怕的经济萧条有很大关系，那时，人们的可支配收入减少了，但爱美之心却没有丝毫减少，人们仍然愿意花少量的钱购买令人愉悦的、廉价的塑料首饰，塑料首饰于是大行其道，美国的首饰公司也顺应民意，利用酚醛树脂设计制作了许多有趣的时尚首饰（图1-14），这些时尚首饰制作成本低廉，颜色俏丽，题材丰富，形象多姿多彩，比如汽车、轮船、飞机、爵士音乐家、酒店侍者、水手、猫、苏格兰狗、鹦鹉、旗鱼以及各种水果等。可以说，装饰艺术运动首饰设计的灵感来源是多领域的，比如法老时代的埃及、古代东方、非洲部落、立体主义、未来主义、机械设计、建筑设计与平面设计等（图1-15），而人体主题的运用相对新艺术首饰设计要少得多。可见，无论是从设计主题还是设计形式来讲，装饰艺术运动首饰比以往任何时期的首饰都更贴近生活，更加积极和乐观向上。

图1-14　手镯，材质：酚醛树脂、人造宝石，20世纪20—30年代

图1-15　胸针与搭扣的铸铜样板，1930年

1.2.3.4　设计师

装饰艺术运动较有代表性的设计师包括乔治·富凯（Georges Fouquet）、让·富凯（Jean Fouquet）、杰拉德·桑多兹（Gérard Sandoz）、让·德普雷（Jean Desprès）、雷蒙德·坦普尔（Raymond Templier）、保罗·埃米尔·勃兰特（Paul-Emile Brandt）、勒内·拉利克（René Lalique）、乔治·杰生（Georg Jensen）、让·邓兰德（Jean Dunand）等，可谓群星璀璨。设计公司有卡地亚（Cartier）、宝诗龙（Boucheron）、珍妮西（Janesich）、尚美巴黎（Chaumet）、麦兰瑞（Mellerio）、富凯（Fouquet）、维弗（Vever）、梦宝星（Mauboussin）、梵克雅宝（Van Cleef & Arpels）、马库斯（Marcus & Co.）、奥斯卡·海曼兄弟（Oscar Heyman & Brothers）、邦纳（Bonner）和沃尔特·P.麦克泰格（Walter P.McTeigue Inc.）等。

法国设计师让·德普雷是一位极有天赋的金匠，第一次世界大战期间，他接受了严格的工业设计训练，这为他力量感十足的首饰设计风格打下了基础。让·德普雷大多数极具机械美学的首饰作品看上去有点过于阳刚，但作品中雌雄同体的人物形象非常契合那个爵士乐盛行的年代，也符合女性追求自由的心理需求（图1-16）。雷蒙·坦普尔出身于巴黎的珠宝商家庭，他的首饰作品以几何图形为主，大多镶嵌宝石。他特别喜欢白色金属：铂和银，通常把它们与黑色的玛瑙或其他深色的宝石搭配成令人赞叹不已的首饰作品，这种黑白组合的设计风格，在装饰艺术运动时期非常流行。

保罗·埃米尔·勃兰特于1883年出生于瑞士，20世纪初移居巴黎后开始了自己的设计事业，设计了诸多具有新艺术风格的珠宝。第一次世界大战后，他转向装饰艺术运动风格，在此期间设计的首饰和烟盒作品广受欢迎。他的装饰艺术运动首饰以鲜明大胆的色彩和几何风格著称于世。

丹麦设计师乔治·杰生在装饰艺术时期设计制作的银质首饰享誉全球（图1-17）。他的作品主题以动物为主，其设计的麋鹿形象深入人心。此外，还有植物主题的银饰，造型简约大气、几何风格明显。乔治·杰生的作品在美国具有很大的影响力，被许多欧洲和美国的珠宝商模仿。

图1-16　让·德普雷，胸针，材质：银、
　　　　琅琅、玻璃

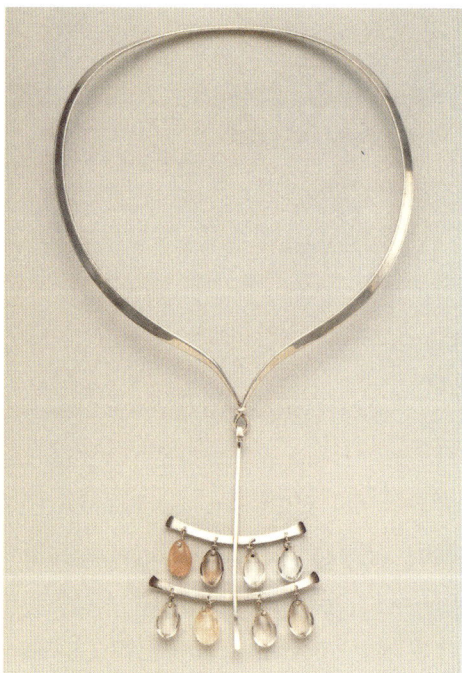

图1-17　乔治·杰生，项饰，材质：银、水晶

1.2.3.5　品牌

成立于1847年的卡地亚公司，在路易·卡地亚（Louis Cartier）的带领下，达到

了装饰艺术运动的新高度。路易·卡地亚对异国情调的迷恋催生了大量镶嵌钻石和红宝石的耳饰作品。20世纪30年代，卡地亚推出了一系列装饰有黑人、印第安女仆、酋长形象的发卡和胸针，这些首饰多用塑料和廉价金属制成。在卡地亚的戒指、胸针、领结针、手镯和项链作品中，装饰着大量珠光宝气的花篮、花束、草莓和树叶的形象，组成色彩斑斓的艺术形象。这种色彩斑斓的艺术形象有"水果沙拉"之称，多由玉石、珊瑚、翡翠、祖母绿、红宝石、蓝宝石、玛瑙和钻石等组成，形成了优雅而不失绚丽的艺术效果。

除了卡地亚，其他的珠宝商也不甘落后，纷纷祭出装饰艺术运动的大旗，设计制作了许多具有典型装饰艺术特点的首饰产品，为装饰艺术运动推波助澜。在这些珠宝商中，梦宝星以其黑色珐琅搭配色彩鲜艳的宝石的设计风格而闻名，宝诗龙则一如既往地使用大量钻石，直到今天，宝诗龙才愿意在首饰中镶嵌青金石、玉石、珊瑚、玛瑙和其他半宝石。此外，拉克洛什兄弟（Lacloche Frères）、尚美巴黎、林泽勒·玛莎克（Linzeler & Marshak）和其他许多珠宝公司也都在时尚珠宝界大展宏图。

值得一提的是，装饰艺术运动首饰在美国得到了前所未见的发展，美国的珠宝商积极投身时尚首饰的设计与制作，以开放的姿态迎接装饰艺术运动新时尚。在主题上不拘一格，在选材上大胆创新，其成就远远超过了法国的同行。这一时期美国的时尚首饰一扫新艺术运动时期的神秘与沉郁，呈现自由、活泼、运动的设计风格，作品中充斥着丝带、蝴蝶结、圆环和卷轴等形态。美国的蕾皮尔（Napier）和科罗（Coro）（图1–18）公司在鸡尾酒首饰（Cocktail Jewels）的设计与制造方面处于世界的领先地位。这种鸡尾酒首饰因常在酒吧聚会时佩戴而得名，选材多样，造型夸张、色彩艳丽，非常吸睛，能够体现新时代女性的独立、开放与自信。

图1–18　科罗，胸针，材质：黄金、蓝宝石、钻石、碧玺、珐琅

1.2.4　包豪斯至20世纪60年代的设计运动

西方自20世纪20年代至60年代，现代主义设计运动风起云涌、此起彼伏，这些设计运动包括包豪斯、立体主义、超现实主义、极简主义、国际主义、波普艺术以及后现代主义等。这些设计运动或风潮都对当时的首饰设计产生了比较大的影响，从而设计出了带有明显设计运动或风潮特色的时尚首饰。

1.2.4.1　包豪斯主义

18世纪在英国兴起的商业化是工业设计发展的起点。正是在商业化条件下，市场迅速扩张，设计开始具有了它今天所具有的重要性，成了资本主义经济体系的必要条件，以及工业社会中进行美学交流与社会互动的载体。在无数的消费品生产领域中，新颖的设计成了一种主流的市场促销手段。为刺激消费，需要不断地花样翻新，推出新的时尚。在这方面，设计师成了引导潮流的主要角色，而随着各种专业性机器的出现，以及生产中劳动分工的不断加强，设计与制造过程不可避免地分开了。手工艺人的作用逐渐淡出历史舞台，设计师成了这一复杂产业链中的重要一环，对设计师的培养便成了亟待解决的问题。

德国的包豪斯是一所艺术和建筑学院，由著名建筑家、设计理论家瓦尔特·格罗皮乌斯（Walter Gropius）于1919年创建。这是世界上第一所完全为发展设计教育而建立的学院，被誉为"欧洲发挥创造力的中心"，也是现代主义发展路上的里程碑。大卫·瑞兹曼说："包豪斯的重要性不在于它在工业产品原型设计上所取得的有限成果，而在于它对设计师的培养和教育，它所提倡艺术、手工艺与工业合作的理念，以及对现代设计可以重塑和统一艺术与生活的希冀。"[1]那些在现代艺术设计教育模式里走出来的学生，大多成为艺术设计的中坚力量，从而把包豪斯的现代主义设计思想贯彻到实践之中，最终成就了包豪斯的艺术设计理念。

包豪斯对与日常生活联系紧密的时尚首饰的影响是巨大的。1925年在巴黎举行的世界博览会与国际装饰艺术博览会，使包豪斯现代主义风尚风靡全球。20世纪20年代，包豪斯现代主义已经完全渗透到了时尚首饰设计之中。

德国设计师弗雷德里克·雅各·本格尔（Fredrick Jakob Bengel）的首饰作品深受包豪斯风格的影响。他从1873年开始经营自己的表链公司，20世纪初转而经营首饰。他最有代表性的首饰是以镀铬或镀镍的黄铜为材料，采用一种类似表链的"砖结构"的链接方式制成的首饰。这种首饰反映了机械美学的特征，具有简练、理性、精确的风格（图1-19）。

奥姆·斯鲁特斯基（Naum Slutzky）是另一位深受包豪斯影响的设计师，他生于乌克兰基辅，受瓦尔特·格罗皮乌斯之邀，出任包豪斯学院的冶炼与冶金工作室助教，并于1922年晋升为金匠大师。他的首饰充分体现了包豪斯的设计理念：质朴、纯粹，去除所有不必要的细节。奥姆·斯鲁特斯基的作品看似简单，实则是经过设计师深思熟虑的产物。他往往在作品中运用极少的造型元素，并不断重复这些元素，在统一中寻求变化，又在变化中寻求统一，如此反复推敲作品的形体。可见，他对

[1] 大卫·瑞兹曼，若澜达·昂.现代设计史[M]. 2版.李昶，译.北京：中国人民大学出版社，2013.

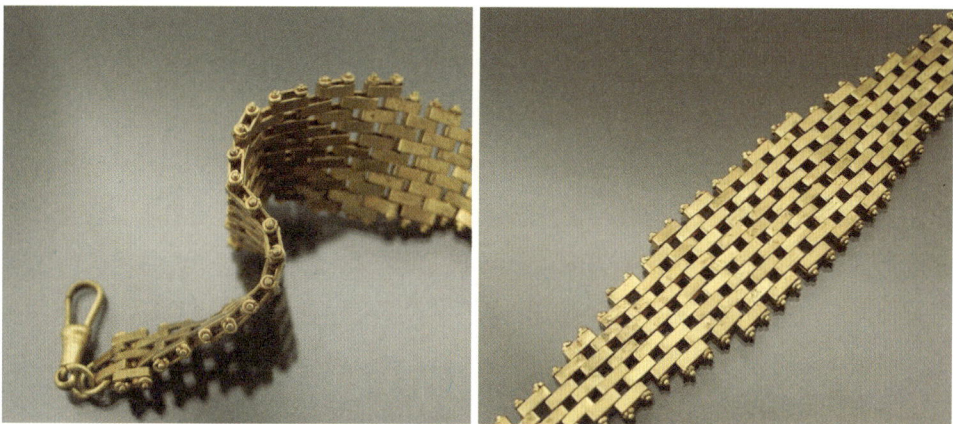

图1-19 弗雷德里克·雅各·本格尔，手链，材质：黄铜

现代设计形式美法则的运用是极其严苛的，也是十分熟练的。作品中几乎很少有具象的造型，大多数是抽象的形态，作品呈现极其严谨、理性与收敛的风格。现在看来，他的首饰甚至是无趣的、生硬的，毫无装饰美感，类似于一件批量生产的标准化产品。他似乎忘记了对形式反复推敲的目的不仅在于获得均衡、和谐、变化与统一的完美融合，也在于萌生愉悦与传达美感，这种"为了形式而形式"的做法在包豪斯风格的设计中随处可见。

1.2.4.2　国际主义

国际主义的前身是以德国包豪斯为首的现代主义。在德国法西斯势力的压迫下，很多欧洲的现代主义设计大师都来到了美国，他们将欧洲现代主义和美国社会实际状况相结合，形成了一种新的设计风格，即国际主义风格。国际主义继承并发展了德国建筑师路德维希·密斯·凡·德·罗（Ludwig Mies Van der Rohe）"少就是多"的设计思想，极其推崇几何抽象形式，不注重装饰。

1929年法国现代艺术家联盟UAM（the Union des Artistes Modernes）成立，推动了法国首饰设计现代化，创始人为雷蒙德·坦普尔。UAM把首饰看作一种属于社会的艺术，这种艺术能够适应社会的进步，能够整合现代工业的形态与技术，从而对抗古典和传统。在1930年第一次的公开展览中，UAM重申了其与过去和传统决裂的态度，这种态度的主要倡导者就是雷蒙德·坦普尔，他的首饰设计准则与国际风格的设计原则相契合，在社会上引起了极大的反响，并很快成为占主导地位的首饰设计模式。他的首饰作品强调功能性，具有鲜明的几何造型与严谨的体积感，作品中实体和空间交替运用，不管是厚重的还是轻盈的形态，都严格遵循建筑设计的规则来安排与处理。雷蒙德·坦普尔很少在作品中使用大颗粒的宝石，因为他不愿意宝石的价值超过其设计的价值。同时，他也很少选择动物或植物的主题，而更多地从汽车、建筑、工业设计等具有机械美的题材中获取设计灵感。他的首饰作品成为当时法国现代首饰设计的典范。可以说，雷蒙德·坦普尔的首饰是微型的建筑，通过巧妙地运用色彩，使作品获得了强烈的三维立体感。

UAM的另一个成员让·德普雷是西奥多·阿多诺（Theodor Wiesengrund Adorno）功能美学的又一个代表，这种功能美学认为：美以真理的形式呈现出来，装饰对于表现真理毫无作用。让·德普雷的首饰似乎比雷蒙德·坦普尔的更为优雅，从色彩的选择到形式的构成，每一个局部都能和谐共处。让·德普雷大多选用白银作为主要材料，搭配玛瑙、珊瑚、绿松石、青金石和玉髓等材料来完成首饰制作，在20世纪30年代这是极其流行的做法。由于经济衰退，人们的购买力不断下降，导致让·德普雷的首饰作品的价格也是保持在一个相对低廉的价位。

同样是1929年，法国诸多的珠宝商在巴黎时尚博物馆加列拉宫（Palais Galliera）举办了一场展览，参展的大部分时尚首饰都采用了黑白色调，多彩的宝石消失不见了，取而代之的是无色宝石。宝石大部分被切割成长方形，并用群镶工艺镶嵌而成。铂金是主要的材料，与黑玛瑙搭配在一起，相得益彰。这是白色样式与黑白样式盛行的年代。

从时尚首饰的属性来讲，它最基本的功能之一就是装饰身体，倘若在首饰设计中仅仅保留首饰的佩戴功能，而忽视其他的属性（如装饰性），则首饰就只剩下一副空壳了。这样的首饰恐怕不会有多少接受度，也就不存在流行的可能性了。正是由于过分强调"少就是多"的实用主义设计理念，导致了国际主义设计没有充分考虑人的情感因素，只是一味追求功能，设计过于死板，所以20世纪60—70年代，当国际主义后期逐渐演变为形式上的极简主义时，最终被淘汰了。

1.2.4.3　超现实主义

20世纪20年代，一群杰出的作家和艺术家聚集在同一个团体中，其中包括诗人保罗·艾吕雅（Paul Eluard）、画家萨尔瓦多·达利（Salvador Dalí）、摄影大师曼·雷（Man Ray）、雕塑家让·阿尔普（Jean Arp）等，而将这些人联系在一起的正是诗人安德烈·布勒东（André Breton）和他创立的超现实主义运动。"超现实主义"一词由法国诗人纪尧姆·阿波利奈尔（Guillaume Apollinaire）提出，1924年布勒东发表《超现实主义宣言》，超现实主义作为一个文艺流派被正式确立。

超现实主义艺术运动对20世纪30年代的首饰设计产生了深远的影响。首饰设计师们从超现实主义奇异迷幻的艺术中汲取灵感，比如萨尔瓦多·达利、莉奥诺拉·卡灵顿（Leonora Carrington）和勒内·弗朗索瓦·吉兰·马格里特（René François Ghislain Magritte）的绘画作品。同时，维也纳精神分析学家西格蒙德·弗洛伊德

（Sigmund Freud）的著述也启迪了艺术家和首饰设计师们的思维，使得他们在理解无意识的途径中不断地探索内在自我，用怪诞不经的造型演绎超现实的事物。

萨尔瓦多·达利作为超现实主义的代表艺术家，设计了许多广受欢迎的超现实主义首饰作品，引发了一众首饰设计师的竞相模仿，掀起了超现实主义首饰设计风潮。萨尔瓦多·达利的首饰中的形象许多都出自他的绘画作品，如软绵绵的时钟、怪诞的电话机（图1–20）、性感的红唇、钟表眼珠子等。达利与当时许多著名的首饰设计师都有合作，从而把自己独特的设计理念传递给更多的人，如福柯·佛杜拉（Fulco di Verdura）、卡洛斯·阿莱马尼（Carlos Alemany），还有出生于意大利的设计师艾尔莎·夏帕瑞丽（Elsa Schiaparelli）等。

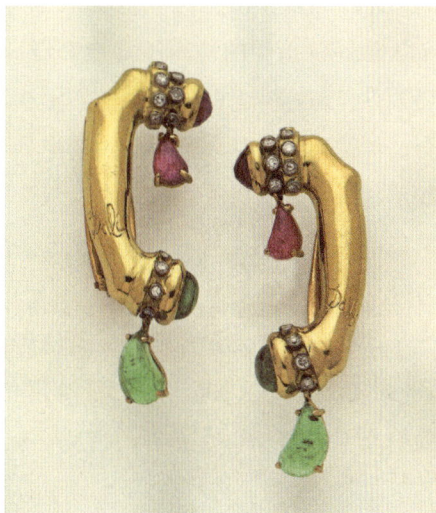

图1-20　萨尔瓦多·达利，电话机耳饰，材质：黄金、红宝石、祖母绿、钻石

夏帕瑞丽一贯主张新奇、刺激、大胆、热烈、奔放的设计语言，不拘泥于传统，喜欢在服饰设计中融入天马行空的想象。她认为，时尚意味着新奇，所以她的时装用色强烈，装饰奇特，注重女性的腰臀曲线。她的作品的用色犹如"野兽派"画家那般强烈与鲜艳。在巴黎，她结识了大批顶尖艺术家，包括马塞尔·杜尚（Marcel Duchamp）、萨尔瓦多·达利等，艺术的审美与品位在不断丰富的同时，这些经历也为她后来的服饰设计风格奠定了夸张新奇的基础。她常常把超现实主义与未来主义元素、非洲人的图腾、文身、抽象图案，甚至骷髅、骨骼等元素作为服装面料纹饰，印在纺织品上，给被战争与金融危机蒙上阴影的20世纪20—30年代注入了新鲜的活力，而首饰作品则是夏帕瑞丽极具超现实主义设计灵感的完美体现。早在20世纪30年代，夏帕瑞丽便在首饰设计中创造性地混用宝石与半宝石材质，20世纪40年代之后，她的首饰设计的形式更为抽象，充满了超现实主义的意蕴。这些奇思妙想的首饰作品，令夏帕瑞丽的拥趸钟爱备至。

另一位具有代表性的超现实主义首饰设计师是美国的山姆·克雷默（Sam Kramer）。他的作品将美国现代主义运动与超现实主义融为一体，体现了两个流派在审美方面的重要联系。他宣称，首饰应具备如同绘画和雕塑一样的艺术表现力。他把自己的首饰作品称为"轻度癫狂人士的奇幻珠宝"，作品中那些噩梦般的生物有时会让人联想到胚胎时期的怪物，它们看起来就像是在疯狂中被锻造出来的

（图1-21）。他经常在自己的银饰中使用稀奇古怪的配件，比如玻璃眼镜、骨头、象牙、化石、古东印度硬币、铁路制服上的旧纽扣，以及稀有的半宝石等，将贵金属与偶尔拾得的材料（如造礁珊瑚、玛瑙贝壳和标本上的玻璃眼珠等）相结合。他的胸针与耳环多为变形的怪异动物形状，用独眼巨人之眼为头，深受格林尼治村与"垮掉的一代"知识分子的喜爱。

图1-21　山姆·克雷默，怪异动物胸针，材质：925银、紫晶、绿松石

除上述两位设计师之外，其他有代表性的超现实主义首饰设计师还有让·史隆伯杰（Jean Schlumberger）、福柯·佛杜拉，以及玛格丽特·德·帕塔（Margaret de Patta）等。

1.2.4.4　斯堪的纳维亚之风

优雅简朴且充满治愈感的斯堪的纳维亚风格是一种现代风格，它将现代主义设计思想与传统的设计文化巧妙融合，既注意产品的实用功能，又强调设计中的人文关怀，避免几何形式的刻板和冷酷，从而产生了一种富于"人情味"的现代美学，因此受到人们的喜爱。

斯堪的纳维亚风格最具影响力的设计师当属乔治·杰生，作为擅长浮雕的银匠，他常在首饰作品中使用浮雕装饰，同时，他的雕塑功底赋予首饰空间体量感。尽管作品造型洗练简洁，却蕴含丰富信息。乔治·杰生以一种精简的手法革新了新艺术风格，图案和形象呈现宁静而诗意的简洁感。其首饰形态大多为圆形、扁平形，镶嵌着椭圆形的琥珀、月光石和其他平价彩宝。他的作品具有典型的斯堪的纳维亚风格：造型洗练、色彩纯粹、结构细腻而精准、形态具有厚重感、功能突出。

除了乔治·杰生，其他有代表性的设计师还有：汉宁·古柏（Henning Koppel）、大卫·安德森（David Anderson）、朵兰（Vivianna Torun Bülow-Hübe）等。汉宁·古柏同样也是一名擅长雕塑的首饰设计师，他的首饰多为银饰，作品形态多用曲线造型，显得较为灵动，活泼而自然。大卫·安德森的首饰作品时常呈现简单安逸的大自然主题，形象生动而简约。朵兰是第二次世界大战后最具国际知名度的瑞典银饰设计师，她的作品极富特色，常常用简洁的圆形线条（图1-22），搭配尺寸巨大的水晶、鹅卵石、玻璃球、珍珠贝等垂饰，显得单纯、静谧，而又有一丝温暖，呈现一定的女性温婉之情，这在斯堪的纳维亚风格的时尚首饰中是不多见的。

1.2.4.5　波普艺术

波普艺术于20世纪50年代初起源于英国，20世纪50年代中期鼎盛于美国。波普艺术是一种源于商业美术形式的艺术风格，其特点是将大众文化的一些细节进行放大与复制，试图推翻抽象艺术，而转向以符号、商标等具象形象为主的大众文化主题。它拒绝高级的艺术题材，以低级文化或次文化为母本，从流行文化中提取符号，以嘲讽的姿态来讽刺艺术，也讽刺当代社会。

图1-22　朵兰，胸针，材质：925银

波普艺术对于流行时尚有相当长久的影响力，许多设计师都直接或间接地从波普艺术中获取设计灵感。大卫·瑞兹曼说："波普艺术活动延伸并且超越了画廊狭小的空间，表现为'事件'、行为艺术、大地艺术以及其他艺术成果背后的动机，宣扬行动主义，目的在于借此发动创造性的艺术活动，面向更为广大的受众群体。"[1]可见波普艺术涉及影响到多个领域，尤其是大众文化领域。同样，波普艺术的规则也被应用于首饰领域，使得彼时的首饰体现为价格低廉、有趣味性、产量较高、流行周期较短等特点。

具有代表性的首饰设计师有肯尼思·杰·莱恩（Kenneth Jay Lane）、罗杰·斯克玛（Roger Scemama）、莉娜·巴雷蒂（Lina Baretti）、雷蒙德·埃克斯顿（Raymond Exton）、温迪·拉姆肖（Wendy Ramshaw）等。众多首饰制造商如翠法丽（Trifari）、哈丝基珠宝（Miriam Haskell）等，也参与到了波普风格的时尚首饰的制造中来，一并推高了时尚首饰的波普艺术之风。设计师和制造商使用廉价材质来设计制作波普时尚首饰，它们的造型大胆而随意，令人感到轻松愉快。此时，时尚首饰对时装的依附性得到了前所未有的加强，越来越多的时尚首饰设计师会听从时装设计师的建议来开展设计，然而这种现象并不说明时尚首饰是时装的附庸，这只是说明此时的首饰设计师不但意识到了波普艺术的社会价值与影响力，而且身先士卒，积极投身大众文化与时尚的构建之中，把时尚首饰从精英的位置拉进了大众消费品的队伍。这些波普时尚首饰并不会放在展厅里被当成艺术品展出，而是放进百货店甚至超市里，与其他的普通商品一起被售卖，充分体现了波普艺术对严肃艺术的价值消解。

美国首饰设计师肯尼思·杰·莱恩设计了诸多具有波普风的时尚首饰，他善于以逻辑的、原创的方式将20世纪60年代各种艺术设计风格元素融为一体，同时，他也喜欢对以前的首饰进行改造，使之符合当下大众的审美趣味。比如，他对卡地亚的设计师贞·杜桑（Jeanne Toussaint）为温莎公爵夫人（Duchess of Windsor）设计的"大猫"系列饰品情有独钟，并对其进行大胆改造，这种豹子造型如今已成卡地亚的象征。此外，他对梵克雅宝品牌狮头耳环的重新诠释也令人津津乐道。动物主题时常出现在肯尼思·莱恩的时尚首饰作品中，如老虎、公羊和蛇头等，这些时尚首饰常常采用镀金和涂抹珐琅彩的方式制作，具有大众文化的品位。莱恩的时尚首饰是波普设计最好的注解，他用自己设计的首饰告诉大家，"艺术应该与生活密切相关，好的艺术和设计应该走向大众，走进每个人的生活，而不应该只为了少数人所享用。"❶

出生于佛罗伦萨的罗杰·斯克玛1922年移居巴黎，在那里他开始了自己的时尚首饰设计生涯。罗杰·斯克玛曾为几家著名的高级时装公司工作，这些公司包括纪梵希（Givenchy）、迪奥（Dior）和伊夫·圣罗兰（Yves Saint Laurent）等。他在20世纪50年代复兴了水晶在时尚首饰中的运用，其作品广受好评。罗杰·斯克玛的时尚首饰用色十分独特而优雅（图1-23），他喜欢把多种高雅的颜色搭配使用，如玫瑰色搭配茄色、白色搭配米黄色等。选材上也颇为大胆，比如把黄杨木与珍珠一并使用，显示了他独特的审美观。

图1-23　罗杰·斯克玛，项饰，材质：银、塑料、莱茵石

莉娜·巴雷蒂是一位曾经为艾尔莎·夏帕瑞丽（Elsa Schiaparelli）提供过设计服务的珠宝设计师，她的作品选材范围极其广泛。包括软木、稻草、羽毛、贝壳、纺织品、苔藓，甚至椰子壳，都可以用来制作时尚首饰。她的设计特色就是将羽毛加入到时尚首饰设计中，使得作品看起来十分轻盈与飘逸。

❶ 华梅，王鹤，林永莲. 现代设计史[M]. 天津：天津大学出版社，2020.

1.3 花卉主题与时尚首饰

从时尚首饰的发展历程来看，无论社会环境如何复杂、设计风格如何变迁、材料与工艺如何改进，花卉总是时尚首饰设计中永恒的主题。不同的是，随着时代的变化，花卉题材的表现方法和手段也做出了相应的变化，也就是说，重要的不是花卉题材本身，而是如何使用花卉题材。换言之，使用花卉题材的"方式"才是最重要的。不同的花卉题材的使用方式，决定了一件首饰的属性、时尚与否，以及归属于何种时尚设计风格。

1.3.1 自然主义花卉主题

自然主义艺术风格于19世纪下半叶至20世纪初在法国兴起，然后扩展到欧洲其他国家。期间，法国在突飞猛进的科学技术的推动下，工业革命基本完成，一时间，"科学性"作为"现代性"的重要标志，成为一种时尚。自然主义追求客观性，崇尚单纯地描摹自然，着重对现实生活的表面现象作记录式的描述，并企图以自然规律特别是生物学规律来解释人和人类社会。

18世纪时尚首饰的主题以自然题材为主，设计师和制造商都大量使用真宝石和仿真宝石来设计制作花卉题材时尚首饰。这个时期，人们对鸟类、蝴蝶和花卉等从大自然中提取的图案表现出极大的兴趣与热情。18世纪下半叶，花卉一直是欧洲时尚首饰最受欢迎的主题之一，那些花卉主题时尚首饰由各种各样的花卉不对称地排列在一起，花茎上通常还装饰有蝴蝶结造型。花瓣多由彩色宝石和莱茵石镶嵌而成，在透明莱茵石的背后，彩色箔纸使它们散发出粉色、黄色和绿色的色调。这些首饰中的花茎和叶子通常饰有珐琅，花头由弹簧连接且可以晃动。这一类首饰非常受欢迎，就连玛丽·安托瓦内特皇后都曾经从首饰商那里订制了一件玫瑰花和山楂花图形的首饰。花园样式（Giardinetti）是这个时期花卉主题的代表样式（图1-24）。在意大利语中"Giardinetti"意为"小花园"，这种样式盛行于18世纪40—80年代，常以多种有色宝石打造轻巧优雅的花束造型，有爱情寓意，是情人或朋友间交换的上佳礼物。花园样式时尚首饰多有花篮或花瓶的造型，十分适合于设计成胸针，有时在戒指或吊坠中也会出现花园样式。此一时期的花卉主题多以写实手法来表现，对花卉的表现较为细致，宝石镶嵌工艺也较为精致，整体的花卉主题的辨识度很高。

18世纪后半叶，受新古典主义的影响，设计师和制造商越来越着迷于古典时期的设计主题，包括弯月和星星在内的自然图像变得流行起来，有大量仿效罗马妇女头饰和束发带的时尚首饰问世，而由尺寸逐级渐变的宝石或仿真宝石制作而成的河流样式项链也极为流行，当时，市面上大部分河流样式项链中的宝石的底部都垫有银箔，这是为了让宝石的光彩更为明艳。到18世纪末，首饰匠不再用白银而改用黄金来镶嵌宝石，目的是防止白银首饰掉色，污染佩戴者的衣服。

图1-24　花卉样式戒指，材质：黄金、银、玻璃仿真宝石，法国，18世纪中期

1.3.2　浪漫主义花卉主题

1820—1840年，浪漫主义在欧洲达到顶峰，这场艺术运动强调情感和感伤气质，其最重大的特点就是对自然的尊重和对过去特别是中世纪的兴趣。中世纪的诸多设计元素充斥于首饰设计之中，比如卷轴形、哥特式拱门、繁复的窗饰、十字架与其他宗教元素等。尽管有这些极具浪漫主义色彩的首饰在社会上大行其道，但花卉主题的时尚首饰依然盛行，花朵、蝴蝶、昆虫、飞鸟、咬尾的蛇、葡萄藤等自然主义的纹样与造型在首饰中屡见不鲜。在花卉造型中，玫瑰花、倒挂金钟、菊花和大丽花等都是19世纪中期最为流行的品种。事实上，花卉同样具有一定的象征意义。比如：勿忘我象征真爱、百合花象征纯洁无邪、常春藤代表友谊和忠诚、牵牛花象征希望等。所以，花卉主题的时尚首饰也同样可以作为馈赠佳品。

花卉与水果的装饰主题在接下来的几十年中长盛不衰，这些花卉主题依然采用写实的手法来表现。1851年的万国工业博览会上，巴黎珠宝商弗朗索瓦·克莱默（François Kramer）展出的就是一件花卉主题的首饰。这件首饰是一束由钻石和红宝石镶嵌而成的巨大花束，塑造了玫瑰花、牵牛花、倒挂金钟等花卉的美丽形象。拿破仑三世的妻子欧仁妮皇后（Eugénie de Montijo）尤其钟爱自然主义风格的首饰，她甚至命人把法国皇室珠宝中的钻石取下来，重新镶嵌在装饰着自然主义题材的首饰套装上。到了19世纪中期，由于对花卉植物形象的塑造主要采用宝石或仿真宝石的镶嵌来实现，花卉的造型由此越发显得繁复与夸张。得益于宝石切割与琢型技术的提高，老矿工琢型（Old Miner Cut）与老欧洲式（Old European Cut）已成为宝石加工技术的主流，这些拥有58个切面的琢型技术能让宝石散发出更为灿烂的光泽。故而，这个时期的花卉主题时尚首饰显得格外的富丽堂皇，其镶嵌工艺相对于18世纪末期与19世纪早期，也要精细得多，真宝石或仿真宝石的尺寸也要小得多。

1.3.3　新艺术运动花卉主题

新艺术运动时期，大自然成了不同领域设计师的主要灵感来源，植物和动物主题大行其道，时尚首饰同样如此。19世纪90年代和20世纪初，花卉主题时尚首饰变得更为轻巧和精致，这些精美优雅的时尚首饰多用仿真宝石、银、合金甚至有机材料（如牛角）制成。牛角作为一种首饰材料始于1896年的新艺术运动，并在20世纪10年代达到顶峰。设计师将这种半透明材料雕刻成富有想象力的时尚首饰，经过加工和染色之后，牛角呈现深黄色的色调，让人联想到肌肉、月光和树枝等。经由艺术家的巧手雕刻，牛角变成了美丽通透的花朵、花茎、藤蔓、荆棘、叶子、花瓣、蜻蜓、甲壳虫、蝴蝶等形象。使用角质材料设计制作时尚首饰的艺术家包括大名鼎鼎的勒内·拉利克用角质材料设计制作的头饰（图1-25），还有艺术家伊丽莎白·邦特（Elizabeth Bonté）、乔治·皮埃尔（Georges Pierre）、卢西恩·盖拉德（Lucien Gaillard）、路易·阿库克（Louis Aucoc）和维弗（Maison Vever）等。他们把角质材料用作画布，在这画布上，艺术家用充满活力的植物、昆虫和其他生物形象，定格了大自然的美丽瞬间。他们共同创造了将牛角与贵金属、宝石和珍珠相结合的新型时尚首饰，包括吊坠、胸针、发饰等。使牛角这一材质大放异彩，也使得角质花卉首饰成为时尚首饰史上的经典之一。

图1-25　头饰，勒内·拉利克，材质：黄金、牛角、象牙、托帕石，1903—1904年

1.3.4　"美好年代"的花卉主题

在"美好年代"期间，蒂芙尼、尚美巴黎和宝诗龙等都设计过花卉时尚首饰，这些花卉首饰大多具有活动结构，花朵造型被安装在弹簧上，使得花朵可以

随着佩戴者的行走而轻微摆动，令人仪态万千。让·史隆伯杰（Jean Schlumberger）是蒂芙尼第一位可以在首饰作品上签名的设计师，他设计制作了一系列奇幻的花卉题材的时尚首饰，在纽约掀起了一股花卉时尚首饰潮流，就连肯尼迪夫人、"天鹅女郎"贝比·佩利（Babe Paley）等名流都购买过他的花卉时尚首饰。

20世纪40年代花卉时尚首饰的样貌更为丰富，比如镶嵌着红宝石和钻石的卡地亚蓟草花形首饰，还有金色的海葵花头首饰，花瓣向后卷曲，露出炫彩的有色宝石。可可·香奈儿（Coco Chanel）十分喜爱山茶花，她的挚爱卡柏男孩（Boy Capel）第一次送给她的花就是山茶花。香奈儿把山茶花的形态充分应用到时装、配饰和首饰设计中。1954年，克里斯汀·迪奥以他在诺曼底的童年花园为灵感，设计了一整套以铃兰花为主题的首饰。后来，首饰设计师维克多·德·卡斯特兰（Victoire de Castellane）将其重新诠释为一款精致的钻石和翡翠项饰，而梵克雅宝则在他们的花卉首饰中营造了别样的"首饰花园"。在梵克雅宝的花卉时尚首饰中，不仅有花卉，还有浪漫的溪流和草坪、鲜嫩多汁的水果、凡尔赛宫的喷泉，以及钻石叶子映衬着的晨露中闪闪发光的绿芽植物等。

正如时尚面料上的花朵随着时间的推移而改变一样，"美好年代"传统风格的玫瑰和牡丹花也被现代的、具有异国情调的花朵所取代，比如：英国的爱丝普蕾设计制作了粉色蓝宝石镶嵌的马蹄莲首饰，而卡地亚则在兰花形态和绿色的石榴石花茎上点缀着黄色的蓝宝石，红宝石花蕊茕茕孑立于兰花中央。英国鬼才设计师肖恩·利尼（Shaun Leane）创作了带有镶边的兰花首饰，他的花卉时尚首饰一扫花卉形态的女性气质，具有硬朗的花卉造型风格。有"彩色宝石之王"美誉的巴西品牌H.斯特恩（H.Stern），以意大利佛罗伦萨皮蒂宫古老的波波里花园作为灵感来源，设计了"波波里系列"（Boboli collection）花卉时尚首饰，这些首饰运用金银镶嵌工艺制作了大量精美的花卉形态，而伦敦首饰品牌大卫·莫里斯公司（David Morris）的设计师杰瑞米·莫里斯（Jeremy Morris），则更喜欢用抽象的、写意的手法来塑造花卉的形态。他说："对于花卉过于逼真的摹写是不合时宜的。"他倾向于表现花卉的意象，而不是花卉的精细形态。

1.3.5　装饰艺术时期的花卉主题

20世纪30年代末，具有装饰艺术风貌的花卉首饰不再是呆板、机械的样貌，转而变得更为感性、充满了活力与动感，甚至十分可爱与有趣。蒂芙尼银饰产品部负责人阿瑟·巴尼（Arthur Barney）为1939年的纽约世界博览会设计制作了两件花卉时尚首饰。一件由钻石和红宝石制成的兰花形首饰，另一件由黄金制成的抽象花朵形首饰，其设计富有创意。纽约时尚首饰商希曼·谢普斯（Seaman Schepps）以一件手镯作为代表，诠释了一种更简洁、更多彩的现代主义花卉时尚首饰设计风格。手镯由五朵花和金色花瓣组成，位于中部的素面蓝宝石被黄金包裹着，形成了花冠的形态，每一朵花的刻画都细致入微，显得色彩斑斓，极大地满足了人们在和平年代对色彩的渴望。这个时期，玫瑰花形时尚首饰的设计制作尤为出色，例如，美国的特拉伯特和霍弗公司（Trabert & Hoeffer Inc.）1938年为埃及纳兹利女王制作的玫瑰花项链、马库斯公司（Marcus）的玫瑰胸针，还有保罗·弗拉托（Paul Flato）设计的玫瑰胸针等。除了玫瑰花，栀子花也很受欢迎，比如奥斯卡·海曼（Oscar Heyman）在1936年设计的栀子花时尚首饰。

20世纪40年代，美国的时尚首饰设计师基本上放弃了装饰艺术中密集使用宝石的设计制作方式，转而选择暖黄色的色调来设计时尚首饰，预示了时尚首饰黄金时代的到来。回想装饰艺术时期的首饰，由于宝石切割与琢型技术、宝石镶嵌技术的提升，装饰艺术首饰能够密集地镶嵌各种几何形的宝石，整体呈现几何形的首饰，这种几何形的设计在当时是十分时尚的。仿真宝石的加工技术也随即跟进，施华洛世奇已经能够快速生产大量优质的多刻面玻璃仿真宝石。到了20世纪20年代，该公司已成为时尚首饰界主要的仿真宝石供应商。在两次世界大战期间，时尚首饰的受欢迎程度与日俱增，艾森伯格（Eisenberg）等时尚首饰制造商也变得更为自信了，他们自豪地生产镶有仿真石头的时尚首饰，甚至可以坦率地公开他们的"秘密"，他们宣称："这些宝石实在是太大了，形状也非比寻常，所以，它们不可能是真的宝石。"卡地亚以及其他著名的首饰公司也在首饰中大量使用花卉和水果的主题，这些看起来鲜嫩多汁的首饰很快就获得了一个昵称：水果沙拉首饰（fruit-salad jewelry），这一趋势很快蔓延到翠法丽（Trifari）等著名的时尚首饰制造公司，包括可可·香奈儿（图1-26）和艾尔莎·夏帕瑞丽等时尚大师都有许多花卉主题的时尚首饰问世，而梵克雅宝则采用了最新的隐秘式镶嵌技术，设计制作了这一时期最令人叹为观止的花卉首饰作品。可以说，大花束是20世纪40—50年代花卉时尚首饰的经典造型，在奶黄色黄金制成的优雅而华丽的花瓣上，镶嵌着大量的钻石或彩色宝石，从20世纪30—50年代，奶黄色黄金受欢迎的程度与日俱增。1950年左右，黄金花丝工艺与透雕细工的综合运用非常盛行，大量风格化的花卉时尚首饰也因此被生产出来，进一步提升了人们对花卉首饰的喜爱。

图1-26　胸针，香奈儿，材质：莱茵石、珐琅、银，法国

1.4 女权运动与时尚首饰

人类社会历史上，人权的概念已有了200多年的历史，但人权概念在相当长的历史时期内并不包括女权。在近代以前，女性的社会地位是远低于男性的，女性几乎没有政治权利。一般认为，西方女权主义分三个阶段：第一代女权主义（19世纪下半叶至20世纪初）、现代女权主义（20世纪初至20世纪60年代）、后现代女权主义（20世纪60年代至今）。

1.4.1 第一代女权主义与时尚首饰

从首饰的发展历史来看，首饰的佩戴者有女人也有男人，但在19世纪之前，西方服饰时尚主要服务的对象还是以男人为主，《时尚学》一书中讲道："当时的华贵服饰作为一种时尚主要还是局限在男人身上，女人的时尚服饰是到了19世纪才出现的，因为虽然当时尊重人权和个性的呼声已经越来越高，但还没有发展到男女完全平等，女人依然被深深地禁锢在宫中或家中，没有自由展现自己的机会。"[1] 随着女权运动的发展，女性在社会中的角色与地位也在不断改变，那么，作为社会风尚的体现者与群体思想的承载者，时尚首饰也会随着女权运动的发展而不断变化，这些变化展现了不同时期女权运动不同的诉求，与同时代的女性精神遥相呼应。

19世纪末，是女权运动的第一次浪潮，女性们开始积极争取更多的政治权利，特别是在政府中的发言权。为此，女性们自豪地佩戴首饰，表达她们对女性参政运动的支持，为女性争取选票。女权运动时尚首饰的识别度极高，因为它们用绿色（green）、白色（white）和紫色的（violet）宝石作为首饰的主要装饰，绿色、白色和紫色的英文首字母为G、W、V，组合在一起，构成"Give women the vote"（图1-27），意为"给女性投票权"，呼应了妇女们"赋予女性投票权"的政治诉求。这种时尚首饰的设计有点类似标识设计，采用了象征的手法，显得十分巧妙和耐人寻味。

图1-27 "给女性投票权"戒指

❶ 程建强，黄恒学.时尚学[M].北京：中国经济出版社，2010.

不过，这类时尚首饰的流行周期较为短暂，产生的影响具有区域性和时效性。

1.4.2 · 现代女权主义与时尚首饰

相对而言，作为时尚界响当当的人物，可可·香奈儿对时尚首饰的推动可谓影响巨大。出身贫寒的法国时装设计师香奈儿一生倡导女权，渴望自由而不失优雅的人生。香奈儿认为时尚不再意味着挥金如土，而是意味着现代女性探索自身的道路。女性不应该被视为富人的玩物，男女应该平等相待。

第二次世界大战期间，经济萧条，人们的购买力下降，香奈儿大胆采用人造宝石设计制作时尚首饰，与自己设计的时装进行搭配，她甚至每一季度都推出人造宝石时尚首饰来搭配系列时装，因此，她这些价格低廉的时尚首饰也被人们戏称为"时装"。香奈儿曾说："没有什么首饰比假首饰更美丽！我喜欢假首饰是因为它们很刺激。首饰是用来打扮女人的，而不是让女人看上去很富有。"她甚至把威斯敏斯特公爵赠送的奢华珠宝与仿真珠宝混在一起进行佩戴，演变为一种混搭的时尚。所以，她每次推出新款时装，都会搭配时尚首饰，以此宣告佩戴首饰不是为了炫富，而是为了审美。可以说，时尚首饰，尤其是长串的人造珍珠项链时尚首饰，是营造香奈儿优雅与低调造型的重要元素。除了标志性的珍珠，她还以长长的镀金项链，以及带有东方韵味的、色彩丰富的"模铸玻璃"（Poured glass）首饰而闻名。1924年，香奈儿与巴黎最好的玻璃首饰制造商葛利波瓦（Maison Gripoix）合作，使玻璃呈现她喜爱的珍珠光泽，并设计制作了多款仿真珍珠项链，这种项链以珍珠或仿真珍珠为主要材质，配以金属珠子或水晶珠子，形态修长而简洁，极具识别性。香奈儿的短发发型引发时人的追捧与效仿，竟然导致了梳子、发卡等发饰备受冷落，同时，也由于短发发型而使脖子裸露，从而使得长耳坠风行一时。

第二次世界大战的爆发导致美国与欧洲隔绝，莱茵石等进口原材料的供应变得短缺，1941年美国终于参战，政府对战争所需的金属原料的使用施加了管制。在完全没有欧洲设计潮流的影响下，美国的时尚首饰第一次出现了完全美国化的样式风格：鸡尾酒风格。这种美式风格最显著的特点之一就是"镀金标准银"（Vermeil）的大量使用。镀金标准银是一种表面镀金的标准银，由于黄金被限制使用，首饰制造商只好采用这种在标准银表面镀金的手段来生产"金"首饰。在设计上这些新式的美国风格时尚首饰通常以硕大的仿真宝石作为主石，体积较小的人造彩色宝石作为配石，造型张扬、自信，比此前一度占据时尚主流的装饰艺术首饰更为活泼可爱，体现了彼时美国人放松的精神状态。也因此，"'鸡尾酒'首饰总的来说是一种美国现象，它所代表的是美国时尚、美国文化和美国生活方式"❶。

通俗来讲，鸡尾酒首饰就是指在鸡尾酒派对或晚宴上佩戴的首饰，通常造型比较夸张、尺寸较大，镶嵌较多的彩色宝石与半宝石，具有相当的分量和价值。鸡尾酒首饰灵动的设计带来的动态感，成为它的首要特征。鸡尾酒首饰的题材十分丰富，有人物、植物和动物，这些题材的形象生动有趣、活泼可爱，深受人们的喜爱。这些形象包括卡通动物（图1-28）、稻草人、小丑、园丁、卖花姑娘、花卉、蘑菇、海星等，最具特色的是芭蕾舞演员形象，由金属和彩色宝石制成，动感十足。

图1-28　马塞尔·布歇（Marcel　Boucher），胸针，材质：铜镀金、莱茵石，20世纪40年代

鸡尾酒首饰的款式包括戒指、胸针、手镯、项饰等，以戒指为多。鸡尾酒戒指是女性参加鸡尾酒晚宴时佩戴在右手上的戒指，因为通常佩戴在左手的戒指是订婚戒指或结婚戒指。鸡尾酒戒指一般尺寸加大、造型夸张、设计十分大胆、色彩丰富，大多镶嵌有彩色宝石，非常炫目，很容易吸引别人的目光，再加上是戴在右手（故有"右手戒"Right-Hand Ring的别名），而在鸡尾酒晚宴中一般都是用右手执杯，所以，鸡尾酒戒指的曝光度是相当高的。

美国的科罗公司（Coro）和翠法丽公司（Trifari）是鸡尾酒首饰的开路先锋，此外，梵克雅宝、宝诗龙、尚美巴黎、拉克洛什兄弟、梦宝星、麦兰瑞和蕾皮尔公司（Napier）也不甘落后。设计师有保罗·弗拉托、约翰·鲁贝尔（John Rubel）、福柯·佛杜拉等人较有代表性。在意大利，宝格丽引领鸡尾酒首饰的设计。在瑞士，鸡尾酒风格的腕表风行一时，那时的职业女性都以佩戴腕表为时尚。在英国，有D.夏克曼公司（D.Shackman）和拜沃斯公司（Byworth）大力开发鸡尾酒首饰产品。

第二次世界大战期间，从服装方面来讲，女装男性化的趋势进一步加强，军装对时装的影响巨大，从首饰方面来讲，同样受到了来自军队的影响，比如，美国大兵佩戴的身份识别标签（俗称"狗牌"），被制成金银时尚项链，而"爱国首饰"（Patriotic jewelry）则集中体现了女性对国家重大事务的积极参与，以及对抗战的支持与致敬。爱国首饰一度极为风行，成为一股强劲的时尚首饰之风。比如，巴特勒 &

---

❶ 丁文萱.时装首饰的美好年代[M].北京：文物出版社，2017.

威尔逊（Butler & Wilson）公司设计制作了许多以美国国旗、英国国旗、心形、船锚、翅膀等为图案的戒指、胸针和纪念章，这些首饰样式较多，设计风格较为庄重，用材较为廉价，如廉价金属、仿真宝石、酚醛树脂、珐琅等。此外，还有一种"甜心"爱国首饰（Sweetheart Jewelry），这是一种以心形作为主要造型的爱国首饰，主色调为红、白、蓝三色，这是美国国旗的颜色。这种甜心爱国首饰不仅被后方的爱国人士购买与佩戴，前线的士兵也会购买这种首饰。甜心爱国首饰的样式较为丰富，其图案和形态多与军队题材相关，色彩鲜艳，款式时尚。有一种附带星星纹样的甜心首饰，专门给母亲佩戴，一颗星代表这个母亲有一位孩子参战，两颗星则代表这个母亲有两位孩子参战，三颗星的甜心爱国首饰较为罕见。

1947年2月12日，法国服装设计师克里斯汀·迪奥（Christian Dior）在巴黎蒙田大道30号举办了他的首个时装秀：花冠（Corolle）。当时出席时装秀的美国《时尚芭莎》（Harper's Bazaar）杂志主编卡梅尔·斯诺（Carmel Snow）惊呼："这真是一场革命，亲爱的克里斯汀，你的服装看起来就是一种新风貌！""新风貌"（The New Look）一词应运而生。"新风貌"代表着年轻、希望和未来，它一扫第二次世界大战以来巴黎时装界的沉闷和单调，给战后女性展现优美身段，以及重新包装自己的机会。"新风貌"在法国风靡了长达十年的时间，随后影响到全世界，展现了战后法国优雅的时尚及自信与干练的时装风格。它的出现不但彻底改变了法国服饰的风貌，也极大地促进了消费，带动了世界经济的复苏。

就像他的时装一样，迪奥华丽的时尚首饰与他对法国历史和古董的迷恋相呼应。然而，他从不简单地复制历史上的古董珠宝，而是将首饰的历史形态进行现代性的诠释。迪奥的时尚首饰的体量一般较大，装饰比较华丽，无论是颤动的花朵造型、不对称的水晶项链，还是动物形态的胸针，都呈现出女性的优雅气质，颇具18世纪宫廷时尚首饰的遗风。花卉是迪奥时尚首饰作品中的标志性设计元素，反映了迪奥对花园与乡村的热爱。百合花是迪奥尤其钟爱的设计主题，几乎每场时装秀中都至少有一位模特会佩戴他设计的胸花。除此以外，他的首饰主题还有马戏团的动物、独角兽和鱼等。可以说，迪奥主宰了20世纪50年代的国际时尚界，欧洲和北美的社会名流、文化精英以及好莱坞明星都是他的拥趸。

1.4.3　后现代女权主义与时尚首饰

20世纪60年代是一个动荡不安的时期，世界政治力量发生了很大的变化，纷繁复杂的社会背景酝酿了20世纪60年代的美国第二次女权运动，其基调是要消除两性的差别，女性的参政欲望得到进一步加强，女性受教育的机会也大大增多了。历史上著名的"垮掉的一代"（Beat Generation）也由此诞生，这一代人对美国的物质文明抱持怀疑态度，厌倦了社会中的种种不平等。

此时，时尚呈现多元化的局面，好莱坞已经失去了时尚的领导地位，各种各样的面貌、风格、创新都共存于世。玩世不恭的年轻人一部分走上了对抗资本主义制度和现政权的道路，少数人采取了暴力斗争的手段，更多的则是感到现实世界的幻灭而采取了一种追求享乐的生活方式，其中不乏追求刺激与自甘颓废者，比如"嬉皮士"（Hippy）、"朋客"（Punk）之类的青年阶层与团体。青年亚文化以一种纯粹形式上的"反常""新"来表明他们反抗的态度，这种反抗的态度就是一种风格、一种极具活力的存在，从而形成了一种新的时尚风潮，这类时尚就是所谓的"街头时尚"。"这些青年要求各种生活用品和环境的刺激与新奇，并且创造出许多新的生活方式与产品形式。如在美国兴起的'摇滚乐'传入英国后，引起了时装和首饰界一股全新的设计浪潮。年轻人开始主导时尚的趋势，时尚首饰顺应这种变化，其风格迅速从奢侈转变为明快，追求更加张扬的效果，充满视觉冲击力。"❶

事实上，由于女性就业人数比战前大为增加，她们已经在经济上成为独立的消费阶层，从而使得整个西方世界的消费市场出现了新变化。职业女性在消费品的需求上提出了更高的要求，促使化妆品等女性用品市场进一步繁荣，"用毕即弃"的消费方式成为西方消费的主要行为与方式。凯莉·布莱克曼（Cally Blackman）说："人们不再需要经久不衰的经典服饰，有趣、便宜和免洗的服装开始成为纽约迪斯科舞厅聚会和地下演出场合里的宠儿，有些专卖店甚至在内部推出'以旧换新'的业务以帮助客人找到更为合适的晚会服。"❷而年轻的女性在穿戴方面也已经不再向她们的母亲看齐，她们所选择的服饰装扮一定要能够反映出她们年轻化、叛逆性和注重玩乐的时代精神。嬉皮文化与民权、女权一起发出了反传统的声音，嬉皮士所推崇的具有政治倾向的和平与爱的标志深入人心，如玛丽·昆特代表着"权力归花儿"的"雏菊"成为高街时尚的象征，年轻女性纷纷佩戴与此相关的首饰，嬉皮士把塑料雏菊或者花环戴在头上（图1-29），身上佩戴花型首饰，自称"花童"，以表达对和平的诉求，以及

图1-29 佩戴花饰的嬉皮士

---

❶ 朱淳，邵琦.造物设计史略[M].上海：上海书店出版社，2009.
❷ 凯莉·布莱克曼著.时尚百年[M].张翎，译.北京：中国纺织出版社，2014.

反对权威、推崇回归自然的生活方式，同时，雏菊也是自由爱情的标志。

1966年，伊夫·圣·罗兰（Yves Saint Laurent）发布了名为"左岸"（River Gauche）的高级成衣系列，并同时开设了同名的专卖店，在年轻人中引发"波希米亚风格"。年轻的女性通过波希米亚风格的轻松、浪漫与叛逆的生活方式来表达自己对自由的向往，其表现形式以印度风格和吉卜赛风格为主。后来，圣罗兰又推出男性礼服和西装，并为女性设计狩猎装、各种长短裤以及灯笼裤，从而带动"中性风格"（Androgyny）的潮流。翠法丽1966年推出的印第安风格翠玉时尚首饰，肯尼斯·杰·莱恩设计了佩斯利（Paisley）腰果花纹胸针和孔雀羽毛耳环，都是对波希米亚风格的一种积极回应。这个时期，还有一位代表性的设计师就是美国的斯坦利·哈格勒（Stanley Hagler），他的时尚首饰具有明显的节奏感和运动感，充满了时尚的韵律，造型多为花朵，色彩艳丽，具有强烈的波希米亚风格。斯坦利·哈格勒十分擅长使用半宝石与仿真宝石来设计首饰，如玛瑙、巴洛克珍珠、人造玻璃珠、施华洛世奇水晶等。

20世纪60年代末，嬉皮士文化逐渐式微。进入20世纪70年代，女权主义者认识到无论她们的诉求如何强烈，都无法获得一个真正的女权社会，这个社会依然是以男性为主导的，因此女权主义者的反叛意识也更为强烈，出现了"朋克青年"，他/她们身上的服饰更为夸张与叛逆，发型是色彩鲜艳、高耸尖锐的样式，面部是夸张的部落妆容，身穿随意挑选的服装，招摇过市，但却少了嬉皮士那种乐观、和平与爱的理想精神。朋克最重要的特征在于其颠覆性的视觉效果，而不是玩世不恭、狂热、自由等意识形态。谁也想不到，一枚别针成了朋克运动的象征物。这枚别针穿过朋克女性的耳洞、嘴唇等身体部位，获得了强烈的视觉冲击效果。

这一时期的时尚首饰紧随时代精神，在青年亚文化的影响下，把来自世界各地尤其是东方的设计元素混搭在一起，设计风格极为大胆，造型夸张。散发着霓虹灯色彩的塑料时尚首饰经过20世纪60年代的蛰伏之后，重回大众视野，人们用各式珠串、20世纪50年代的贵宾犬胸针，以及塑料花卉首饰来装饰嵌满钢钉的皮夹克。这些首饰体量都很巨大，无论是胸针、戒指、手镯、项链都是尺寸很大，视觉效果十分强烈（图1-30）。从选材方面来看，朋克风时尚首饰大量采用较为廉价的材料来制作，以

图1-30　朋克风格的时尚首饰

应对"用毕即弃"的消费方式，制作工艺不再追求精致，转而在金属表面追求哑光、褶皱以及颗粒感。从佩戴方式来讲，也屡有创新，传统上不受重视的佩戴部位，如肚脐、嘴唇、舌头、眉毛、鼻翼、私处等都可以佩戴穿刺首饰。这些首饰体现了青年人追求自由、张扬自我以及叛逆的观念。

这一时期具有代表性的时尚首饰设计师有维维安·韦斯特伍德（Vivienne Westwood）、桑德拉·罗德斯（Zandra Rhodes）、朱迪·布莱姆（Judy Blame）以及安德鲁·罗根（Andrew Logan）等。

朱迪·布莱姆出生于英国南部的一个小村庄，1977年来到伦敦，开始了自己的时尚事业。他用别针构建了自己的朋克美学语言，把日常的甚至残破的元素带入时尚设计中，将象征廉价与非主流的金属元素与珠光宝气的高级时装相融合，通过拼接、堆叠以及混搭的手段，使自己的设计具有强烈冲击力。朱迪·布莱姆喜欢收集稀松平常的物件，他很喜欢沿着泰晤士河岸散步，并在途中收集被遗弃的物件，如别针、纽扣、瓶盖、硬币、骨头，甚至废弃的针头等，都成为他的囊中之物，这个过程被他称为"泥地寻宝"（Mudlarking）。他将这些再寻常不过的物品进行再设计，这种拼贴式的再设计看似毫无秩序，实际上是经过深思熟虑的结果。朱迪·布莱姆有两种拼接手法最为人熟知：一是布条与链条的一端相连，缠绕成为作品的核心部分，链条的另一端则连接着标志性的纽扣或其他金属部件；二是利用有限的别针进行密集的排列组合，以达到无限的视觉效果（图1-31）。

图1-31　朱迪·布莱姆，项饰，材质：纺织品、现成品

英国"朋克之母"维维安·韦斯特伍德于20世纪70年代末首次引起公众注意，当时，她佩戴带有尖刺的皮革项圈、身穿撕破了的T恤衫和绑带裤、耳垂上戴着别针耳环，形象放荡不羁。可以说，韦斯特伍德是将朋克令人震惊的叛逆新形象带入主流的重要人物。韦斯特伍德的服装与首饰总是充满了挑衅，与传统对立。她喜欢把钻了孔的鹅卵石和小金属块串成链子，装饰在丁字裤上，这种链子也可以当成手链和项链来佩戴，这是一种全新的时尚首饰款式。韦斯特伍德经常把不同的材料组合在一起，如毛毡和珠子、橡胶和树脂、蕾丝和金属丝、纸板和玻璃，还有木头和

水钻等，这种非比寻常的材料组合总是能够引起朋克们的惊声尖叫。韦斯特伍德把朋克文化中的标志性物品，如绑带、扣针、锁链和刀片等，与传统英伦风格的格纹布、米字旗等元素完美融合，设计思维前卫而又不拘一格（图1-32），在时尚界赢得了无可代替的地位。

图1-32　维维安·韦斯特伍德，戒指、项饰、袖扣等

20世纪70年代，一些涉及性别思考的理论与女性主义论述开始受到重视。例如，瑞士心理学家卡尔·古斯塔夫·荣格（Carl Gustav Jung）指出，男性体内具有阴性特质，而女性体内也有阳性特质，这种雌雄同体的概念有助于深入探讨人的本性。敏锐的时尚设计师们捕捉到了这一股时代的脉动，设计了许多中性化的时尚首饰（图1-33）。

图1-33　20世纪80年代中性化的时尚首饰

随着20世纪80年代的西方政坛掀起一股保守主义逆流，对包括女权主义潮流在

043

内的自由派力量展开了抵抗和反击，第二次女权主义浪潮于20世纪80年代末跌入低谷，女权运动对时尚首饰的影响也消失殆尽。凯莉·布莱克曼认为："可以说，朋克是最后一种真正的亚文化风格。从那之后，再也见不到令人震撼的服饰风格。"❶自第二次女权运动浪潮以来，为了跟上年轻一代前卫、多变的时尚需求，时尚首饰设计师与制造商不得不经常调整设计思路与手段，及时推出紧跟时尚的首饰。然而，对于许多老牌的首饰制造商来说，这种时尚更迭的节奏有点太快了。为了产品能够及时上市，以至于牺牲了产品的质量，品质不再是时尚首饰的价值和生命所在。时尚首饰摆脱了精英路线，朝着批量化与大众化的方向发展。

伴随极度廉价的制作，时尚首饰到20世纪70年代已经成为随手可扔的饰品，社会上对首饰的需求也似乎越来越少了。许多著名的美国时尚首饰制造商在20世纪70年代都被迫关闭或出售了，如卡耐基（Carnegie）、韦斯（Weiss）、布歇（Boucher）、翠法丽、科罗等，以美国为代表的时尚首饰高潮终于消逝在波涛汹涌的消费社会的大潮之中。此后，时尚首饰作为一种街头时尚的产物，其多元化的特征日趋明显，从而真正进入多种风格并存的时期。

❶ Cally Blackman. 100 Years of Fashion[M]. Berlin: Laurence King Publishing，2012.

1.5　材料引发新时尚首饰

首饰作为一种精神与功能物化的载体，其材质的构成是不可缺少的要素。作为艺术表现的一种媒介，在时尚首饰的发展历程中，首饰材质同样扮演了极其重要的角色，甚至一度引领时尚风潮。例如，莱茵石（Rhinestone）掀起的人造宝石热、"平齐贝克合金"（Pinchbeck Alloy）引领的金色时尚首饰风潮、铁材料引发的"柏林铁首饰"热潮、酚醛树脂引领的炫彩塑料首饰风潮等。可以说，由新材料引发时尚首饰设计风潮的现象屡见不鲜。可见，由某一种新材料带来的独特美感是如此的强烈，甚至足以引发一场时尚设计风潮，这是一个很有趣的设计现象。

1.5.1　刻面钢与平奇贝克合金

18世纪30年代，英国牛津郡的金属匠伍德斯托克（Woodstock）开发制作了一种新材料：刻面钢，这种经过切割和抛光的钢材在烛光下熠熠生辉，能够发出耀眼的金属光泽。因此，刻面钢一经推出，即受时尚人士的大力推崇，被制成各种各样的装饰品：皮带扣（图1-34）、纽扣、表链、项链、手镯、冠冕、腰链、剑柄和骑士勋章等。但因制作成本相对较高，刻面钢并未得以流行。直到18世纪60年代，伯明翰的实业家马修·博尔顿（Matthew Boulton）发明了一种在不影响质量的情况下借助机械生产刻面钢的方法，大大降低了刻面钢的制作成本，才使得刻面钢首饰风靡一时。到18世纪中叶，刻面钢首饰在英国和法国各地均有生产，珠宝商进一步将白铁矿石与刻面钢首饰相结合，使这种首饰更具绚丽的色彩，风行一时。在接下来的几十年里刻面钢首饰被广泛出口到欧洲大陆，成为法国大革命前"英国热潮"的一部分，席卷了整个法国。到19世纪初，法国、意大利、西班牙、普鲁士

图1-34　皮带扣，材质：刻面钢，1800年

和俄国也开始生产刻面钢首饰，甚至到了20世纪40年代，巴黎仍有少量的刻面钢首饰生产，不得不说，刻面钢首饰的流行可谓历久不衰。

平奇贝克合金是一种现在已经很少见的古老金属，它是一种铜与锌的合金，色泽接近黄金，呈现为金色。平奇贝克合金于1720年由伦敦手表制造商克里斯托弗·平奇贝克（Christopher Pinchbeck）开发，一度作为秘方在其家族内部传承。虽然由平奇贝克合金制作的首饰呈现金光闪闪的效果，但由于它并非真正的黄金，所以，价格并不高。因而，人们经常用平奇贝克合金制作自己喜爱的珠宝的仿制品，引发了一场仿制的风潮。随着1840年电镀工艺的发明和1854年9K金使用的合法化，平奇贝克合金逐渐销声匿迹，并最终成为历史。

1.5.2 柏林铁

拿破仑时期，拿破仑四处征战，德国也是被拿破仑侵略的国家之一。德国人为了抗击入侵，许多妇女都捐出了自己的黄金珠宝，以支持抗敌。战争结束后，德国西里西亚军械制造厂不再生产军火，转而利用先进的铸造技术生产铁首饰，这些铁首饰包括镂空耳饰、手镯、项链与梳子（图1-35）等，设计风格十分庄重。令人意外的是，这种铁首饰居然在德国大受欢迎，到19世纪初，越来越多的首饰制造商开始生产铁首饰，其中最负盛名的是柏林皇家普鲁士铸造厂，这种铁首饰也因此被誉为"柏林铁首饰"。德国政府为了感谢那些在战争中把黄金珠宝捐给国家的妇女们，特地在总共16万件铁首饰上镌刻"1813年我用黄金换铁"（Gold gab ich für Eisen 1813）的字样后，把铁首饰赠送给她们，供这些黄金捐献者骄傲地佩戴。在这里，铁是爱国主义的象征，普鲁士最高的军事荣誉——铁十字勋章就是用铁制成的。如此一来，铁首饰更是被赋予了新的意义而广受欢迎。甚至，其他国家的女性也喜欢佩戴这种铁首饰。有意思的是，法国女人也对这种铁首饰爱不释手，从而催生了许多法国铁首饰生产商。在财政困难的那些日子里，柏林铁首饰是非常受欢迎的，甚至在拿破仑一世垮台后，法国和德国都进入了相对稳定的时期，这种时尚也没有立

图1-35　梳子，材质：柏林铁，1820年

即消失。1815年后，现实主义和自然主义的题材再度出现，鲜花、植物和蝴蝶都是铁首饰的主要图案，新古典主义风格的黑铁浮雕和莨苕叶造型最为常见，同样典型的还有自然主义风格的水果和鲜花装饰，以及哥特风格的建筑花窗等。柏林铁首饰的种类较多，有项链、手镯、耳环、胸针、发饰和带扣等。这种首饰一直流行到19世纪30年代中期，19世纪下半叶仍有生产，1851年伦敦万国工业博览会上还有柏林铁首饰的展出。

可以说，这种因战争而来的铁首饰，是一种特殊的产物，从独特的角度体现了人们对待战争的态度和人们处理战争伤痛的特殊方式。铁材料是制作柏林铁首饰的主要材料，在首饰中，铁材料占绝对支配地位，因为铁首饰经由铸造而成，宝石镶嵌的难度较大，所以铁首饰基本不会有宝石材料的加入。铁首饰的铸铁材料表面通常都抹有亚麻籽油，随着油的蒸发，钢铁会发生碳化，从而在金属表面留下一层黑色镀膜，所以，柏林铁首饰大多呈现黑色，色彩比较单一。由于排除了"多色性"对作品的干扰，柏林铁首饰的"形态"就成为绝对主要的视觉元素，设计师对"形态"的把握就成了决定成败的关键，故而，铁首饰对形态的要求极高，设计师都是塑造形态的高手，这在首饰发展史上是罕见的。虽然说，黄金首饰或者白银首饰也是一种"单色"首饰，它们都是依靠唯一的材质来塑造形体，但由于贵金属与生俱来的尊贵气质，它们的固有色：金色和银色，早已深深地介入到作品精神气度的塑造之中，其固有色对作品的表现力产生了重要的影响，所以，严格来说，金银首饰都不是"单色"首饰。然而，铁首饰的黑色在气质上是一种较为收敛的颜色，具有含蓄、内敛和厚重的感觉，人们在欣赏铁首饰的时候，作品的黑色元素退居次要地位，其形态被完整地、毫无遮掩地呈现出来，使得形态成为主要的甚至唯一的审美对象。故而，可以说，柏林铁首饰是真正的"单色"首饰。整体来看，柏林铁首饰宛如一幅幅精致优美的黑色装饰画，散发着黑色蕾丝般的装饰美。

1.5.3 莱茵石

1892年，奥地利的珠宝商丹尼尔·施华洛世奇（Daniel Swarovski）将人造水晶玻璃切割成刻面钻石的模样，制造出了人造宝石，经过反复试验，他终于设计制作了一种金属箔衬底的多刻面水晶，这种水晶与钻石从外观上几乎没有区别。由于施华洛世奇将工厂设在莱茵河附近，所以，这种人造宝石便被称为莱茵石。施华洛世奇发明了一种机械化切石机，在那之前，所有的玻璃宝石都是手工切割的。所以，这项新发明使施华洛世奇能够快速生产出大量优质的多刻面玻璃宝石。由于采用了机器切割与琢型，另外，水晶玻璃原料中添加了金属铂，这种莱茵石的光芒甚至可以和天然钻石相媲美，而莱茵石还可以根据需要制作出不同的颜色，这一点连天然钻石都不可比拟，所以，一百多年来，人们对莱茵石的热爱可谓一浪高过一浪。这种合成材料的发展给了首饰设计师更大的创作空间，让他们把注意力从材料转向设计，让首饰可以从艺术价值的角度被欣赏，而不仅仅是从材料价值的角度来被人估量（图1-36）。

莱茵石的刻面可多达30多面，所以折射率极高，又因其硬度强，所以光泽可保持很久。随着技术的发展和市场需求的提升，莱茵石从一开始仅仅是对钻石的模仿，逐渐发展成具有丰富色彩和质感的仿宝石，衍生了许多莱茵石种类，例如，大名鼎鼎的北极光（Aurora Borealis），它是由施华洛世奇在1955

图1-36 胸针，材质：银、莱茵石、玻璃、珐琅，1920—1950年

年开发的一种发光变色的莱茵石，迪奥是北极光的首批买家之一，并使这种仿宝石名扬天下。此外，还有高圆顶素面莱茵石（High Domed Cabochon），其形状类似子弹头，故有"子弹宝石"之称。还有翠法丽公司最早开发的"果冻肚"（Jelly Belly）、玛丽安·哈丝基（Miriam Haskell）于20世纪60年代开发的"猫眼石"、21世纪初开发的具有从红色到蓝色变色效果的"龙息石"（Dragon's Breath）、呈飞溅状色点的"复活节彩蛋石"（Easter Egg Stone）、扇贝形状的"玛格丽特石"（Margarita Stone）、尖顶多刻面的"卫星石"（Rivoli Stone）等。莱茵石的造型千变万化，色彩绚丽多姿，它开启了"宝石"的彩色时代，可以说，几乎所有的时尚首饰设计师与制造商都使用过莱茵石来设计制作时尚首饰，莱茵石甚至可以成为时尚首饰的代名词，在时尚首饰的发展历程中，它的重要性怎么强调都不为过。

1.5.4 廉价合金

第一次世界大战期间，世界经济遭受沉重打击，战争结束后，百废待兴，多国的经济处于缓慢复苏的阶段，人们对贵金属的消费处于较低的水平，这给廉价金属进军时尚首饰领域提供了难得的机遇。20世纪20年代，一种名为"锅金属"（Pot

Metal）的材料开始用于时尚首饰的制作，这种锅金属是一种廉价的铜铅合金，熔点较低，非常适合于铸造工艺，锅金属的成分较为复杂，主要成分为铜和铅，另有少量锌和锡等金属。锅金属质地较为柔软，色泽为白色，由于多被用于锅具的制造，故有"锅金属"之称。除了锅金属，还有一种"俄罗斯金"（Russian Gold）也被用于时尚首饰的制造，这种俄罗斯金是一种融合了金、铜、铁、镍等多种元素的廉价合金，呈较淡的红紫色，从含金量的角度来讲，相当于9K金，具有光泽度高、耐磨、抗氧化等特点。相比纯金，俄罗斯金由于金含量较低，其制作成本大为降低，所以，用俄罗斯金制作的时尚首饰大多价格较低（图1-37）。

图1-37 项饰、耳饰，材质：俄罗斯金、人造绿松石、紫晶，20世纪40—50年代早期

1.5.5　电镀金属

第二次世界大战期间，美国的首饰制作材料的供应变得短缺，政府对贵金属的使用实行了管制。尽管有诸多不利因素，美国的时尚首饰还是通过大量使用标准银（925银）替代贵金属、使用半宝石替代钻石，以及使用合成树脂替代素面仿真宝石等手段而获得蓬勃发展，美式风格的时尚首饰异军突起，尤其是具有"鸡尾酒"风格的时尚首饰大受欢迎。这种"鸡尾酒"风格首饰最显著的特点之一就是"镀金标准银"（Vermeil）的大量使用。政府对贵金属的严格管制，致使首饰设计师不得不更多地使用廉价合金或电镀工艺来制作首饰，翠法丽作为重量级的时尚首饰制造商，也未能免俗。20世纪40年代，翠法丽开发了一种专利合金，名为"翠法丽金"（Trifanium），这是一种金色饰面合金，号称"永不褪色的合金"。事实上，并不是合金本身不褪色，而是用这种合金制造的首饰能够极好地与镀金和镀铑工艺相结合（图1-38），比普通的纯银镀金获得的色泽更耐

图1-38 胸针，材质：银镀铑、珐琅、莱茵石，20世纪40年代，布歇公司（Boucher）设计

久，价格也更亲民。

1.5.6　塑料

　　1929—1933年的经济大萧条时期以及第二次世界大战时期，色彩鲜艳的塑料时尚首饰由于价格适中而广受欢迎。这些首饰大多由塑料制成，塑料材质给时尚首饰带来了一场色彩革命。在塑料时尚首饰的早期，有三种类型的塑料被广泛用于时尚首饰的制作。最早的两种胶棉塑料包括赛璐珞（Celluloid）和酪朊塑料都是由天然蛋白质合成的。在这个时期，赛璐珞成了制作时尚首饰的主要媒介。这种材料大幅度降低了首饰制作的成本，使得普通大众都能消费得起这种材料制成的首饰。最初，赛璐珞是用来模仿象牙材质，甚至为了抬高赛璐珞的价值，首饰制造商故意称为"法国象牙"。此外，赛璐珞还可以用来雕刻并模仿珊瑚和玳瑁。赛璐珞时尚首饰的款式十分多样，有手镯、胸针、耳坠、吊坠等，通常都镶嵌着多彩的莱茵石，色彩艳丽，造型较为夸张，装饰形象十分可爱，显得非常时尚。虽然赛璐珞能够给大众提供价廉物美的时尚首饰，但这种材料也具有一定的缺陷，比如稳定性差、易开裂、易燃等，"因为赛璐珞极易燃烧，所以当有更安全的塑料出现时，它在珠宝制作中便没再延续下去。"❶

　　不过，得益于法国首饰设计师莉亚·斯坦因（Lea Stein）的大量赛璐珞时尚首饰的设计实践，赛璐珞材料在20世纪60年代又得到了一次回光返照式的展现超级魅力的时刻。莉亚·斯坦因在化学家丈夫弗尔南多·斯坦伯格（Fernand Steinberger）的协助下，创造了一种名为"三明治"的技术，这种技术使用极薄的乙酸片将赛璐珞叠压在一起，通过层层堆叠和碾压赛璐珞片的方式，制造出色彩多样的多层薄片塑料板材，这种板材可以模仿珍珠、金属，甚至动物皮的质感。莉亚·斯坦因用这种改进版的赛璐珞材料设计制作了许多时尚首饰作品，有胸针、项链、手镯和耳环，其中，最为脍炙人口的当属狐狸造型的时尚首饰作品。在她的手中，狐狸的伶俐可爱展现无遗。

　　第三种塑料被称为铸造酚醛树脂，完全是人工合成的。这种塑料由列奥·亨德里克·贝克兰（Leo Hendrik Baekeland）博士于1907年发明并获得专利，称为胶木（Bakelite）。因为具有优良的化学、机械、物理特性而取代了赛璐珞。这种令人兴奋的新材料经过打磨和抛光后，可以获得极高的光泽度，呈现亮黄色和半透明的质感，特别像苹果汁，故有"苹果汁"之称（图1–39）。胶木最初的颜色较为有限，只有黑

❶ 贝尔.欧美珠宝首饰鉴赏与收藏：1840~1959年[M].7版.杨梦雅，高嘉勇，李玉珠，译.北京：人民邮电出版社，2013.

色、白色、红色、棕色和黄色等，但经过不断改良，很快就增加到了200多种颜色。此外，胶木的硬度较高，还可以很容易地被塑造和雕刻，这使得它非常适合制作体积较小的装饰造型。胶木首饰的款式十分多样，有手镯、胸针、耳坠、吊坠、项饰、手链等，其中胶木手镯的产量尤其高。由于胶木手镯的造型简约、色彩明快，雕刻形态朴素而大方，因而备受青睐，甚至引发了在一只手腕上同时佩戴多只手镯的时尚。此时，各种合成塑料工艺已经较为成熟，出现了仿珍珠、琥珀、牛角、象牙、玳瑁、珊瑚等一系列产品，极大地丰富了首饰材料的选择范围。塑料作为一种极佳的雕塑材料，赋予了时尚首饰新的艺术表现的可能性。

图1-39　手镯、胸针，材质：苹果汁胶木、铜镀铑、莱茵石，20世纪30年代

1.5.7　养殖珍珠

自古以来，珍珠就作为一种制作首饰的贵重材料而深受人们喜爱，但是，由于天然珍珠的产量很低，价格十分昂贵，而远远不能满足珍珠首饰生产的需求。1893年，日本珍珠首饰品牌御木本（MIKIMOTO）的创始人御木本幸吉成功开创了珍珠养殖的先河，在此后100多年的时光中，御木本从未放弃探究珍珠的魅力，始终将梦想寄于珠宝设计中。继1893年成功养殖出半圆珍珠，御木本幸吉不仅养殖出正圆珍珠，还着手尝试黑色南洋珍珠和白色南洋珍珠的养殖，以实现他的"让珍珠妆点全世界女性的颈间"的梦想。1921年，伦敦一家报纸刊文指责称："日本珍珠商销售的养殖珍珠是天然珍珠的仿冒品，此类销售行为纯属商业欺诈。"此文一出，一石激起千层浪。巴黎市场对养殖珍珠投以质疑的眼光，一场民事诉讼也就此拉开帷幕，最终，御木本胜诉。经过这场"巴黎诉讼"之后，养殖珍珠获得了世界的广泛认可。养殖珍珠与天然珍珠一样具有较厚的珍珠层，且它比人造珍珠更加耐磨。养殖珍珠从产

量、价格和形态等多方面都对首饰的设计与制作产生了影响，并提供了新的可能性，这一点，我们可以从许多设计师的时尚首饰作品中看到。比如香奈儿的珍珠首饰，由于市场上珍珠的供应量得到提高，珍珠的形状也更为多样，香奈儿可以使用更多数量的、更多形态的珍珠来进行设计制作，增加珍珠项链的长度，并且开创了同时佩戴多串珍珠项链的时尚。此外，还有很多时尚首饰制造商也采用养殖珍珠作为原材料，设计制作了许多美丽的时尚珍珠首饰。

1.6 时尚首饰品牌与设计师

品牌是人们对一个企业及其产品、售后服务、文化价值的一种评价和认知。品牌是一种商品综合品质的体现和代表，当人们想到某一品牌的同时总会把时尚、文化与价值联想到一起，创造品牌的过程，就是创造时尚与培育文化的过程。

在批量生产和大众消费的背景下，时尚首饰设计师和市场人员、广告策划人员甚至新闻媒体密切配合，制造流行，制造时髦，从而进入以国际市场营销为中心，以树立和推广品牌为核心的活动。

1.6.1 品牌

以下为西方主要的时尚首饰专有品牌，以及参与生产时尚首饰的品牌及其始创时间（以始创时间的先后来排序），这些品牌中，有的依旧活跃于当今的时尚舞台，有的已经停产，它们是：爱丝普蕾（Asprey，1781）、蒂芙尼（Tiffany & CO.，1837）、卡地亚（Cartier，1847）、纳皮尔（Napier，1875）、西纳（Ciner，1892）、施华洛世奇（Swarovski，1895）、捷克珠宝（Czch Jewellery，1890）、科罗（Coro，1901）、黎诗娜（Lisner，1904）、希曼·谢普斯（Seaman Schepps，1904）、高仕（Grosse，1907）、香奈儿（Chanel，1910）、艾森柏格（Eisenberg，1914）、海蒂·卡耐基（Hattie Carnegie，1918）、莫奈（Monet，1919）、翠法丽（Trifari，1925）、哈丝基珠宝（Miriam Haskell，1926）、艾尔莎·夏帕瑞丽（Elsa Schiaparelli，1927）、侯贝珠宝（Hobé，1927）、马泽和乔马兹（Mazer & Jomaz，1927）、佩尼诺兄弟（Pennino Brothers，1927）、好莱坞约瑟夫（Joseff of Hollywood，1935）、布歇（Boucher，1937）、谢尔曼珠宝（Sherman，1941）、维丝（Weiss，1942）、施莱纳（Schreiner，1943）、克莱默（Kramer，1943）、迪奥（Christian Dior，1946）、科波拉·帕奇（Coppola e Toppo，1946）、玛蒂丝 & 蕾诺阿（Matisse & Renoir，1946）、斯坦利·哈格勒（Stanley Hagler，1953）、肯尼思·杰·莱恩（Kenneth Jay Lane，1963）、莉亚·斯坦因（Léa Stein，1969）、巴特勒 & 威尔逊（Butler & Wilson，1972）、大卫·雅曼（David Yurman，1979）、潘多拉（Pandora，1982）、艾瑞克森·比蒙（Erickson Beamon，1983）、珠宝心（Bijoux Heart，1990）、琼·里弗斯（Joan Rivers，1990）、樱尚（Cherry Chau，1992）、西莉亚（Ciléa，1992）等。

1.6.2　主要品牌介绍

以下对历史上具有代表性的西方时尚首饰品牌作简要介绍。

翠法丽（Trifari）可能是时尚首饰行业中最具名人效应的品牌。从1925年品牌创始之日起，翠法丽就一直是美国最受尊敬和崇拜的时尚首饰生产商之一，玛米·艾森豪威尔（Mamie Eisenhower）、简·方达（Jane Fonda）、麦当娜都曾是他们的客户。翠法丽的创始人古斯塔沃·翠法丽（Gustavo Trifari）出生于意大利那不勒斯的一个珠宝世家，20多岁离开故乡只身来到美国，35岁辞掉了珠宝工厂的工作，创立了以自己名字命名的品牌翠法丽，从此开启了叱咤欧美珠宝界大半个世纪的伟大历程。20世纪30年代初，翠法丽开创了分体式胸针的设计，这种设计使得两枚胸针既可以分开佩戴，也可以被一根金属杆结构连接在一起来佩戴，这种结构引来了很多珠宝商的竞相模仿。1930年，设计师艾弗德·菲利普（Alfred Philippe）加入翠法丽，使公司走上了快速发展的阶段。菲利普曾经担任梵克雅宝、卡地亚等奢侈品牌的珠宝设计师，加入翠法丽之后，菲利普把高级珠宝的创作理念带到了翠法丽，并一直保持了高水准的设计品质和独特的美学风格，赋予了每一件翠法丽时尚首饰媲美艺术品的精致感与一流的精湛工艺。菲利普将隐秘式镶嵌（Invisible Setting）运用到翠法丽的首饰作品中，开创了时尚首饰使用隐秘式镶嵌工艺的先河。第二次世界大战期间，战争对于金属的需求量大增，许多金属都被严格限用，这迫使翠法丽以法定纯度的白银为首饰制作的主要材料，战后，翠法丽想继续用较便宜的、免维护的廉价金属来制作首饰，但消费者已经习惯了纯银材质，为了营造廉价金属回归的舆论，公司开始宣传一种所谓"革命性"的新金属，名为"翠法丽合金"（Trifanium），实际上这种金属就是在白银的表层电镀了一层铑，镀铑后的白银不易氧化，能长久地保持白色。此外，第二次世界大战期间，由于工艺质量声名远播，美国政府把一些海军装备的订单给了翠法丽。在给战斗机安装挡风玻璃时，古斯塔沃·翠法丽发现了有瑕疵的飞机玻璃会被直接扔掉，于是他有了一个天马行空的想法：这种玻璃边角料，是否可以进行加工，拿来做首饰呢？经过菲利普的巧思，这些边角料通过圆形切割，成为各种小动物的肚皮，诞生了著名的"果冻肚皮"（Jelly-Belly）系列时尚首饰。这些首饰以飞机挡风玻璃碎片为材料，磨制了许多仿宝石，这些仿宝石较为透明，像果冻一样，被镶嵌在动物造型的肚子的部位，故有"果冻肚皮"之称，十分可爱（图1-40）。战后，翠法丽在首饰材料的选择上又增加了浇铸和模铸玻璃、仿月长石和高品质乳白色仿玉髓，以及仿制珍珠等。1955年，翠法丽起诉香奈儿侵权，并经过法庭裁定取得了成功，由此开创了时尚首饰制造商正式使用版权符号来保护自己作品原创性的历史。翠法丽还是一个十分善于使用广告效应的品牌，1957年翠法丽在时尚杂志推出经典的广告文案："她什么也看不见，眼里只有翠法丽"（图1-41），海报中蒙着眼睛的优雅美丽的女孩们给人们留下了极其深刻的印象，强势的广告与媒体推介为企业的发展推波助澜。可以说，每一件翠法丽时尚首饰的设计都充满了奇思妙想，并拥有精湛的加工工艺。从20世纪中期开始，上自皇室成员、好莱坞女星，下自平民老百姓，都成了翠法丽的忠实拥趸。1975年，曾经占据时尚首饰半壁江山的翠法丽公司被出售，距离1925年公司成立，恰好50年。时尚首饰界的一段传奇终于结束，这似乎意味着再没有人愿意用对待高级珠宝的态度，来对待由廉价材质制成的时尚首饰，从而让普通大众也能拥有杰出设计的首饰。总之，翠法丽对时尚首饰的影响是极为深远的。

图1-40 翠法丽，"果冻肚皮"首饰系列，20世纪40年代

图1-41 翠法丽海报，20世纪50年代

哈丝基珠宝（Miriam Haskell）是时尚首饰界最具影响力的经典品牌之一。这个创立于1926年的时尚首饰品牌，在近一个世纪的时间里，始终坚持创始人玛丽安·哈丝基（Miriam Haskell）艺术化精细手工的高品质标准，虽然设计师一换再换，但品牌精髓仍得以传承与发扬。哈丝基珠宝使时尚首饰比高级珠宝更为时尚，并帮助时尚首饰成为一种有价值的艺术形式。品牌在首饰材质、工艺、造型上的用心，让哈丝基珠宝难以复制。20世纪30年代，玛丽安·哈丝基在纽约市的萨克斯第五大道（the Saks Fifth Avenue）和伦敦的哈维·尼科尔斯（Harvey Nichols）开设了零售店，这进一步提升了她的知名度和声望。20世纪40—50年代，哈丝基珠宝首席设计师弗兰克·赫斯（Frank Hess）以不对称为设计口号，将巴洛克风格米珠和莱茵石，与彩色串珠、挂毯编织技法和古董级的花丝背饰相结合，设计制作了许多具有哈丝基珠宝标志性风格的时尚首饰（图1-42）。大自然一直是哈丝基珠宝非常重要的灵感来源及描述对象，用珍珠、贝

壳、坚果、珊瑚、编织细丝等材质来塑造花朵、叶片、蝴蝶等自然形象。哈丝基珠宝的设计师经常满世界寻找最佳首饰原材料：意大利慕拉诺岛的玻璃珠子、奥地利和波希米亚（今捷克共和国）的多面水晶、日本的人造珍珠等。这些上等原材料会被非常细心地组装起来，在组装过程中没有用到一滴黏胶，全部使用纤细的合金丝手工组装而成，正是对材质及制造过程中细节的严格要求，造就了哈丝基珠宝引人注目的美感。第二次世界大战期间，制造业受到了许多限制，哈丝

图1-42　哈丝基，珠宝，胸针，20世纪50年代

基珠宝创新性地使用木材、塑料甚至羽毛等材料，设计制作了许多时尚首饰，给人们留下了极其深刻的印象。在弗兰克·赫斯之后，相继有优秀的设计师为哈丝基珠宝服务，包括：罗伯特·克拉克（Robert F.Clark）、彼得·雷恩斯（Peter Raines）、拉里·弗巴（Larry Vrba），以及米莉·佩特罗齐奥（Millie Petronzio）。哈丝基珠宝以其大胆、独特、魅力四射的造型吸引了演艺界，哈丝基珠宝曾在无数的舞台剧、好莱坞电影和电视上出镜，深受大众明星与粉丝的喜爱与追捧。

　　斯坦利·哈格勒（Stanley Hagler）是20世纪的时尚首饰设计师之一，其1923年出生于美国，17岁开始为哈丝基珠宝工作，1950年自己创业，有"珠宝界的毕加索"的美誉。他的设计生涯始于20世纪50年代初的一次挑战，1953年，他为温莎公爵夫人华莱士·辛普森（Wallace Simpson）设计了一款"适合女王佩戴"的手镯，大受公爵夫人赞赏。斯坦利·哈格勒擅长使用仿宝石来设计时尚首饰，作品具有现代时尚品位。斯坦利·哈格勒对首饰制作的选材十分严格，常常采用最高级的材料如玛瑙珠、巴洛克珍珠、米珠、人工吹制的穆拉诺玻璃、施华洛世奇彩色水晶等，并采用俄式镀金花丝工艺来制作首饰，这种镀金技法能使金属长久地保持金色。哈格勒对细节的关注使他的设计堪称典范，他的作品结构十分严谨，制作工艺精湛，许多首饰都是可调整的，比如，可以通过添加配件来改变耳环的外观，项饰扣也可作为发夹或胸针来佩戴，项圈也可以像手镯一样佩戴在手腕等。他的首饰无论从正面还是从背面来看，都是一样的美丽和精致。

　　从好莱坞约瑟夫（Joseff of Hollywood）品牌的名称，就可以看出该品牌与好莱坞影

业千丝万缕的联系，所以，有人说，好莱坞约瑟夫是史上由最豪华明星阵容捧红的珠宝品牌，甚至可以说它是专为摄影机而生的时尚首饰品牌，是专门制造"明星首饰"的品牌，所以约瑟夫时尚首饰的主要特点是半哑光的金属表面效果，这种效果因为"俄罗斯镀金"（Russian gold-plating）而产生，它是专门为了克服在聚光灯下高亮度金属具有高反光从而影响拍摄与观看的问题而开发的材质（图1-43）。好莱坞约

图1-43　好莱坞约瑟夫，胸针，20世纪40年代

瑟夫是在好莱坞电影中出现频率最高的首饰品牌，没有之一。好莱坞约瑟夫曾为玛丽莲·梦露（Marilyn Monroe）、伊丽莎白·泰勒（Elizabeth Taylor）、格蕾丝·凯利（Grace Kelly）、希拉里·布鲁克（Hillary Brooke）、葛丽泰·嘉宝（Greta Garbo）以及海蒂·拉玛（Hedy Lamarr）等好莱坞巨星制作珠宝，这个巨星名单还可以拉得更长。在20世纪30、40年代，好莱坞约瑟夫为好莱坞九成以上的电影提供首饰，享受着众星捧月般的待遇。要知道，那时候好莱坞在制造时尚方面扮演了不可比拟的角色，故而，好莱坞约瑟夫的时尚首饰真正引领了美国甚至全球的时尚风向。公司创始人尤金·约瑟夫（Eugene Joseff）1905年出生于芝加哥，20世纪20年代初在一家广告公司担任平面设计师，业余时间设计珠宝。1927年，他在洛杉矶工作期间接受了珠宝设计师的培训，1928年，他只身前往好莱坞，但因为资金有限，约瑟夫只能用黄铜和人造宝石设计制作时尚首饰，产量很低。1929年突如其来的股市崩盘引发一系列连锁效应，美国的经济接连遭受重击，然而对于约瑟夫而言，却迎来了生命中的重大机遇。经济大萧条使得好莱坞的歌舞升平成了大多数人精神世界的避难所，好莱坞进入了难得的黄金时代，那时，好莱坞每年约生产500部电影，平均每周有8000万美国人走进电影院观影，这无疑使得约瑟夫的事业发展得顺风顺水。1931年，约瑟夫设计制作了第一件一次性佩戴的时尚首饰作品，其职业生涯由此开始。在当时，明星在电影中佩戴的首饰都需要明星自己掏腰包购买，约瑟夫从中觅得商机，他设计制作了许多低成本的时尚首饰，并把这些首饰租借给明星，供她们在不同的场合佩戴，正是利用这种战术，约瑟夫立刻抢占了好莱坞90%的首饰市场，并引发了女性佩戴时尚首饰的风潮。约瑟夫的产量极高，大约积累了一个超过300万件的时尚首饰租赁存货。1935年，他在好莱坞开设了一家名为"日落首饰"（Sunset Jewelry）的专卖店，并成立了一家新公司：好莱坞约瑟夫。约瑟夫为电影源源不断地提供作品，这些电影包括大名鼎鼎的《飘》《卡萨布兰

卡》等。20世纪30、40年代，由于经济大萧条带来的不确定性，美国人开始对占星术十分着迷，受此启发，约瑟夫创作了一系列十二生肖胸针和耳环，大受市场欢迎。约瑟夫的作品风格多样，其设计主题深受到历史的启发，借鉴了从装饰艺术到东方风格的一系列元素，"太阳神"和"月亮神"胸针、大象头部造型的项链和耳环是约瑟夫的代表作品。1937年，约瑟夫开始把电影中出现过的原版首饰制成复制品以供零售，复制品获得了巨大的成功。1948年9月，约瑟夫在一次飞机失事中不幸罹难，公司由其遗孀琼·卡斯尔·约瑟夫（Joan Castle Josef）继续运营。20世纪50年代之后，美国从萧条的经济中复苏过来，人们越来越富有，人们更愿意购买高级珠宝而非价格较为低廉的时尚首饰。一个标志性事件就是1956年摩纳哥王子迎娶好莱坞明星格蕾丝·凯利（Grace Kelly），王子送的卡地亚钻石王冠和项链轰动了全世界。潮流愈演愈烈，明星们终于不愿再佩戴约瑟夫的仿宝石时尚首饰参加重要的场合，取而代之的是真正的价值连城的珠宝，约瑟夫品牌开始走下坡路，公司转而为航空工业服务。

　　施华洛世奇是用光学器材精确切割仿水晶的制造商，一百多年来，为时尚服饰、首饰、灯饰、建筑及室内设计提供仿水晶元素。施华洛世奇不仅制造了世界上最优质的仿水晶，而且拥有世界一流的时装设计师和珠宝设计师。1892年，29岁的公司创始人丹尼尔·施华洛世奇（Daniel Swarovski）发明了首部水晶切割机，大大提高了水晶切割的速度、准确度和品质。1895年，丹尼尔和他的妻兄及友人一起，成立了以"施华洛世奇"为名的公司，厂址位于阿尔卑斯山奥地利一侧的瓦滕斯镇（Wattens）。几年之后，施华洛世奇因其精良的水晶设计和切割而声名大噪。1908年施华洛世奇开始试制人造水晶，1913年，开始大规模生产无瑕疵人造水晶石：铅水晶，这一举奠定了施华洛世奇在水晶制造业的王者地位。同年，施华洛世奇推出手缝水晶石配饰带，为时装及时尚首饰制造商开创了新的设计领域。施华洛世奇的大主顾包括维多利亚女王、奥黛丽·赫本、玛丽莲·梦露、艾尔顿·约翰、迈克尔·杰克逊等，它还为时尚领袖如可可·香奈儿、克里斯汀·迪奥、艾尔莎·夏帕瑞丽以及范思哲等设计师提供仿水晶，从而被应用到时尚首饰的设计制作中。1975年，施华洛世奇发明的熨帖技术，以类似热加固的方式将仿宝石、珍珠，甚至金属轻易地熨帖于时装和配饰之上，大大提升了其在时装界的地位和重要性，许多著名时尚设计师都利用这种技术，推出了时尚产品。时至今日，施华洛世奇每年推出两季新产品，包括最优质的时尚创作和经典水晶首饰设计。据称，施华洛世奇的仿水晶首饰现今大约有350万种款式，款式之多，令人咋舌。可以说，施华洛世奇是独特水晶设计以及卓越制作技巧完美结合的代表，在时尚首饰设计界取得了辉煌的成就。

　　蕾诺阿&马蒂斯（Renoir & Matisse）由杰瑞·菲尔斯（Jerry Fels）于1946年在美国洛杉矶创立。该品牌专注于实心的铜质时尚首饰的设计与制作，在品牌短暂的历史中，蕾诺阿&马蒂斯绽放了别样的时代光芒。在19世纪末20世纪初的工艺美术运动的影响下，铜材成为20世纪30—50年代的热门时尚首饰材质。蕾诺阿&马蒂斯大部分的作品都呈现20世纪中期流行的几何与抽象的图案，用鲜明的色彩和富有个性的造型来彰显设计师的热情与想象力，表达了第二次世界大战后年轻人热衷于追求美丽和自我表达的特性。杰瑞·菲尔斯在1952年又注册了一个子品牌马蒂斯（Matisse Ltd），专门制造以彩色珐琅装饰为主的铜质时尚首饰，创作题材更为多元，最具有代表性的形象是树叶、花卉、动物等，其中以"艺术家的调色盘"与不同样式的叶子造型别针为典型的代表作品，作为铜制珐琅时尚首饰品牌的辨识度极高。由于越来越多商家效仿蕾诺阿与马蒂斯的首饰且产生了不少法律纠纷，该品牌于1964年停止了首饰线的生产和运营。

施莱纳首饰（Schreiner）是一个充满艺术气息的家族企业。他们鼓励艺术创造，拒绝企业过度扩张，不惧怕其他品牌的抄袭。创始人亨利·施莱纳（Henry Schreiner）曾说："抄袭是对我们的一种致敬！"施莱纳品牌创立于1932年，他们的时尚首饰一般尺寸较大，多为纯手工制作，具有复杂的结构和高超的焊接工艺。选材方面，他们的很多作品均使用稀缺材料制作，所以，一旦材料用完，该款时尚首饰就成为绝响。此外，施莱纳不仅自行设计了著名的梯形切割仿宝石，还以使用施华洛世奇高定水晶，或从即将休业的同行那里购买稀有仿宝石进行再设计而闻名。施莱纳的时尚首饰色彩艳丽，体现了设计师对珊瑚橘、柠檬黄、粉红、嫩绿、大红等色彩的偏爱，作品也因而具有强烈戏剧效果。施莱纳多角度地探索立体设计的极限，比如，他用梯形仿宝石来模拟花瓣，用高低起伏的焊接来模仿真实花朵的层叠效果，就是一种对三维立体造型的大胆探索和尝试（图1–44）。因此，独特的结构设计已成为施莱纳时尚首饰的名片。施莱纳时尚首饰在工艺方面最著名的特征之一就是"倒置镶石工艺"，也就是故意将仿宝石的底尖作为正面，而把仿宝石的台面作为背面来进行镶嵌，以此来优化仿宝石的闪光效果并增加首饰的深度。同时，施莱纳以其"钩眼结构"的使用而闻名。利用这种结构，施莱纳首饰（尤其是胸针）可以拆分成不同的部分来佩戴。施莱纳另一个众所周知的特点就是"纸杯蛋糕式"

图1-44 施莱纳，胸针，20世纪50年代

镶口，即首饰的镶口形状与纸杯蛋糕十分相像。施莱纳十分重视与顶级时装品牌和时装设计师的合作，这是施莱纳有别于绝大多数时尚首饰品牌的特征之一。1954年亨利·施莱纳去世，公司由其女儿与女婿继承，施莱纳得到继续发展，直到1975年公司正式停业。

1.6.3　设计师

时尚发展的早期是由特定人群（如王公贵族）自觉生发的，随着资本主义的不断发展，社会进入商业时代，任何特定的群体想要脱离商家和媒体而独立创造时尚已经变得十分困难。"资本主义社会在人类历史上第一次创造了将商业买卖与娱乐、体育、艺术表演、赌博以及其他种种活动相结合的成功范例。现代各种大规模商业中心、百货公司、超级市场等消费中心，已经不是单纯的商业设施，而是带有浓厚文化气息的综合机构。"[1] 此时，特定群体与商家、媒体共谋，对某一种风格进行设计、包装、宣传与营销，预先称其为时尚，从而吸引人们来跟从与模仿，达到制造时尚的目的。

时尚制造包括以下三个环节：建立环节、营销环节与消费环节。在这个环节中，自然离不开品牌的创立与经营。尽管在时尚首饰品牌发展的过程中，大众传媒、时尚明星以及相关营销活动的作用十分明显，但作为风格制造者的设计师，其作用依旧是不可或缺的，设计师在时尚制造的过程中，与品牌、商家、媒体形成了一个制造时尚的体系，共同为制造时尚服务。

时装设计师引领的时尚从多方面对时尚首饰形成了影响，这些影响是全方位的，包括佩戴方式、佩戴部位、体量大小、色彩、形式、结构等方面。巴黎的首饰设计师不断地从一流的女装设计师那里学习并汲取灵感。"时尚界每一次更新换代，都促使珠宝匠人们低头检视自己现有的设计。比如，低胸领口设计会大面积露出脖颈和肩膀，这促使一系列的短项链和挂坠项链应时而生。无袖裙的设计会露出整段手臂，相应的手镯和臂环也被推上了市场。与此相反的是毛皮袖套，它遮住了双手、手腕和整个小臂，因此会削减手镯与戒指的销量。维多利亚式的裙撑有大片的绸面和薄纱，可以用来展示胸饰和全身佩戴的成套珠宝；但后来，当保罗·波烈将鲸骨裙撑从他的时尚名单中划去之后，这些在视觉上显得过于沉重的珠宝立刻成了过时之物。新的时尚强调新的女性轮廓。一夜之间，裙子变得狭长、窄幅、简约无装饰，相应地，一系列低调而不张扬的小件珠宝首饰立刻受到了大力追捧。"[2] 再比如，第一次

---

[1] 高宣扬.流行文化社会学[M].北京：中国人民大学出版社，2006.
[2] 阿拉斯泰尔·邓肯.新艺术[M].周孟圆，译.杭州：浙江人民美术出版社，2019.

世界大战之后，轻薄材料如人造丝、棉布的使用，对首饰设计也产生了影响，较轻的新款首饰被镶嵌在铂金上，代替了之前相对沉重且轻盈的纺织品无法支撑的珠宝。20世纪20年代初期，"无袖裙是这个时期的一大特色，这就给予设计师自由发挥的空间去设计手腕与上臂的饰品，出现了各种各样的手镯手链的款式。其中受到普遍欢迎的首饰是扁平的、可活动的、较窄的带状首饰，上面装饰着简洁的、风格化的花朵、几何图形或异国风情的装饰母题。可以将四五个手镯搭配佩戴。"❶ 而发型的变化也直接影响了首饰的设计，比如齐耳的发型使得耳朵和脖子暴露在外，1929年便应运而生了长及肩膀的耳坠款式。

20世纪上半叶的时尚首饰受服装的影响和约束较大，20世纪60年代之后，受到社会环境与思想观念的影响，时尚首饰走上了越来越独立的发展之路。以下是西方主要的时尚首饰设计师：古斯塔沃·翠法丽、尤金·约瑟夫、富尔科·桑托斯特法诺·德拉·塞尔达·佛杜拉（Fulco Santostefano della Cerda）、可可·香奈儿、克里斯汀·迪奥、艾尔萨·夏帕瑞丽、艾弗德·菲利普、肯尼思·杰·莱恩、维维安·韦斯特伍德（Vivienne Westwood）、古斯塔夫·谢尔曼（Gustave Sherman）、伊夫·圣·罗兰（Yves Saint Laurent）、玛丽安·哈丝基、蕾皮尔（Napier）、希曼·谢普斯（Seaman Schepps）、克里斯汀·拉克鲁瓦（Christian Lacroix）、亚历山德罗·米开理（Alessandro Michele）、阿尔伯·艾尔巴茨（Alber Elbaz）、奥利维尔·鲁斯汀（Olivier Rousteing）、罗伯特·李·莫里斯（Robert Lee Morris）、亨利·施莱纳、艾弗德·菲利普、斯坦利·哈格勒、亨利·施莱纳、威廉·侯贝（William Hobé）、莫奈（Monet）、雅各布·班格尔（Jacob Bengel）、马塞尔·布歇（Marcel Boucher）、卡尔·拉格菲尔德（Karl Lagerfeld）、亚历山大·麦昆（Alexander McQueen）、邦德·博伊德（Bond Boyd）、莎拉·考文垂（Sarah Coventry）、西奥·芬奈尔（Theo Fennell）、拉里·弗巴（Larry Vrba）、贞·杜桑（Jeanne Toussaint）、苏珊娜·贝尔佩伦（Suzanne Belperron）、安吉拉·康明丝（Angela Cummings）、安德鲁·格里玛（Andrew Grima）、大卫·韦伯（David Webb）、馨·凯·秋原（Karouru Kay Akihara）、朱迪·布莱姆（Judy Blame）、艾莎·柏瑞蒂（Elsa Peretti）、帕洛玛·毕加索（Paloma Picasso）、琳恩·沃特林（Line Vautrin）、菲利普·沃尔夫斯（Philippe Wolfers）等。

1.6.4　主要设计师介绍

艾尔萨·夏帕瑞丽1890年生于意大利罗马的名门之家，她从小就展现出良好的

❶ 阿拉斯泰尔·邓肯.装饰艺术[M].何振纪，卢杨丽，译.杭州：浙江人民美术出版社，2019.

艺术天分。1921年夏帕瑞丽迁居美国纽约，后又返回欧洲，回到巴黎后结识了后现代艺术之父马塞尔·杜尚（Marcel Duchamp）和超现实艺术家曼·雷（Man Ray）等，并开始为朋友设计时装。凭借良好的艺术素养和审美趣味，她的设计作品极受欢迎，在服装大师保罗·波烈（Paul Poiret）的鼓励下，开始了自己的时尚设计事业。夏帕瑞丽认为时尚就意味着新奇，所以她一贯主张新奇刺激的设计，正所谓"衣不惊人誓不休"。夏帕瑞丽大力鼓励女性佩戴时尚首饰，可以说，在把时尚首饰推向大众这方面，夏帕瑞丽绝对功不可没。她与香奈儿一样，笃信时尚首饰也是一种艺术形式，其价值并不取决于所用的材料，而是取决于设计。夏帕瑞丽的创作灵感来自非洲图案、水手文身、原始信仰、蝴蝶和乐器等，常以马戏团或占星术为主题，多采用自然主义的设计形式，其作品充满了异国情调和不寻常的艺术造型，比如豆荚形吊坠、眼睛形胸针，或者印有昆虫图案的透明塑料项链等。虽然夏帕瑞丽的设计元素涉猎极广，但她的设计新奇而不失高雅、怪诞而不落俗套，满足了人们对奢华的渴望以及求变的心理。其极具戏剧性的设计风格与香奈儿低调优雅截然相反，服装和时尚首饰作品充满了令人赞叹的艺术效果。20世纪30年代，夏帕瑞丽的服饰品风靡一时，她与萨尔瓦多·达利、让·科克托（Jean Cocteau）和让·史隆伯杰（Jean Schlumberger）等艺术家和设计师合作，创作了许多令人印象深刻的时尚首饰作品，包括电话耳环、豆荚项链和灯笼胸针等。她的作品大胆采用罂粟红、紫罗兰、猩红等犹如野兽派画作般强烈、鲜艳的色彩，尤其是使她声名大振的粉红色，被誉为"惊人的粉红"（Shocking pink），法国舆论界认为她具有野兽派绘画大师亨利·马蒂斯（Henri Matisse）的风格。1937年夏帕瑞丽与达利合作设计的"龙虾裙"，成为西方服装史上的"千古绝唱"。第二次世界大战爆发后，夏帕瑞丽移居美国，她在纽约设计制作的时尚首饰被大众广为接受，其抽象主义和自然主义的设计，结合彩虹色"幻想"仿宝石和炫目的莱茵石，取得了令人惊艳的艺术效果（图1-45），从而引发其他时尚首饰制造商的仿造。战后，她再次回到巴黎，企图重振时装业，不过，这时的她已无力恢复战前的辉煌，1954年，夏帕瑞丽时装店最终关闭，属于她的一个时代落下了帷幕。

佛杜拉来自意大利的西西里岛，全名

图1-45 艾尔萨·夏帕瑞丽，胸针、项链、20世纪50年代

为Fulco Santostefano della Cerda。名字里的"della"代表出身于贵族家庭，所以，他
亦有佛杜拉公爵（The Duke of Verdura）之称。佛杜拉从小生活在具有贵族气息的
家庭环境中，家族教育令他品位非凡，无忧无虑的童年又令他充满幽默感和丰富想
象力。他倾心于动物、植物的形态和色彩，这为他未来奇幻首饰作品的创作埋下了
伏笔。1925年，在好友的引荐下，佛杜拉结识了香奈儿女士，旋即成为香奈儿的
纺织品设计师，很快，香奈儿发现了佛杜拉的首饰设计天赋，于是，佛杜拉成为香
奈儿品牌的首席首饰设计师，由此开启了他的首饰设计之路。受到意大利拉韦纳
（Ravenna）圣维塔莱教堂（San Vitale）拜占庭风格狄奥多拉女皇（Theodora）马赛
克图像的启发，佛杜拉在首饰设计中使用黄金和彩色宝石的搭配，这种搭配似乎有
点过于大胆，因为，对于时人来说，在正式的高级珠宝中使用黄金材质有点太不正
式，显得太浮躁。佛杜拉这种"拜占庭"风格的时尚首饰设计打破了当时流行风格
的现状，此后，佛杜拉将这种风格转化为经典的香奈儿马耳他十字手镯，这款手镯
通体由白色珐琅制成，马耳他十字形纹饰上镶嵌着数颗圆形宝石，香奈儿对这件作
品钟爱有加，几乎陪伴了她的一生。这款手镯被认为是佛杜拉的经典，随后被重复
设计了许多变款，主导了20世纪30年代香奈儿的首饰设计风格，成为时尚首饰史上
永恒的经典，也因此定义了一个属于佛杜拉的时代。1940年，佛杜拉为好莱坞影星
泰隆·鲍华（Tyrone Power）设计制作了名为"包裹的心"（Wrapped Heart）的胸针，
此为佛杜拉最具标志性的设计作品之一（图1-46）。1934年，佛杜拉来到美国，在
纽约第五大道开设了属于自己的首饰精品店，正式成为一名"美国珠宝商"，为美国
明星设计了许多时尚首饰作品。佛杜拉从纽约的美国自然历史博物馆购买了一批贝
壳，在上面镶嵌黄金和宝石，这些贝壳时尚首饰受到一众名媛们的追捧。此外，佛
杜拉还与超现实主义大师萨尔瓦多·达利合作，设计制作了一系列的具有超现实主
义风格的首饰作品，而这种合作激发了达
利毕生对珠宝的迷恋。1973年佛杜拉宣布
退休，把生意留给了他的长期合作伙伴约
瑟夫·阿尔法诺（Joseph Alfano），1978年
溘然长逝。

　　肯尼思·杰·莱恩1930年出生于美
国密歇根州的底特律，1945年从罗德岛设
计学院毕业，出任 *Vogue* 杂志的艺术总监。
之后，他为迪奥和阿诺德·斯嘉锡（Arnold
Scaasi）设计鞋子和首饰，于1963年创立
自己的公司。早在为迪奥设计鞋子时，莱

图1-46　佛杜拉，胸针、吊坠、手镯，
20世纪40年代

恩就开始使用莱茵石来装饰鞋子，并利用空闲时间设计时尚首饰。他设计的作品第一次在曼哈顿最著名的精品店上架，当天就被明星及贵族名媛们抢购一空。莱恩的设计生涯在Vogue杂志传奇主编戴安娜·弗里兰（Diana Vreeland）的支持下蓬勃发展。弗里兰对莱恩的时尚首饰极为赞赏，并在Vogue杂志上大力推介这些作品。莱恩大胆而精彩的首饰作品吸引了包括温莎公爵夫人、伊丽莎白·泰勒和肯尼迪夫人在内的精英客户。事实上，客户的富有与否并不是问题，因为，莱恩的首饰的价格对大多数人来说都是可以接受的。此时，莱恩的名气已从曼哈顿扩张至整个国际时尚圈。莱恩的设计灵感来自文艺复兴时期、埃及、罗马、亚洲和中世纪的诸多元素，他喜欢明亮、大胆和多彩的设计风格。其作品反映了当时社会的诸多风潮，比如亚洲和东方神秘主义宗教的风潮。莱恩首饰中的人物形象主要包括天神、女神、蛇人、舞者和佛陀等宗教人物形象，还有公羊头、海象、美人鱼和变色龙等雕塑形象的首饰也很受欢迎。莱恩的作品选材优良、制作精湛，带有典型的民族设计风格。除了借鉴民族元素，20世纪60年代，莱恩还对卡地亚的设计师贞·杜桑（Jeanne Toussaint）多年前为温莎公爵夫人设计的"黑豹"（Panther）别针进行改造，设计了"大猫"（Big Cats）系列胸针。此外，莱恩还使用非珍贵的材料改造了宝格丽的经典设计，经他改造之后的首饰展现了令人惊异的灿烂风格，甚至比原作更为美丽。20世纪80年代，莱恩开始为雅芳公司（Avon）设计服装。20世纪90年代，他通过电视购物频道重新发布了他的"印度珠宝"（Jewels of India）系列，继续对时尚首饰市场产生影响。

希曼·谢普斯（Seaman Schepps）1881年出生于美国纽约曼哈顿下东区，1904年，他在洛杉矶开了第一家精品店，1914年搬迁到旧金山，开设了名为"弗吉尼亚工作室"（The Virginia Studios）的精品店。1921年，谢普斯一家返回东部，在纽约市中心第六大道阿尔冈昆酒店（Algonquin Hotel）的拐角处开设专卖店。他的许多客户都是艺术和戏剧的赞助人，也是舞台和银幕上的明星。由于1929年的股市崩盘，谢普斯失去了一切，包括他在第六大道1066号新建的店铺。这使得谢普斯重新思考自己的商业战略，他决定开发融合独特理念、大胆色彩和鲜明纹样的独家设计。1934年，他在麦迪逊大道（Madison Avenue）重整旗鼓，开设专卖店。20世纪40年代末，谢普斯以其新颖的时尚首饰设计而独树一帜。此时，美国的服装设计流行宽大的垫肩，高级定制服装要求有大胆的新的配饰来匹配这个时代的奢华，于是，谢普斯的时尚首饰恰逢其时。谢普斯将钻石、贵金属和人造材料融为一体，出色地创造了一个灿烂无比的彩色宝石调色板。通过这个调色板，谢普斯开创了一种华丽的时尚首饰风格，为高级珠宝的世界提供了一个新的视角（图1-47）。谢普斯偏爱不规则切割的刻面仿宝石和素面仿宝石，喜欢用色彩柔和、有朦胧感的宝石如海蓝宝、黄水晶、玫瑰石英等来设计制作时尚首饰。各色的半宝石、异形珍珠、珊瑚、檀木、长毛象牙、水晶、贝壳等材料，统统都可成为他设计制作首饰的材料。丰富的色彩加上美轮美奂的装饰造型，谢普斯的时尚首饰具有独一无二的灵动感和生命力。他的客户名单包括罗斯福总统、温莎公爵夫人、杜邦、梅隆与洛克菲勒家族的成员，还有夏帕瑞丽、可可·香奈儿以及好莱坞明星凯瑟琳·赫本（Katharine Hepburn）和罗莎琳德·拉塞尔（Rosalind Russell）等。通过为这些最有权势和影响力的人服务，谢普斯被称为"美国宫廷珠

图1-47　希曼·谢普斯，胸针，20世纪50年代

宝设计师"。谢普斯于1972年去世之后，人们对他的作品的欣赏与日俱增，许多著名的艺术收藏家，尤其是安迪·沃霍尔（Andy Warhol）、琼·奎因（Joan Quinn）和霍莉·索洛曼（Holly Soloman）都成为舍普斯作品的收藏者，将其作为艺术品收藏。可以说，这位声名显赫的纽约珠宝设计师改变了20世纪美国的时尚首饰设计风格。有趣、玩乐是他的首饰的关键词，打破常规的设计让当时美国的上流社会对这位大师推崇备至。

1.7 反叛的20世纪60年代

在反叛思维蠢蠢欲动的20世纪60年代，人们需要背离传统、具有现代感的首饰设计。第二次世界大战后爆发的婴儿潮，到了20世纪60年代均已长大成人，成为一股庞大的青少年势力，他们极易对影像与名流产生崇拜，于是催生了大尺寸与夸张的首饰设计潮流。这些首饰大多具有几何与迷幻式纹样，大胆使用塑胶与亚克力材料进行制作，色彩鲜艳，既有趣又富有青春气息，单串的珍珠项链是20世纪60年代的经典时尚首饰样式。

1.7.1 社会背景

20世纪60年代，嬉皮士运动（The hippie movement）如火如荼，嬉皮士的生活方式是对20世纪50年代墨守成规、以家庭为导向的社会结构的终极反叛。随着战后第一波"婴儿潮"的成年，电视的逐渐普及，年轻人对流行音乐越来越多的关注，以及避孕药的推出，都促成了整整一代人的崛起。这个时代的年轻人似乎特别愿意聚集在一起，组织各种集会与大型户外活动。

随着罗伊·利希滕斯坦（Roy Lichtenstein）、詹姆斯·罗森奎斯特（James Rosenquist）和安迪·沃霍尔（Andy Warhol）等艺术家基于流行文化视觉元素（如日用品和漫画）来进行艺术创作，波普艺术成为一种具有全球影响力的风格。此外，欧普艺术（Op Art）在理查德·安努斯科维奇（Richard Anuszkiewicz）、布里奇特·路易斯·赖利（Bridget Louise Riley）和维克托·瓦萨雷里（Victor Vasarely）的带领下，亦是风生水起。这两项艺术运动都对时尚设计、纺织品设计与首饰设计产生了很大的影响，许多时尚首饰设计师在皮特·科内利斯·蒙德里安（Piet Cornelies Mondrian）和维克托·瓦萨雷里（Victor Vasarely）等现代艺术家的影响下，使用人工合成材料，设计制作了许多具有高饱和度的粉红色、绿松石色、橙色与黄色，以及黑色和白色等颜色的时尚首饰作品。就连真正的时尚首饰大师马塞尔·布歇（Marcel Boucher）也用明亮的柠檬色调，设计了一个欧普风格的首饰系列作品。欧普风格的时尚首饰的设计周期较短，生产成本也较低，多为红色、白色和黑色，一度极受欢迎，但很快就失宠了。

20世纪60年代音乐风格的分类越来越多，流行音乐的领域也在不断扩大，摇滚、流行、民谣、爵士乐和灵魂乐都是受欢迎的音乐流派。时尚与音乐紧紧联系在一起，粉丝们通过自己的服饰装扮表达自己的喜好。这些丰富多彩的流行文化，成为引领与传播时尚潮流的重要因素与力量。

白宫风格在时尚领域的影响力也绝对不可忽视，可见长久以来，皇室对于时尚的影响力依旧不减。杰奎琳·肯尼迪是美国总统约翰·肯尼迪（John F.Kennedy）的妻子，她是20世纪60年代初广被模仿的时尚领袖。杰奎琳举止高雅，气质和容貌都十分出众，被视为全民偶像的杰奎琳有着时髦高雅的着装品位，被誉为"全世界最会穿衣服的女人"，是白宫风格的代表人物。杰奎琳一生喜爱佩戴首饰，对珍珠首饰情有独钟，在许多重要场合都佩戴珍珠首饰。她曾说："珍珠总是最合适的"，可见她对珍珠搭配颇有心得。有趣的是，杰奎琳最喜欢的珍珠项链并非由真正的珍珠制成，而是由人造珍珠打造，这些珍珠项链由她最爱的时尚首饰设计师肯尼思·杰·莱恩设计而成，由此将人们对人造珠宝的印象从"廉价"变成"时髦"。

1.7.2　首饰时尚

1961年，国际现代首饰展（International Exhibition of Modern Jewellery）在伦敦举行。展览由格雷厄姆·休斯（Graham Hughes）策划、伦敦的虔诚金匠公司（The Goldsmith's Company）与维多利亚与艾尔伯特博物馆（Victoria and Albert Museum）联合举办。这是世界上第一次国际性的现代首饰展，具有里程碑意义。展品涵盖了1890—1961年制作的首饰作品，参展艺术家以欧洲和北美的为主，比如弗里德里希·贝克尔（Friedrich Becker）、薇薇安娜·托伦·比洛·胡贝（Vivianna Torun Bülow-Hübe）、约翰·唐纳德（John Donald）、格尔达·弗洛金格（Gerda Flöckinger）和伊娃·蕾妮·奈尔（Eva Renee Nele）等，这些设计师都拥有自己的小型首饰工作室。还有来自澳大利亚、玻利维亚和印度等国的艺术家，逾千件的参展作品涵盖了多种设计风格，其中包括吉尔伯特·艾尔伯特（Gilbert Albert）为百达翡丽（Patek Philippe）设计的现代钻石首饰，海瑞·温斯顿（Harry Winston）的首饰，以及几乎所有欧洲主要珠宝公司设计制作的现代首饰。还有许多由画家和雕塑家设计制作的半珍贵材料的首饰作品。这些画家和雕塑家包括让·阿尔普（Jean Arp）、亚历山大·考尔德（Alexander Calder）、乔治·德·基里科（Giorgio de Chirico）、萨尔瓦多·达利（Salvador Dali）、马克斯·恩斯特（Max Ernst）、阿尔贝托·贾科梅蒂（Alberto Giacometti）、巴勃罗·毕加索（Pablo Picasso）和伊夫·唐吉（Yves Tanguy）等，可谓群星璀璨。展览中那些极富原创性、风格多样而大胆、个性化十足的首饰作品，不仅颠覆了人们对首饰的传统认知，也为未来的首饰设计发展方向指明了道路，它极大地激发了艺术设计专业学生的设计热情，拓宽了设计师们的视野，在随后的几年中对首饰业的发展产生了巨大的影响。

太空时代启发设计师对时尚首饰设计采取全新的方法，他们用珐琅、塑料和镜面状的白色金属等人造材料来进行实验，设计出未来派首饰作品，此时，人们对待时尚首饰的态度已经发生了改变，时尚的周期变短了，用廉价材质制成的时尚首饰的接受度越来越高，人们不再追求永恒，"经典"的概念消失了，取而代之的是"现在"。这些作品的设计灵感往往来自太空旅行和原子科学研究成果，运用简单的几何图案设计而成，往往构思大胆、色彩鲜艳，具有典型太空时代风格的时尚首饰（包括宽大的手镯、长长悬挂的耳环、厚重的戒指，以及方形或圆形吊坠等）。

此外，20世纪60年代的性解放不仅放松了人们对社会与个人行为的约束，从服饰时尚的角度来讲，也开辟了新的性感身体部位，比如隆胸术与短发的流行，使耳朵和脖子得到更多的暴露，促成了长条形耳饰的流行。这些价格低廉的时尚首饰既新颖又有趣，是塑造年轻与时尚外貌的理想饰品。一般来讲，20世纪60年代大多数时尚首饰都会用波普艺术图案、几何纹样和风格化的花卉作为装饰，雏菊形象尤其常见。人们喜欢佩戴长长的耳坠和超大的耳环，塑料材质的水滴形造型元素在时尚首饰的设计中十分流行，五颜六色的胸针也是大行其道，而明度极高的原色是20世纪60年代首饰色彩最显著的特征，反映了战后"婴儿潮"一代的乐观心态，艳丽的塑料首饰被看作是富有创意、充满未来感的饰品。塑料珍珠于1965年一经面世，就生产出了高尔夫球大小的珍珠耳环和数百颗塑料珠子串在一起的多股项链。此时的首饰变得比以往任何时候都更轻、更便宜，消费者可以大量购买，掀起了消费高潮。此外，四处游荡的嬉皮士让人们见识了来自世界各个角落的具有异国风情的民族首饰，廉价的玻璃手镯和花丝银饰得以从印度大量进口，人们喜欢佩戴色彩鲜艳的非洲珠串，美洲原住民的镶嵌绿松石银手镯、皮带扣、希腊拼图戒指和其他民族风格的首饰都极受欢迎。

1.7.3　设计师与品牌

20世纪60年代具有代表性的时尚首饰设计师包括安德鲁·格里玛、弗里德里希·贝克尔（Friedrich Becker）、肯尼思·杰·莱恩、斯坦利·哈格勒（Stanley Hagler）、薇薇安娜·托伦·比洛·胡贝（Vivianna Torun Bülow-Hübe）、约翰·唐纳德（John Donald）、西格德·佩尔松（Sigurd Persson）、格尔达·弗洛金格（Gerda Flöckinger）、伊娃·蕾妮·奈尔（Eva Renee Nele）、汤姆·斯科特（Tom Scott）、艾伦·加德（Alan Gard）和吉莉安·帕卡德（Gilian Packard）等。

毫无疑问，美国设计师肯尼斯·杰·莱恩是这一时期时尚首饰界最重要的人物之一。出生于美国底特律的莱恩的职业生涯始于为迪奥（Dior）和德尔曼（Delman）设计制作鞋品，此外，还曾在海蒂·卡耐基（Hattie Carnegie）担任创意总监，以一系列镶有水钻的塑料大耳环开始了他的职业设计生涯。莱恩可以说是20世纪最著名的时尚首饰设计师之一，也是一位才华横溢的仿制艺术家。他曾经仿制了爱德华八世（Edward VIII）送给华莱士·辛普森（Wallace Simpson）的卡地亚镶嵌钻石和祖母绿的美洲豹手镯。据说，莱恩曾经常在时尚首饰设计大师大卫·韦伯（David Webb）的工作室窗外，偷看韦伯绘制的首饰设计图，韦伯似乎不以为意，甚至还邀请莱恩进入工作室来观摩。莱恩擅长对贵重材质首饰进行夸张的解读，他设计的时尚首饰通常都镶嵌着巨大的素面塑料宝石，这些假宝石颜色十分艳丽，如松石绿、珊瑚红和亮粉等色（图1-48）。他著名的胸针作品《大猫》，灵感来自卡地亚的猎豹形态高级珠宝，是对卡地亚猎豹珠宝的一种带有戏谑性的另类解读。此外，莱恩还仿造了梵克雅宝的狮头门环。莱恩的作品受到了上流社会人士以及社交名媛的青睐，她们甚至将莱恩的作品与贵重的高级珠宝一起佩戴。比如美国第41任总统乔治·赫伯特·沃克·布什（George Herbert Walker Bush）的夫人芭芭拉·布什（Barbara Pierce Bush），她在就职晚宴上佩戴的就是莱恩著名的三股珍珠项链（Three-strand pearl choker）。纽约社交皇后楠·肯普纳（Nan Kempner）也对莱恩的时尚首饰青睐有加。20世纪70年代，肯普纳遭遇不幸，大量的珠宝收藏被抢走，据说，被抢后的翌日，她就急不可耐地打电话给莱恩："我又要到你那里大量采购啦！"可见她对莱恩的首饰的喜爱程度有多深。

图1-48　肯尼思·杰·莱恩，胸针，材质：银、黄铜镀金、莱茵石

20世纪60年代另一位重要的时尚首饰设计师是斯坦利·哈格勒（Stanley Hagler）。哈格勒1923年出生于美国丹佛，1949年毕业于丹佛大学，获得了法律学位。20世纪40年代末，担任哈丝基珠宝（Miriam Haskell）公司的商业顾问，并为温莎公爵夫人设计了一款名为"女王之选"（Fit for A Queen）的手镯，从此一举成名，开启了自己的时尚首饰设计生涯。1953年，斯坦利·哈格勒珠宝公司在纽约成立。哈格勒被誉为"珠宝界的毕加索"，他的时尚首饰作品虽然材质较为廉价，但它们以自己

的方式与迪奥、夏帕瑞丽、香奈儿的作品一样，具备高贵典雅的气质。哈格勒的首饰基本上由手工制作而成，制作工艺考究，串珠与配件之间用金线固定，从不使用胶水黏合，每制作一件作品都需要耗费大量时间。哈格勒的作品具有明显的节奏感和运动感，充满了时尚的韵律，造型多为花朵，色彩艳丽，多为珊瑚色、群青色和蜂蜜棕色等，作品具有强烈的波希米亚风格。哈格勒十分擅长半宝石与仿真宝石的使用，如人造珍珠、玛瑙珠、巴洛克珍珠、人工吹制玻璃珠、施华洛世奇水晶等。

此外，20世纪60年代享有"现代珠宝之父"之称的安德鲁·格里玛，一直是皇家贵族、名流精英以及艺术家圈子中的珠宝权威，一众名门望族与社交名媛都是他的忠实迷妹。格里玛是唯一一位获得过"爱丁堡公爵优雅设计奖"（Duke of Edinburgh Prize for Elegant Design）的首饰设计师，并先后12次斩获素有珠宝设计奥斯卡奖的"戴比尔斯"钻石设计大奖（De Beers Diamonds）。格里玛于1947年来到了岳父经营的珠宝公司工作，开始首饰设计生涯。1952年岳父因病离世，格里玛接管了公司，并于1966年在伦敦开设了自己的第一家店铺，后来，随着知名度的不断提升，创立了自己的同名品牌，从此店铺遍及世界各地。无论从设计、品质还是独创性而言，格里玛的作品都是独一无二的。格里玛勇于突破传统的界限，大胆运用一系列非传统切割、色彩斑斓的宝石，采用独特的金属肌理与色彩搭配，变幻出一件件融合大众审美而又独具个性的时尚首饰作品（图1-49）。在格里玛的眼中，宝石的固有价值并不重要，重要的是它们的色彩、光泽与形状，即便是贵重的黄金，格里玛也不会施以惯常的表面处理工艺，而是采用拉丝、磨砂、锻打与锤揲等技法，来表现独有的肌理与质感。可以说，格里玛的首饰作品不仅蕴含了20世纪60年代的时代精神，同时，又具有跨时代的审美情趣，故而，至今仍然具有佩戴价值。

图1-49　安德鲁·格里玛，项饰、胸针，20世纪60年代

得益于1960年奥运会在罗马举办的轰动效应，以及法国劳动力成本的上升，意大利成为欧洲新的时尚中心。时尚首饰品牌科波拉·帕奇（Coppola e Toppo）异军突起，这是一家创立于20世纪40年代末的公司，设计师是一对来自意大利米兰的兄妹，以做精美的仿珊瑚、水晶和其他材质的串珠而著名。公司成立之初，曾与迪奥和巴黎世家有过小规模的合作。科波拉·帕奇的时尚首饰多用彩色人造宝石制成，

以项饰最具代表性。其作品虽然尺寸巨大，但色调柔和、价格较为低廉，深受华伦天奴（Valentino）、兰切蒂（Lancetti）、舍恩（Schon）和古驰（Pucci）的青睐（图1–50），爱娃·嘉德纳（Ava Gardner）、伊丽莎白·泰勒（Elizabeth Taylor）和杰奎琳·肯尼迪（Jacqueline Kennedy）等一众时尚偶像，也对他们的作品青睐有加。

西格德·佩尔松（Sigurd Persson）是斯堪的纳维亚最重要、最有影响力的设计师之一。佩尔松1914年出生

图1–50　科波拉·帕奇为华伦天奴设计的头饰和项饰，1969年

于瑞典赫尔辛堡（Helsingborg），14岁时在父亲弗里肖夫·佩尔松（Fritiof Persson）的指导和培训下，成为一名银匠。1937年在慕尼黑应用艺术学院（Academy for Applied Arts, Munich）学习，成为德国最负盛名的金匠弗朗茨·里克特（Franz Rickert）教授的学生。1939年在瑞典国立艺术与设计学院（Konstfack University of Arts, Crafts and Design）学习。1942年建立了自己的工作室，开始设计餐具和珠宝。佩尔松一生涉猎颇广，设计过餐具、厨具、玻璃制品、家具与首饰等。佩尔松一直对主题性设计感兴趣，1960年春，他为瑞典最著名的百货公司——斯德哥尔摩的北欧百货（Nordiska Kompaniet）设计了77枚贵金属戒指，后来又开发了手镯、耳饰和可伸缩项饰系列首饰，这些极具未来主义风格的时尚首饰使他名声大噪。佩尔松的大部分首饰作品都呈现造型简约、线条硬朗、功能清晰的特点，男性化特征跃然纸上，而尺寸巨大的、用玻璃或树脂制作而成的人造宝石在首饰中的使用，则极大地丰富了首饰的色调，某种程度上软化了作品的生硬感。佩尔松总是对新事物和新设计充满了好奇，他的首饰显然受到了瑞典功能主义设计思潮的影响，喜欢将简洁的几何形体与趣味性的结构型语言相结合，使作品显得整洁、干净与轻松，充满未来主义色彩，极具现代设计的神韵，极好地展示出那个年代对于简约形态的追求。总体来看，佩尔松的首饰形态可以说简约到极致，正因为如此，佩尔松不得不把细节设计作为至关重要的一环。假如没有对细节出色的设计与把控能力，佩尔松的大部分作品就会因为缺乏细节而流于平淡，而佩尔松的简约与功能设计恰逢其时，因为，北欧气候寒冷，资源相对匮乏，设计师对手中的材料往往抱有相当谨慎的态度，物尽其用的原则在北欧设计师的作品中也因此而体现得淋漓尽致。

20世纪60年代末，时尚女性开始对咄咄逼人的时装面料和中性风格产生了厌

倦，许多年轻人追随披头士的脚步去印度游历，返回后对东方时尚心醉神迷，宽松的卡夫坦长衫（Caftan）、吉拉巴长袍（Djellabah）和从旧货市场淘来的柔软纺织品成为时尚新宠，镀金项链、玻璃珠串、玻璃手镯和耳环，以及带小铃铛的脚链成为这些年轻人的首选配饰。1966年，翠法丽用华丽的人造宝石设计了极具异国情调的印度珠宝系列，这些人造宝石看起来像真正的玉石、红宝石和祖母绿。同样，肯尼思·杰·莱恩用炫彩的人造宝石设计制作了体积足有5英寸的佩斯利（Paisley）胸针，还设计制作了孔雀羽毛耳饰、彩虹甲虫造型和五彩刺绣时尚首饰等作品，以此呼应20世纪60年代后期时尚偶像塔利莎·盖蒂（Talitha Getty）引领的波希米亚时尚。此外，施莱纳公司（Schreiner）和科罗公司（Coro）公司子品牌旺多姆（Vendome）的首席设计师海伦·玛莉安（Helen Marion），均在设计中使用优质的莱茵石。玛莉安以法国立体主义艺术家乔治·勃拉克（Georges Braque）的绘画作品为灵感，设计制作了一系列抽象的、具有拼贴艺术风格的胸针，以及一系列奢华的民族风格首饰。与此同时，时尚首饰设计师新锐也在不断地探索与开发珠串首饰新的装饰形式。

1.8　自由的20世纪70年代

多元、自由、随性、浪漫、个人主义与自由至上，这些都是20世纪70年代年轻人的标签，他们的穿着打扮风格也如同这些标签，随意而无拘无束，时尚仿佛一夜之间失去了品位与界限，变得比以往更加扑朔迷离，令时尚人士深感茫然。不过，尽管20世纪70年代曾一度被后人诟病为"坏品位的十年"，但事实上，20世纪70年代多元的时尚风格对后续的服饰、时尚设计、电影、音乐与装饰等领域都产生了持久的影响。20世纪70年代的时尚风格可以说是对长期以来审美意识的反叛，受波普艺术和嬉皮士运动的影响，时装和首饰的设计摒弃了传统审美的端庄优雅，更多地呈现不同的个体对"美"的不同理解，"美"与"丑"的界限不再明确如前，而是由"穿着者"自己来设定。

1.8.1　社会背景

时尚的多样性在20世纪70年代显得愈发明显，复古风、国际风、易装风（Cross-dressing）、朋克风等时尚风潮并行不悖，体现了时人对个性解放的进一步需求。对时尚产生影响的因素也在迅速增加，比如电影、电视、流行音乐、建筑艺术、女权运动、同性恋权利运动和黑人民权运动等，都对时尚的产生与发展进程产生了重大影响。

艺术方面，概念艺术（Conceptual Art）大行其道，波普艺术（Pop Art）在大卫·霍克尼（David Hockney）和伟恩·第伯（Wayne Thiebaud）的引领下越来越被大众熟知，未来主义风格的摩天大楼鳞次栉比，它们的高科技美学都对后来的设计项目产生了重要影响。美国大都会博物馆举办的展览与年度慈善舞会（Met Gala）大受欢迎，包括1974年的《浪漫迷人的好莱坞戏服设计》（Romantic and Glamorous Hollywood Design）、1976年的《俄罗斯服装瑰宝》（The Glory of Russian Costume），以及1972—1979年在国际上巡回展出的《图坦卡蒙珍宝展》（Treasures from the tomb of Tutankhamun）等，在整个时尚、设计与流行文化界都产生了强烈反响，《图坦卡蒙珍宝展》甚至掀起了20世纪第二次"埃及热"（Egyptomania）。

电影的时尚魅力依然不减，流行音乐与时尚的结合尤为紧密，20世纪70年代中期，迪斯科风靡一时，各大夜总会的舞池总是人满为患、歌声震天，而夜总会的装饰和迪斯科舞者的服饰都具有未来主义风格（图1-51）。朋克音乐于1974年在英国兴起，构成了对主流音乐和流行音乐的反叛，多数乐队成员的服饰装扮极度夸张，T恤被野蛮地撕烂，并胡乱地裹住身体，各种安全别针、狗圈项链和拉链布满全身，意图表达一种生命的悲剧情怀。朋克风还包括造型极其夸张的发型，通常呈尖刺状，身体多处打孔，并佩戴着穿刺首饰，文身更是家常便饭，而在时尚设计界，英国设计师维维安·韦斯特伍德具有代表性。她经常与朋克乐手合作，设计制作了大量具有朋克风格的服饰品，最终成为"朋克教母"。

图1-51 穿着迪斯科风格服饰的女性，20世纪70年代

1.8.2　样式与风格

许多人将时尚首饰的衰落归咎于20世纪70年代初廉价链条首饰的泛滥，那时流行的口头禅是"怎样都行"（Anything goes）。女性穿着迷你裙（Mini）、迷笛裙（Midi）、长裙（Maxi）、牛仔裤、民族风服装、弹性迪斯科服，以及黛安·冯·芙丝汀宝（Diane von Furstenberg）的标志性无拉链裹身裙等，都能被大家接受，可以说，在过去的所有时代中，20世纪70年代是首饰最不受重视的时代。这一点可以追溯到1977年，当年时尚偶像碧安卡·贾格尔（Bianca Jagger）骑着一匹白马进入纽约54俱乐部（54 Studio），这家俱乐部是当时的时尚界与艺术圈人士最爱的社交场所，这里正在举行贾格尔的盛大生日宴会，只见贾格尔身穿一袭红色长裙，没有佩戴任何首饰，而牵马夫是一个浑身涂满金色颜料的裸体男子。这个场景让在场的来宾和记者大为惊讶，以至于接下来的几个月都被纽约社交圈所津津乐道。尽管如此，较为轻盈的时尚首饰，比如巨大的塑料耳环仍然很受欢迎，姑娘们可以戴着它在迪斯科舞厅彻夜跳舞。在纽约，设计师候司顿（Halston）和卡尔文·克莱恩（Calvin Klein）积极提倡一种新的时尚极简主义，他们仅用蒂芙尼的设计师艾尔莎·柏瑞蒂（Elsa Peretti）设计的最精致的时尚首饰来装饰连衣裙。与此同时，维维安·韦斯特伍德（Vivienne Westwood）却在她伦敦国王路的精品店里撕扯T恤衫，并用安全别针、剃须刀片吊坠和金属尖刺之类的朋克首饰装饰自己。

时尚的个性往往通过配饰来传达，20世纪70年代，人们喜欢以堆叠的方式来佩戴款式简洁的时尚首饰，不论是具有吉卜赛风格的项链，还是雕刻有装饰纹样的手镯，都是层层叠叠、成串地佩戴，还有长长的耳坠在耳朵下面摇晃着，许多时尚首饰重新受到装饰艺术、美好年代样式与埃及艺术的影响。从20世纪70年代早期开始，人们就显露出对新艺术运动和装饰艺术运动时期原创作品的兴趣，时尚女性开始持续收集这些价格低廉的古旧首饰，装饰艺术运动时期的彩色胶木手镯、19世纪末的马赛克胸针和人造宝石首饰再次成为时尚配饰品。随着需求的增加，古旧首饰开始供不应求，一些首饰制造商开始设计生产古旧风格的时尚首饰，古旧风格时尚首饰的复兴水到渠成。此外，异国（尤其是印度）文化主题在20世纪70年代的时尚首饰设计中多有体现，人们希望通过对异域情调的追求，来逃避现实的纷乱与不安，这样的心态反映到首饰时尚上，就是长项链（Sautoir）重新回到时尚首饰设计舞台，此时的长项链受到阿拉伯与印度文化的影响，喜欢用串珠和可拆卸的大吊坠来设计，选材多为黄金、钻石及鲜丽的宝石等。

1.8.3 设计师与品牌

20世纪70年代的时尚首饰设计师与品牌，最具代表性的有维维安·韦斯特伍德（Vivienne Westwood）、乔治·阿玛尼（Giorgio Armani）、乔瓦尼·范思哲（Gianni Versace）与皮尔·卡丹（Pierre Cardin）等。

以创造力和让时尚成为重要流行文化核心的能力而言，维维安·韦斯特伍德是20世纪最伟大的设计师之一。1941年，韦斯特伍德出生于英国德比郡的格洛索普（Glossop），16岁在艺术学校学习基础课程。1971年韦斯特伍德与麦克拉伦在伦敦国王路开设第一家服饰精品店，此后，多个服饰系列作品相继问世，1976年的煽动者系列（Seditionaries）包括印有20世纪50年代海报女郎图案的撕裂服装，摩托车手的皮革、链条和徽章，恋物癖者的肩带、安全别针和皮带扣等，这种刻意反叛的造型，先是遭到了严厉的抨击，后来反被主流时尚吸收，成了一种危险震撼风格的设计元素。

20世纪70年代末，意大利政府将时装产业整体迁移到米兰，形成了具有竞争力的产业结构和集群效应，使米兰迅速成为国际时装和贸易的重要城市（图1-52）。在此背景下，迅速崛起的时尚巨头包括奇安弗兰科·费雷（Gianfranco Ferré）、乔治·阿玛尼（Giorgio Armani）以及乔瓦尼·范思哲（Gianni Versace），号称"3G"，是当时意大利的时尚三巨头。

时装设计师、奢侈品牌阿玛尼（Armani）创始人乔治·阿玛尼，1934年出生于意大利的皮亚琴察，曾以业余身份在多家公司担任时装设计助手，20世纪70年代中期，阿玛尼遇到了自己的爱人兼合伙人塞尔吉奥·加莱奥蒂（Sergio Galeotti），创立了以自己名字命名的品牌，时尚事业从此蒸蒸日上。阿玛尼一直扮演时尚引领者的角色，在性别模糊的年代，阿玛尼是打破阳刚与阴柔的界限、领导时尚迈向中性风格的设计师之一。阿玛尼的设计产品的种类除了服装外，还包括首饰、箱包、鞋品、眼镜、丝巾与香氛等配饰，这些配饰也和服装一样，无不追求精致的质感与简单的线条，透露着阿玛尼式的"随意而优雅"的特点，是时尚、高贵、精致与中性化的代名词，充分展现了现代都市人简洁、优雅与自信的个性（图1-53）。阿玛尼作为全球知名的时尚品牌，其首饰不仅造型独特、时尚大方，更重要的是它们的材质都是极其优质的。不管是黄金还是白银，阿玛尼都会挑选最好的材料制作产品，从而保证了阿玛尼首饰的品质和高价值。此外，阿玛尼首饰的制作工艺也是非常精细的，每一件首饰都由高水平的工匠手工打造完成。

服装设计师乔瓦尼·范思哲，1946年出生于意大利的雷焦卡拉布里亚（Reggio di Calabria），1978年与兄弟桑托·范思哲（Santo Versace）及妹妹多娜泰拉·范思哲（Donatella Versace）共同创立范思哲（Versace）品牌。范思哲一生获奖无数，其设计

图1-52　模特佩戴意大利设计师乌戈·科雷亚尼（Ugo Correani）设计的项链和朱利亚诺·弗拉蒂（Giuliano Fratti）设计的手镯，1971年

图1-53　阿玛尼，手链，20世纪70年代末

产品除时装外还有首饰、箱包、香水、眼镜、丝巾、领带、瓷器、玻璃器皿、家具产品等，可以说，范思哲的时尚产品已渗透到了生活的多个领域，构建了一个属于范思哲的时尚帝国。范思哲通过浮夸、奢华、鲜艳的色彩以及创新的材质，使女性美得到完美展现。范思哲品牌的设计理念是"不要平庸"，在保持奢华与时尚的同

时，追求独特性和突破性。品牌标志性的美杜莎（Medusa）头像被广泛运用在服装和配饰设计之中。范思哲的首饰具有巴洛克风格，将传统古典元素与现代风格相融合，设计充满张力，选材方面多以宝石和黄金为主要材料，结合品牌标识图案，创造了奢华和精致的范思哲风格，现代女性和男性的性感魅力彰显无遗。

皮尔·卡丹1922年出生于意大利威尼斯近郊的一个务农家庭，先后在香奈儿和迪奥任职。1950年皮尔·卡丹建立了自己的品牌公司，开始在男装、女装与服饰配件方面不断开拓业务，成为国际知名品牌。可以说，在皮尔·卡丹的时尚王国中，时装、珠宝、香水、家具与餐厅一应俱全，产品覆盖了生活的方方面面。早在20世纪50年代，皮尔·卡丹就预感到了科技乐观主义、青年文化以及富有开创性的时尚风潮一定会推动社会走向未来，而未来世界正是皮尔·卡丹的理想所在，由此，他不仅设计了功能性宇航服，还设计了充满未来感的泡泡裙与茧型大衣等，向公众展示了他的未来世界。根据大众消费迅速增长的需要，皮尔·卡丹提出了"成衣大众化"的口号，并将设计的重点偏向一般消费者，使更多的人能穿上时装，因此，他改变了经营模式，进行品牌授权，甚至把自己的服饰品摆在普通的百货公司里销售，促成了大牌设计师与大众市场销售的结合，使普通人也能消费得起名牌服饰品。1979年，他成为第一个在中国举办时装秀的西方设计师，一举打破了中国长期以来与世界时尚隔绝的局面，对中国的时尚产业具有开创性意义。皮尔·卡丹的时尚首饰大多造型简练，设计语言充满力量，多为抽象几何形态，用色较为谨慎（图1-54），有批量制作工艺的痕迹，整体时尚、简约，具有科技与未来感。皮尔·卡丹对首饰的热爱持续不断，直至2017年，他还在巴黎的马克西姆餐厅，发布了马克西姆品牌高级珠宝系列。该系列的创意源于2012年夏天，设计师郑思提在马克西姆餐厅开业120周年纪念晚宴上，展示了一件与餐厅内著名玻璃画作品《罂粟花》同名的高级珠宝，皮尔·卡丹先生大为赞赏，宣布开始设计马克西姆高级珠宝系列，5年之后，由郑思提设计制作、以"美好年代"为主题的马克西姆高级珠宝系列完成，系列中不乏汲取中国文化元素的首饰，体现了浓浓的国潮文化时尚。

图1-54 皮尔·卡丹的时装与配饰，20世纪70年代

1.9 20世纪80年代的"物质世界"

20世纪80年代，当铆钉机车夹克充斥街头、女性的优雅被流行文化冲击得遍体鳞伤时，时尚设计对解放人体进行了重新思考。20世纪80年代是"物质世界"的10年，这是一段物欲横流的时期，是雅皮士、疯狂消费、健身热、迪斯科、流行歌手、时尚人士、顶级模特以及品牌探索的10年，是高科技美学、个人主义、享乐主义和图像泛滥的时代。

1.9.1 社会背景

也许以前从未有过如此程度的经济体系来刺激、提升和创造个人的新需求，将单独的个体投射到一个虚幻的维度，在这个维度上，经济上的富有就意味着成功，成功就意味着幸福，因此，社会地位、个人魅力和物质主义主导了时尚意识，复苏了人们对老牌奢侈品牌、高级定制服装的兴趣。同时，保守的政治理想竭力复兴预科风（Preppy Style，指20世纪70年代美国中产阶级以上的一种着装风格）以及斯隆漫游者（Sloane Rangers，泛指英国切尔西以及肯辛顿的中产阶级以上的时髦男女）和BCBG女性（法语Bon Chic Bon Genre的缩写，指巴黎上流社会出身优越、受过良好教育、时髦优秀的女性）崇尚的传统风格，而这10年的社会地位意识也促使人们对欧洲的皇室重新产生了兴趣，导致许多皇室成员再次成为时尚的引领者。此外，商业的繁荣促进了雅皮士（Yuppies）的"为成功而着装"（Dress-for-success）原则。

从伦敦、纽约到悉尼，世界各地的反潮流时尚都采用了后朋克（Post-Punk）和新浪潮（New Wave）风格，时尚已经进入了后现代时代（Post-modern Age）。在这个时代，尽管还有墨守成规的主流审美观，但仍有多种时尚风格可供选择。这些风格通过时尚媒体、电视、电影和MTV音乐频道等在全球得以迅速传播。比如，风靡一时的"哥特风尚"就与流行音乐的关系密不可分。歌特摇滚的教父级乐队包豪斯（Bauhaus）的乐队成员夸张而诡异的服饰造型，对哥特服饰文化的传播起到了决定性的作用。哥特一族永远穿着黑色天鹅绒的服装，服装上布满了蕾丝与网状装饰物，身上佩戴着宗教或神怪电影风格的银饰，拒绝佩戴金首饰，他们钟爱有钉子的项圈、绳编项链、T形十字章与五角星，还有歌剧风格的披肩、斗篷和长手套等。尤其喜欢佩戴菱形耳坠，行走时摇曳生姿，富有韵味（图1-55）。嘻哈风（Hip-Hop）

的兴起也与流行音乐不无关系，美国嘻哈乐队 Run–D.M.C. 的成员的造型不仅影响了年轻人的着装，甚至还带动了运动品牌阿迪达斯（Adidas）的发展，当时，乐队成员在演唱会、唱片封面以及各种广告中的造型均以阿迪达斯运动装为主，头戴礼帽、脖子上戴着大串的金属项链或项坠，这种造型被年轻人争相效仿。嘻哈一族的装束遵循随意的路线，非常喜欢穿着带有名牌标识的宽大服装，头发染烫成麦穗头或编成小辫子，戴着墨镜。嘻哈一族对于金饰有着特殊的崇拜，他们的装束中一定要有金饰品，比如，很粗的纯金项链、带有超大"＄"图案的纯金饰物等。

图1-55　伦敦哥特一族的服饰，20世纪80年代

1.9.2　时尚首饰

早在20世纪60年代，一大批首饰设计师不再满足于首饰的纯粹装饰功能，而投身于开发首饰精神价值的行动中。此时，尽管艺术创作的方法十分多元，但包豪斯理论仍旧影响着欧洲各国的艺术教育机构和设计师。在包豪斯理论的影响下，设计师们积极寻找一种具有普遍性的、理性的、简约的美。到了20世纪70年代，包豪斯主义对简约与功能的强调依旧被大多数设计师奉为圭臬。1961年，英国伦敦的虔诚金匠公司（The Goldsmith's Company）举办了一场具有里程碑意义的现代首饰展，显示了首饰作为艺术表达的媒介的潜力。以安德鲁·格里玛为代表的英国首饰设计师开始尝试打破传统，进行首饰设计的现代化改造。除了安德鲁·格里玛，还有许多首饰设计师都在积极探索首饰设计的新路径，打破传统上使用贵重材质制作首饰的壁垒，使首饰不仅是具有装饰性的工艺品，更是具备了精神与情感表达的艺术品，首饰终于实现了从工艺美术到艺术领域的跨越，艺术首饰诞生了，首饰制作者也实现了从设计师到艺术家的华丽转身。在艺术首饰的影响下，时尚首饰也越来越注重个性与情感的表达，造型愈发自由，设计形式也日趋多样。

此时女性对首饰的需求是以实用为主，她们希望拥有在工作和交际时都能佩戴的首饰，因此舍弃了20世纪70年代的长项链，喜欢用短项链来搭配服装，经典的款式是贴颈式的宽版项链，其上装饰着用金属或宝石镶嵌的造型，整体风格显得简洁利索，另外，大颗粒单串珍珠项链也深受女性的喜爱。要知道，彼时的经济繁荣使得诸多职业女性在企业界崭露头角，凭借夸张的垫肩，"权力套装"（Power Suit）成为职业女性的制服。这种权力套装掩盖了女性的身材，使人们的注意力从性别上移开。美国时尚专家约翰·莫雷（John T.Molloy）认为职场女性应该保持朴素而端庄的造型，拒绝一切过于花哨和女性化的服饰，他甚至在《女人：穿成赢家》一文中说道："任何商界女性都可佩戴的最有用的珠宝就是婚戒。婚戒代你昭告全世界，你只是来谈生意的，其余免谈。"莫雷在佩戴首饰方面总结出来的"穿出成功"理论包括：与其一年购买四到五款廉价珠宝，不如买一款好的珠宝；戒指不能太凸出，应当贴合手指；应避免发出任何叮叮当当刺耳响声的首饰；晃晃荡荡的耳环已经过时了。然而，人们的着装观念在慢慢变化，由于这种套装营造了一种男性的权威感，导致了性别角色的持续模糊，于是，时尚女性开始在这种套装上搭配一些时尚首饰，尤其是大耳环和胸针，就可以弱化这种男性化的观感。到了20世纪80年代中后期，这种权力着装逐渐被颠覆，对性感和财富的炫耀变得无所顾忌，短裙更短，高跟鞋的鞋跟更高，而艳丽浮华、性感魅惑的珠宝首饰则堆砌在手腕和颈部。范思哲和宝格丽的钱币首饰大行其道，现代和古代钱币同时被镶嵌在项链中。

1.9.3 设计师与品牌

20世纪80年代，粗犷的肩垫时装广为流行，这种时装只有造型夸张、设计风格大胆的首饰才能与之匹配，许多老一辈的时尚首饰设计师奋起而迎接挑战，他们用华丽的镀金首饰和亮闪闪的铸造玻璃首饰来重新诠释往日的首饰时尚，廉价的镀金首饰尤其是项链随处可见，这种做派是对职业女性精致而优雅的"为成功而着装"理念的反叛。大品牌首饰公司着力开发彩色宝石时尚首饰，对传统首饰设计元素的再提炼增加了时尚首饰的可佩戴性，也使得珠宝走进人们的日常生活。线条简洁、色彩炫目、独立个性设计是这个时代的时尚首饰设计的口号，体现了人们追求自由嬉皮的生活态度。这一时期的两位天才设计师是拉里·弗巴（Larry Vrba）和罗伯特·索雷尔（Robert Sorrell）。弗巴20世纪70年代担任哈丝基珠宝（Miriam Haskell）的首席设计师，20世纪80年代中期开始了个人职业生涯。弗巴的灵感来源于古旧首饰（Vintage Jewelry），他煞费苦心地将古董材料制成硕大的、华丽而优雅的首饰，设计制作了许多色彩缤纷、迷你雕塑般的个性单品，将古旧首饰提升到一个全新的休闲时尚的境地。弗巴设计制作了许多圣诞树别针（Christmas tree pins），他的首饰总是以大量使用古旧珠子和人造宝石而闻名，其作品也因此而拥有"宝石雕塑"的美誉（图1-56）。弗巴不断地寻找新奇的材料与装饰纹理来制作首饰，创新精神贯穿始终，其作品深受服装设计师、大都会歌剧院演员、百老汇舞者、电影明星、精品店和收藏家的欢迎。另一位天才设计师罗伯特·索雷尔，他的首饰则深受20世纪40、50年代高级珠宝的影响。索雷尔经常翻阅苏富比和道尔的拍卖目录，从中汲取设计灵感。他的每一件首饰都是用最好的水晶与宝石手工镶嵌完成，其作品融合了多种不同时期的设计风格，以现代设计观念重新诠释了往日的经典首饰造型。索雷尔的作品被享誉世界的

图1-56　拉里·弗巴，阿兹特克十字项坠，材质：俄罗斯金、玻璃仿宝石、珐琅，20世纪70年代中期

加拿大太阳剧团（Cirque du Soleil）的演员佩戴，被法国服装设计大师蒂埃里·穆勒（Thierry Mugler）用于盛大的时装秀中，甚至纽约年度同性恋光荣大游行（Gay Pride Parade）的同性恋者都争先恐后地佩戴他设计的首饰。

　　除了弗巴和索雷尔，罗伯特·李·莫里斯（Robert Lee Morris）亦是个中翘楚。自学成才的莫里斯是著名的德裔美籍首饰设计师，在20世纪70年代红遍全美。莫里斯十分讨厌纯粹装饰性的首饰，他的作品通常由白银、青铜或者镀金材料制作而成，这些用金属打造出的流线型首饰，往往令人想起亚马孙流域印第安人的装饰品，拥有一种灵气与动感，颇具原始主义设计风格（图1-57）。莫里斯的首饰作品经常出现在时尚杂志上，为大众所熟知。莫里斯开发了一个新的首饰类别，称为"桥梁首饰"（Bridge Jewelry）或"设计师首饰"（Designer Jewelry），在价格上介于高级珠宝和服装首饰之间，因为这是一种全新的首饰类别，没有明确的市场定位，所以，零售商甚至很难将其放在商店里进行售卖。于是，莫里斯决定自己开设精品店，店名为"艺术配饰"（Artwear），专门售卖他才华横溢的作品。这家精品店深受马蕾拉·阿涅莉（Marella Agnelli）、丽莎·明奈利（Liza Minnelli）、安迪·沃霍尔（Andy Warhol）和碧安卡·贾格尔（Bianca Jagger）等时尚偶像的欢迎。

图1-57　罗伯特·李·莫里斯，项饰，材质：铜镀金，20世纪70年代

　　20世纪80年代，日本的流行文化在国际上取得了较高的地位，在日本设计师的努力下，本土时尚文化得到极大的发展，以此为基础，日本涌现了多个

具有全球影响力的设计师和时尚品牌，如川久保玲、山本耀司。时尚首饰设计领域，亦有两位享誉全球的设计师，她们就是周天娜（Tina Chow）与石川畅子（NOBOKO ISHIKAWA）。

　　石川畅子1943年出生于日本的静冈县，1966年毕业于东京艺术大学。一次偶然的机会，受同学父亲的首饰公司的委托，石川畅子第一次尝试设计首饰，由于这个首饰公司的客户主要是西方人，因此，石川畅子在设计首饰时便在传统工艺的基础上，大胆采用了很多西方装饰元素，没想到正是这次大胆尝试，让石川畅子解锁了自己的独有风格。石川畅子的作品中大量运用建筑和植物元素，作品带有明显的巴洛克风格，她深受西方文化艺术的影响，钟情于城堡、教堂与骑士等的装饰元素，作品散发着圣洁与庄严的古典美，既有西方油画的厚重华丽，又有日式构图的恬静和谐，是日式西洋风的设计典范（图1-58）。制作工艺方面以贵金属雕琢见长，选用多种色泽的金属，营造含蓄而优雅的气质。相比灿烂炫目的西方首饰，石川畅子的首饰中，金属的色泽与明暗传递出来的含蓄之美具有典型的东方审美特征。此外，石川畅子还采用漆艺、七宝烧等技法来制作首饰，作品完美展现了日本工匠精神的极致。精细的雕金是所有作品的基础，再用各种贵金属、有色宝石、钻石和玉石层层覆盖，加上设计中处处可见的镂空与留白，构成了层次极其丰富的艺术表现效果。

图1-58　石川畅子，戒指，20世纪80年代

　　除了设计师，还有很多时尚品牌在时尚首饰的设计与制作方面也同样十分活跃，这些品牌常常将首饰与时装搭配在一起，通过时尚发布会与时装秀等形式，向大众推介自己的时尚首饰，其规模之大，前所未见。

　　1983年，"老佛爷"卡尔·拉格菲尔德（Karl Lagerfeld）执掌香奈儿，开始在时尚首饰和手袋中大量使用"CC"标志，由此重启了香奈儿的品牌活力（图1-59）。拉格菲尔德复兴了香奈儿的许多经典作品，如西装、小黑裙、衬芯手提包，当然还有时尚首饰。为了保持20世纪80年代的审美观，拉格菲尔德在时尚首饰设计中增添了硕大的珍珠、镀金链条和素面玻璃宝石等元素，为香奈儿最喜欢的主题赋予了超越生活的品质。他还将香奈儿珠宝的图像印在服装和围巾的面料上，甚至用香奈儿的"CC"标志制作耳环和吊坠，从而掀起了20世纪80年代用品牌标识来设计服饰产品的时尚。此外，拉格菲尔德还根据每一季的时尚主题，设计了许多充满想象力的高级定制首饰。

1987年，克里斯蒂安·拉克鲁瓦（Christian Lacroix）在巴黎创立高级女装公司，他喜欢用厚重的刺绣、亮片和珠宝来装饰时装，将时尚和珠宝紧紧地联系在一起。拉克鲁瓦甚至给自己的每一季时装都设计制作了与之搭配的首饰。这些心形的、字母形的、成串的民族风项坠、手镯和腰带，用色极为大胆，成为拉克鲁瓦的作品象征。他将时尚首饰的设计推向了极限，他设计的耳环大得离谱，垂在耳际，几乎碰到了肩膀。

图1-59 卡尔·拉格菲尔德为香奈儿设计的首饰，20世纪80年代

圣罗兰与其一生的灵感缪斯女神露露·德·拉·法莱兹（Loulou de la Falaise）密切合作，用树脂材料设计制作了许多极具辨识度的签名手镯。在意大利，詹尼·范思哲（Gianni Versace）的首饰系列体现了20世纪80年代的浮华和奢靡。相比之下，乔治·阿玛尼（Giorgio Armani）为他的定制时装搭配了风格优雅而大胆的时尚首饰，比如由英国著名时尚首饰公司巴特勒和威尔逊（Butler & Wilson）制作的蜻蜓胸针，就经常搭配在阿玛尼的时装中。

巴特勒和威尔逊公司是复兴古旧首饰的急先锋，公司老板兼设计师尼基·巴特勒（Nicky Butler）和西蒙·威尔逊（Simon Wilson）最初在伦敦古董市场的一个摊位上出售古旧首饰，20世纪70年代他们开设了一家精品店，售卖古旧首饰的真品和复制品。到1980年，他们开始设计制作自己的时尚首饰产品系列，其设计灵感均来自他们欣赏的古旧首饰。巴特勒和威尔逊公司因实现古旧首饰的华丽转身而闻名，在他们手中，过时的古旧首饰重新焕发生机。该公司设计生产的题材为蝾螈、蜘蛛、鸡尾酒杯以及舞者的时尚首饰最为经典。精美的造型与大胆的设计风格，被其他时尚首饰制造商与设计师争先仿效。

阿尔多·奇普洛（Aldo Cipullo）1936年出生于意大利，移民到美国后，他先后加入美国女装品牌大卫·韦伯（David Webb）和蒂芙尼公司从事设计工作。奇普洛的首饰设计从中世纪的首饰中获得灵感，多以黄金镶嵌青金石或绿松石的面貌呈现于世人面前。这些风格时尚的首饰深受世人喜爱。1969年，奇普洛加入了卡地亚的纽约设计团队，也就是这一年，奇普洛设计出了具有代表意义的作品：LOVE手镯（图1-60）。LOVE手镯的设计来源于中世纪的传说：战士上战场之前，会在妻子的腰间系上铁质的"贞操带"，以保证她们对婚姻的忠诚。奇普洛据此设计出狭窄的、以"螺丝"为元素的手镯，"螺丝"均匀分布在手镯的表面，其中一颗"螺丝"为手镯的开合点，当把这款手镯戴在心爱之人的手腕上时，用附赠的螺丝刀拧紧手镯上的"螺丝"，佩戴者便永远不会摘下手镯，以示忠贞不渝。这款需要情侣之间相互协作锁闭才能完成佩戴的传奇手镯，是对"爱与忠贞"理念的全新诠释，使人们重新相信忠诚于爱情的美好，再次发现尊重与信任的力量。几十年来，LOVE系列手镯的魅力始终不减，它仿佛是一副爱的"手铐"，代表着彼此的忠诚与深情似海，成为歌颂爱情的永恒标志，诸多明星比如伊丽莎白·泰勒、索菲亚·罗兰等，都曾佩戴过LOVE系列手镯。在奇普洛加入卡地亚的这一年，卡地亚宣布双向发展战略，在推广高级定制珠宝的同时，也将珠宝进行时尚化与日常化设计，这个战略为奇普洛的创作提供了自由发挥的空间，而LOVE系列首饰就是这个战略的完美回应。

图1-60　阿尔多·奇普洛，LOVE手镯，材质：18K玫瑰金

1.10 标新立异的20世纪90年代

在20世纪90年代，人们都试图以身体作为筹码，找到自己在社会上和群体中的定位。"我的身体只属于我自己"成为整体论者们（Holist）信奉的箴言，世界各地的年轻人都希望通过标新立异的穿着打扮来证明自己特立独行的人格和我行我素的价值观。休闲娱乐的社会化，带给人们一种全新的生活方式，远程旅游、都市观光，为愉悦身心去做放松运动，拜物主义渐渐失去了市场。

1.10.1 时代背景

时至20世纪80年代末，美国时装设计师杰弗里·比尼（Geoffrey Beene）和日本时装设计师山本耀司（Yohji Yamamoto）不约而同地选择了简约的设计风格，他们似乎预感到了人们会对过度的装扮和炫耀的配饰产生反感。到20世纪90年代初，苏联解体、东欧剧变、艾滋病危机、网络文化、政治和企业腐败等问题激发了人们的悲观与焦虑情绪，就好像是为前10年的行为忏悔一样，人们纷纷穿上了饰有哥特式十字架的黑色衣服，各种阴暗主题成为时尚流行语。可以说，20世纪90年代是一个充满悖论与矛盾的10年，既有新思想，也有旧观念。高端时装店竭力迎合小众口味，因而，时装的设计风格更为碎片化与极端化。亚文化对时尚的影响越来越明显，超级模特的魅力传播到全球，此起彼伏的颁奖典礼中充斥着奢华的礼服，而人们的工作场所则布置得更加休闲。

对大多数人来说，精心装扮似乎成了一件令人反感的事情，极简主义美学在设计界又开始流行，设计师认为"少即是多"（Less is More），主张抛掉所有多余的装饰，崇尚简化，似乎唯有极度简化的服饰，才是真正的优雅。与此同时，另一种带有"地下"情调的街头风，透过年轻次文化逐渐浮上台面，设计师们越来越喜欢往这个方向挖掘灵感，并把它转化成各式各样的流行主题，而英国重拾时尚与艺术的先锋地位，许多时尚设计的新秀都是在伦敦开始了他们的职业生涯。由于时尚产业的大规模营销活动愈演愈烈，在预算支出宽裕和超模热潮的推动下，时装秀变得更为壮观了，秀场成为品牌推介与产品促销的主要舞台。大多数设计师都将时装发布会作为宣传手段，并积极推出二线品牌作为进军市场的主力，而从20世纪90年代中期开始，涌入时装周的媒体的数量也在急剧增加。

1.10.2　首饰时尚

20世纪90年代，女性时尚变得更为灰暗和简约，时装的设计重点放在强调身材上，与之相匹配，时尚首饰的佩戴趋于谨慎。在经历20世纪80年代搭配女性套装的华丽宽版项链之后，20世纪90年代有了一股反动力量，比较轻柔且女性化设计更为明显的短项链再度出现，而这样的改变可能与时尚趋于低调简约以及整个经济环境有关，因此，20世纪80年代的抢眼黄金以及夸张的多色宝石到了20世纪90年代都有收敛，20世纪90年代流行的是白金与铂金首饰。此外，用打孔的卵石或小金属块串成的皮绳配饰也十分流行，这种皮绳配饰可以戴在手腕、脖子上，也可以戴在腰间。这些配饰是由工匠型首饰制造者设计制作的一种全新的手工时尚首饰，其特点是不同材料的创新组合，比如毛毡和珠子、橡胶和树脂、花边和铁丝、纸浆和玻璃，以及木头和水钻的组合等，都具有浓浓的朋克风，在数不胜数的时装秀当中，都可以看到这些时尚首饰的影子，所以，从某种程度来讲，20世纪90年代的时装秀也是时尚首饰秀。候赛因·卡拉扬（Hussein Chalayan）在1996年的春夏系列中，让模特们佩戴着银色的嘴饰登场亮相。这些嘴饰插入嘴中，使嘴巴保持张开，令人惊艳。亚历山大·麦昆（Alexander McQueen）在1996年的秋冬系列模特的脸上粘贴银色的玫瑰刺，并佩戴带有铁丝网刺的项链和手镯，同样令人瞠目。

早期的朋克设计师维维安·韦斯特伍德（Vivienne Westwood）于20世纪70年代末首次引起公众注意，当时她身穿撕破的T恤衫和绷带裤、耳垂上戴着扣针环、脖子上戴着尖刺的皮革项圈，形象极其扎眼。韦斯特伍德在很大程度上将朋克令人震惊的叛逆新形象带入了时尚主流。她设计的时尚首饰总是具有挑衅性的，完全是一种对传统首饰的反叛，比如在英国君主加冕典礼上，她为皇室设计的带有天鹅绒衬里和人造貂皮镶边的皇冠。韦斯特伍德尤其偏爱金球造型，它是一种国王或女王在正式仪式上携带的、顶部饰有十字架的球体，是一种权力的象征，她甚至在多个吊坠和耳环的系列首饰中使用了这种金球作为装饰（图1-61）。

此外，更具反思性的文化思想潮流激发了首饰设计师的灵感，首饰不仅仅是为了装饰，而是为了在充满挑战的时代，运用符号系统，将首饰佩戴者与更深的信仰联系起来。希腊首饰设计师德比·钱德里斯（Deppy

图1-61　维维安·韦斯特伍德，项饰

Chandris）用塑料和钻石设计了美元标志胸针，美国设计师戴安·科达斯（Diane Kordas）皮绳首饰中的天使翅膀，以及英国著名首饰品牌杰拉德（Garrard）的钻石套装首饰，都是象征善良与和平的新信仰符号。

许多社会边缘人物、离经叛道之辈、朋克以及其他当代"原始主义者"，都喜欢在身上做文身和穿孔，很快，这种做法普及到社会各阶层并成为时髦。让-保罗·高提耶（Jean-Paul Gaultier）适时推出了由佩戴穿刺首饰、身上多处刺青的模特组成的时尚秀，迅速把这种新时尚传给了小资群体。在对文身和穿孔的大肆渲染中，媒体有意抹杀了始作俑者的反叛和暴力色彩。最后，就连明星和富豪也迷上了这种时髦花样。

1.10.3　设计师与品牌

总的来说，20世纪90年代时尚首饰的代表设计师有亚历山大·麦昆（Alexander McQueen）、缪西娅·普拉达（Miuccia Prada）、帕洛玛·毕加索（Paloma Picasso）、艾尔莎·柏瑞蒂（Elsa Peretti）、伊莎贝尔·卡诺瓦斯（Isabel Cánovas）和安吉拉·康明丝（Angela Cummings）等。

亚历山大·麦昆1969年出生于伦敦，被称为时尚圈的"坏小子""顽童""英国时尚的叛逆份子""英国的时尚教父"等。麦昆1991年就读于英国中央圣马丁艺术与设计学院，1993年起相继在多家服装公司担任设计师一职，1997年成为纪梵希（Givenchy）的首席设计师，2010年2月11日，在其深爱的母亲去世后，他在伦敦梅菲尔区（Mayfair）的寓所上吊自杀。鬼才设计师麦昆的一生，宛如烟花绚烂而短暂，却留给世人美丽而惊艳的回眸。麦昆是一位真正把时尚提升到艺术高度的设计师，他曾说："我是一个浪漫的精神分裂症患者。"他穷尽毕生心血来营造美丽与恐惧、生与死、光明与黑暗的梦境，他的童年、母亲与生活经历，都给他带来了无尽的灵感。麦昆的设计作品在天马行空的同时，具有一种阴郁的浪漫情怀，死亡、性、黑暗、破坏都是他作品中不断出现的主题，他也因此饱受争议。麦昆的作品充满了自传式情结，他的叛逆不羁的个性，与他的童年不无关系，还在八岁的时候，他就目睹了自己的一个姐姐被丈夫殴打，他说这一创伤性事件深深地影响了他看待女性的态度，也影响了他的设计作品，他甚至开玩笑说自己是时尚界的心理医生。不过，虽然黑暗常常会成为他设计作品的主导因素，但他也会从丑陋中看见美、从怪诞中发现美。他对美的觉知，与许多当代英国艺术家是十分契合的。麦昆的时装发布会简直就是一场场艺术盛典，他常常与伦敦顶尖造型师凯蒂·英格兰（Katy England）和电影特效团队合作，制作出一场场令人瞠目结舌的时装发布会。这些发布会在展现时装与配饰无穷魅力的同时，通过舞蹈、音乐、多媒体等技术，打造出了无数个壮观、神秘、叛逆、狂野、阴郁、脆弱、矛盾与黑暗的艺术场景（图1-62）。麦昆同时又是一个充满商业头脑的设计师，在为纪梵希工作的同时，麦昆聪明地发展了自己的品牌，通过发布包括McQ副线、男装、配饰和鞋类系列等在内的各种新项目，麦昆在三年内将产品销售额翻了三倍。

总体来看，麦昆对设计"概念"的发掘、解读与表现的能力无出其右，可谓前无古人，后无来者。麦昆的野性是与生俱来的，他把时尚与艺术完美融合的能力，同样也是有天赋的。他把"概念"摆在首位，设计过程中所有的造型、装置与影像等，都必须为"概念"服务。他与诸多天才设计师合作，设计制作了无数令人瞠目结舌的时尚首饰作品，这些作品既大胆豪放，又充满浪漫、温情与悲悯，激情四射的创作冲动与近乎完美的艺术形态融为一体，成就了麦昆极具张力与雕塑感的身体首饰作品。麦昆用直截了当、一针见血似的概念诠释与情感释放，对世人发出了灵魂拷问，给了这个物欲横流、伦理失范的世界沉重的一击。

图1-62　亚历山大·麦昆，纪梵希1997年春夏发布会

缪西娅·普拉达出生于1949年，在米兰大学获得了政治学学位，她认为时装也可以演绎思想，于是，在1978年接手由祖父马里奥·普拉达（Mario Prada）于1913年创立的家族企业普拉达（Prada），从事服装与饰品设计。缪西娅于1988年首次推出了女装系列，广受好评，并于1992年推出副线品牌缪缪（Miu Miu）（图1-63），缪缪为缪西娅的小名。20世纪90年代末，普拉达发展成为一个设计师品牌集团，收购了多家品

图1-63　缪缪品牌手镯

牌公司，在时尚行业一路高歌猛进。缪西娅的设计作品风格大胆，年轻时对共产主义的热情影响了她对设计的理解，她总是一次次挑战资产阶级对好品位的观念，选择不同寻常的设计，创造出看似丑陋的色彩组合与外观，既让人感到不解又让人为之着迷。缪西娅在设计作品的时候，极少绘制草图。她更喜欢从概念层面着手设计工作，然后以此为基础拓展系列作品。普拉达的时尚首饰总能做到删繁就简、细节突出，用时尚的设计语言重新诠释珠宝史上的经典。其作品轻盈而充满质感，精湛的制作工艺传承了意大利珠宝首饰的工艺技术优势。

帕洛玛·毕加索是世界知名的珠宝设计师和时尚偶像，她是艺术家巴勃罗·毕加索的女儿，从小便展现出了不凡的艺术天赋。在法国的成长经历使她长期沉浸于浓厚的艺术氛围中，激励她展现自我。帕洛玛的童年时光在巴黎和法国南部度过，成年后在巴黎第十大学（Université de Paris at Nanterre）进修，毕业后担任巴黎前卫戏剧的舞台服装师及造型师。帕洛玛的首饰设计才华很快在戏剧舞台上得到淋漓尽致的展现，她以自己给巴黎老牌剧院女神游乐厅（Les Folies Bergère）设计的镶嵌宝石的比基尼服装为灵感，创作出一系列人造宝石项链，受到剧评家的大力赞赏。深受鼓舞的帕洛玛决定重返校园，进修首饰设计专业课程，进一步发挥自己在首饰设计方面的天赋。1969年，帕洛玛接受圣罗兰的邀请设计了一些首饰，展现了她的首饰设计才华。1973年，帕洛玛的父亲去世，她暂时中断了首饰设计工作，转而整理父亲的遗产并为在巴黎建造毕加索博物馆而耗费心力。1979年，帕洛玛成为蒂芙尼的专属设计师，推出帕洛玛·毕加索独家首饰系列。该系列首饰的造型新颖悦目，风格奔放，如同涂鸦一般，颜色鲜艳而对比分明，一经推出即大受欢迎。帕洛玛喜欢大尺寸的人造宝石，她甚至将汽车前灯大小的人造宝石镶嵌到首饰当中，显示出她的高度自信。在她的首饰中，明亮的粉色和绿色电气石、耀眼的橙色墨西哥火欧珀、天蓝色海蓝宝，以及深色坦桑石、电气石与橄榄石等，闪耀着万花筒般的炫目火花，这些宝石具有独特的纹理与表面，开创了彩色宝石镶嵌的时尚潮流。帕洛玛对红宝石情有独钟，她经常在首饰中使用各种色调的红宝石，这些红宝石因而有"帕洛玛的梅子"（Paloma's plums）之称。40多年来，作为巴勃罗·毕加索的女儿，帕洛玛没有辜负这个姓氏，其被誉为"珠宝设计界的金色灵感"。帕洛玛的作品深受欢迎，其中包括双心系列、吻系列、X系列、Scribble系列、Zigzag系列、Graffiti系列，以及鲜艳夺目的鸡尾酒戒指等，均完美彰显了帕洛玛的设计特征。除此之外，大量黄金搭配宝石的首饰作品也淋漓尽致地体现了帕洛玛对明亮色彩与多样造型的热爱。帕洛玛大胆探索新的时尚首饰设计风格，运用前卫的流线设计，搭配鲜艳的彩色宝石及金属素材，创造出动感活泼、富有生命力与现代感的时尚首饰作品，并因此而广受赞誉。

艾尔莎·柏瑞蒂1940年出生于意大利佛罗伦萨的一个富裕家庭，曾在罗马的沃尔皮切拉学校（Volbicela School）学习室内设计，在转向首饰设计之前，曾在伦敦、巴黎和纽约等地担任时装模特。1969年移居纽约，开始为顶尖品牌设计首饰。1974年，加入了蒂芙尼公司，成为该公司的首席设计师。柏瑞蒂设计的首饰为现代职业女性所垂青，她的首饰风格以简约纯朴、小巧灵动而闻名。柏瑞蒂巧妙地运用点、线、面的结合，极具现代审美趣味（图1-64）。与蒂芙尼的多年合作中，柏瑞蒂共设计了30多个系列的首饰，其中最著名的包括：空心（Open heart）、豌豆（Bean）、Diamonds by the Yard™与骨骼（Bone）系列等。柏瑞蒂的设计灵感多来源于自然界的动植物，她擅长从日常生活中随处可见的小玩意中寻找灵感，豆子、昆虫、骨骼等都能在她的奇思妙想下变成首饰。她最具代表的骨骼系列的设计灵感来源于童年去教堂玩耍时偶然看到的人骨。柏瑞蒂喜欢用白银材质设计制作首饰，凭借不懈的努力，她让银饰重新流行起来，就连蒂芙尼这样的大牌都在时隔多年之后，又将银质首饰重新放进了精品店售卖，可见，银饰的地位得到极大的提升。

图1-64　艾尔莎·柏瑞蒂，手镯、项饰

安吉拉·康明丝被认为是蒂芙尼品牌历史上最具有影响力的设计师之一，出生于奥地利的康明丝，3岁时便随家人迁居美国，但等她长大后，为了珠宝梦想又重回欧洲，在意大利佩鲁贾和德国哈瑙学习，毕业后获得了宝石学、金匠和设计师的学位。1968年再回到美国，加盟蒂芙尼从事珠宝设计。康明丝的设计灵感主要来源于自然，她擅长于处理方形、圆形、弧形、凸圆形以及不规则形的材料表面（图1-65），喜欢用彩色宝石与珍珠母贝来拼贴图案，以获得丰富的色彩与肌理变化效果。尽管康明丝接受的设计教育是欧式的，但她常常会用美式的设计语言来设计时尚首饰，这种美式语言体现在她对首饰实用性与细节的关注，以及无处不在的创新精神。她的作品带有美式的粗犷，像是一个自由跳动的符号，叛逆而圆滑。除了自然主义题材，她还创新性地使用多种镶嵌工艺来拼贴色彩明艳的半宝石，使作品呈现波普艺术风。1984年康明丝结束与蒂芙尼长达16年的合作，与自己的丈夫一起创立了同名公司，并把自己的店面设在

图1-65　安吉拉·康明丝，手镯

了蒂芙尼店的街对面。摆脱了蒂芙尼品牌在设计方面的诸多限制，康明丝的艺术表达更为大胆，取材也更为不拘一格，她常常使用便宜的材料来制作时尚首饰，到20世纪90年代末，她的精品店和作品已遍布世界各地的高级百货商场。2003年率性的康明丝关闭了所有的精品店，与家人一起定居于美国犹他州，从此安享晚年。

　　20世纪90年代的时尚首饰反映了我们与身体、空间和时间之间不断变化的相互关系，首饰的体积一般很大，或者是多件首饰一起佩戴，其设计明显受到了传统元素的影响。珍珠无论是天然的还是人造的，都很时尚，体型硕大的十字架、念珠和胸针亦是时尚潮品，这种首饰风尚的普及得益于麦当娜的倾力推广，长长的珠串项饰（甚至长及腰部）、体型巨大的手镯都很受欢迎，身体穿刺时尚首饰尤为流行，而拉格菲尔德对香奈儿风格的复兴则进一步推动了形态夸张的时尚首饰的发展。耳饰大多呈吊灯状或长而尖的形状，尺寸很大，大到几乎触及肩膀。耳钉也极受欢迎，大多为简约的几何形态。

　　尽管大众对时尚风格的选择进一步被分散，但时尚的来源渠道也进一步增加了，时尚也因此能够提供无限多的可能性，以至于时尚体系看起来显得体量如此庞大，而目标又如此单一。正如《纽约时报》时尚评论家盖·特里贝（Guy Trebay）在1999年所写的那样，"时尚发生了一些变化，它已不再是任何人的小秘密，就像麦当劳一样。时尚曾经是女性（以及部分男同性恋者）的领地，现在它已经超大型化了。"时尚尤其是快时尚已经成为真正全球化的时尚观，影响时尚体系的新因素有：不断增加的互联网使用量、移动技术与纺织技术的进步、个性的泛滥，以及1999年欧元在欧盟的流通等，在这些因素的共同作用下，20世纪末期的时尚首饰进一步呈现多元的格局。

1.11　进入21世纪

21世纪初期，一股较为稳定的时尚风潮在世界范围内蔓延，美国专栏作家库尔特·安德森（Kurt Andersen）在《名利场》（*Vanity Fair*）撰文评论道："也许是为了抵消全球性动荡和快速创新带来的不稳定感，人们前所未有地执着于某种熟悉的风格和文化。"他继续评论道："未来已来，一切都是为了梦回往昔。"放眼全球，时装设计师们推出了越来越多令人惊诧的"主题"系列时装，被媒体戏称为"假面舞会"或"杂耍艺人装"等。约翰·加利亚诺（John Gallianno）2004年春季为迪奥设计的埃及系列、卡尔·拉格菲尔德（Karl Lagerfeld）2009年秋季为香奈儿设计的"俄罗斯颂歌"系列，都是为了吸引眼球，与成衣设计几乎没有关系。在20世纪的大部分时间里，不同时装公司的时装系列往往表现出强烈的季节性，但到2000年，这种季节性已经大大削弱了，似乎没有什么是真正过时的，曾经被认为是季节性的或容易过时的服装和配饰，都被归入"无季节性时尚"的范畴。尽管世界大部分地区都发生了动荡，时尚行业也发出了混杂的信息，但时尚仍在进一步全球化，亚洲是时尚全球化进程中尤其重要的参与者，而公众对时尚行业的迷恋也在进一步加深，区域性风格和偏好也仍然影响着全球时尚。

1.11.1　社会背景

21世纪的第一个10年，西方公司和产品继续在全球市场扩张。到2003年，便携式技术突飞猛进，智能手机用户可以通过手持设备发送电子邮件和浏览互联网，用户可以通过无数的应用程序访问新闻、娱乐、通信和购物网站，我的空间（MySpace）、友人网（Friendster）、元（Meta）和推特（Twitter）等社交网站创建了全球在线社区，全球的用户都可以在这些社交媒体中创立自己的页面，来展示自己的社交。

当代艺术对时尚的影响持续不断，21世纪第一个10年中，最受关注的当代艺术作品和展览包括英国艺术家达明安·赫斯特（Damien Hirst）的钻石头骨、冰岛艺术家奥拉维尔·埃利亚松（Olafur Eliasson）的大型装置作品，以及《身体》《图坦卡蒙》《泰坦尼克号》等几个全球巡回展。此外，"真人秀"之类的电视节目极大地引发了大众的关注，甚至成为造星工厂，美国娱乐界名媛金·卡戴珊（Kim Kardashian）就是从"真人秀"中脱颖而出，随后推出了时尚系列产品，一跃成为时尚引领者。流行音乐的风格十分多样，每种风格都有自己的时尚影响力，美国节奏布鲁斯（R&B）天后、14座格莱美奖得主艾莉西亚·凯斯（Alicia Keys）与葡萄牙裔加拿大女歌手妮莉·费塔朵（Nelly Furtado）长发飘飘、佩戴大耳环的形象深入人心。还有许多说唱歌手都戴着钻石耳钉，这种简洁的耳钉样式随即成为流行亮点。文身很重的说唱歌手酱爆弟弟（Soulja Boy）助长了长串珠链的流行。另一位说唱歌手奈利（Nelly）身上贴着的创可贴，本来是用于遮盖打篮球时遭受的伤口。然而，人们却把创可贴开发成一种配饰来佩戴。其他的歌手还有坎耶·维斯特（Kanye West）、50美分（50 Cent）和卢达克里斯（Ludacris）等，都对嘻哈风格时尚配饰的传播做出了贡献。美国歌手Lady Gaga前卫风格的服饰装扮对时尚潮流也颇具影响力，她每次的穿搭与造型都力求吸引眼球与震撼心灵，可以说她的每一种搭配风格都能通过完美的色彩和造型让人一见难忘。

互联网技术的不断发展，影响了设计的进程和文化发展的脚步，从Vogue时尚网的伸展台报道，到时尚趋势网站WGSN的详细分解，新媒体以空前的力度报道时尚信息，为终端客户提供了海量的信息。网络在线资源对时尚信息的传播越来越重要，许多博客通过街头摄影和博主自己的衣橱帖子聚焦于"真正的人"，由此鼓励博主和读者之间建立个人联系。许多时尚博主和网红也会在社交媒体上分享他们的时尚搭配和购物体验，成为一股新的时尚影响力。

由于时尚在媒体以及公众生活中的地位越来越高，以至于许多时尚设计师都成为公众人物，他们的个人生活细节也变得具有新闻价值。还有许多并不具备专业素养的名人，凭借自身的名气创立时尚品牌，开发时尚产品，比如美国歌手詹妮弗·洛佩兹（Jennifer Lopez）推出时装系列，杰西卡·辛普森（Jessica Simpson）推出鞋品与配饰系列。

1.11.2　首饰时尚

在民主意识的影响下，时尚已经变得更为民主化，个性的释放亦是时尚形成的重要原因之一，但即使是在个人选择权被无限放大的时代，时尚仍然依赖于新旧的循环，否则"时尚"将不复存在。此外，互联网影响下的时尚周期变得更短，时尚风潮更为多元化与碎片化，可以说，21世纪时尚的多元化是前所未见的，在这个多元化的语境中，生活方式与时尚紧密融合，时尚真正进入了百家争鸣、多元并存的时代。

在21世纪初期以名人为主导的文化中，炫耀式的过度消费主宰了媒体，极简主义似乎没有立足之地，于是一股充满甜美气息的装饰风潮开始反扑，路易威登（Louis Vuitton）与村上龙的合作，直接将卡哇伊（Kawayi）可爱风带入了主流时尚，而嘻哈音乐的金童们也把闪亮亮（Bling Bling）的耀眼风变成了时尚主流，一众嘻哈歌手都佩戴闪亮亮的钻饰，夸耀他们的财富和成功，香奈儿也将她的人造宝石首饰与真正的珠宝一起佩戴，另一方面，普拉达也用精致的古董钻石项链和头饰，来装饰她的时装。

然而，2008年的金融风暴让全球经济陷入困境，各国政府争先推行新的经济紧缩政策，奢侈品时尚大受影响，极简主义又开始抬头，快时尚应运而生。快时尚带来的结果是时尚首饰的生产周期越来越短、设计风格越来越随性、配色越来越多样，同时也使得许多设计简陋、制作粗糙的首饰充斥市场。从21世纪10年代初期开始，传统零售业面临互联网营销模式的巨大挑战，电子商务和社交媒体不断催生新的营销方式，传统零售业的线下销售额不断减少，电子商务的发展也为加速了快时尚的推广，许多时尚首饰品牌都利用电商与自媒体平台来销售产品，取得了可观的销售额。传统首饰零售企业被迫重新定位，开始强调购物体验的重要性。

千禧一代年轻人的着装时尚不再是稳健端庄，他们甚至在工作场所都会佩戴个性化十足的时尚首饰。在复古风的影响下，古旧首饰大受市场欢迎，尤其是古旧胸针极受追捧，一时间，人们以佩戴古旧首饰为时尚，而嗅到商机的首饰制造商，也适时推出了仿旧款式。做工精致的大型项链也很受欢迎，以色列时装设计师阿尔伯·艾尔巴茨（Alber Elbaz）为高级时装屋浪凡（Lanvin）设计的缎带式项链被广泛模仿，珠宝心（Bijoux Heart）和洛朗·里沃（Laurent Rivaud）也在复古风潮方面推波助澜。

2005年的施华洛世奇时尚摇滚（Swarovski Runway Rocks）、2008年的伦敦首饰周和在日内瓦艺术大学（Geneva's University of Art）举行的"首饰为时尚"（Jewels for Fashion）研讨会等活动与事件，引发了人们对当代首饰持续变化态度的关注。2008年全球经济衰退，导致人们对古旧首饰的兴趣浓厚，复古风首饰甚嚣尘上，此后，可持续发展的议题越发得到大众关注，首饰品牌与设计师们也开始介入可持续发展的主题，具有可持续发展理念的时尚首饰可以提醒人们要与自然和谐相处，使人在佩戴这种首饰时，能与自然环境产生更为深入的联结，从而引发人类与环境关系的思考。首饰品牌与设计师纷纷运用可回收、可循环利用与绿色材料来设计制作时尚首饰，比如实验室培育钻石、人工养殖珍珠、公平贸易黄金等。许多首饰品牌都在回收重造、创新物料、优化供应链方面朝着可持续发展的方向发力，这些品牌包括宝诗龙（Boucheron）、宝曼兰朵（Pomellato）、海默勒（Hemmerle）、蒂芙尼、普拉达等，这些品牌的部分首饰不仅使用经过溯源认证的再生材料制成，而且验证记录还会载入 Aura 奢侈品区块链平台，让每件首饰的生产过程及各个环节的源头均有迹可循。从消费者角度来讲，他们在面临不同品牌的首饰时，也能自发地做出符合可持续原则与道德原则的消费选择，所以，对于首饰行业而言，品牌的未来越来越取决于可持续产品线的发展潜力。

随着可穿戴技术的不断发展，智能首饰应运而生。智能首饰包括手环、手表、耳环、戒指等多种形态，因其时尚与科技相结合的特点，深受年轻人的喜爱。此外，一些高端人士与注重养生的人士也是智能首饰的消费者。近年来，智能首饰的市场规模呈现迅速增长的态势，智能首饰从时尚搭配、健康追踪与生活便利化等多方面，为广大消费者提供了时尚单品的新选择。

社交媒体的指数级增长促进了时尚的民主化，从而给曾经边缘化的身体提供了一个极其便利与开放的平台，而时尚在社会文化的共同作用下向公众投射一种理想的外貌观念，时尚的变迁意味着身体意识的变迁，从这个角度来说，社交媒体已经成功扮演了时尚制造者的角色。进入现代社会以来，首饰与服装的关系一直十分紧密，归根结底，首饰是服务于服装，也就是服务于人的身体。所以说，身体首饰是一种不同于传统珠宝首饰的新型时尚饰品，它最大的特点就是佩戴部位的不拘一格，它把佩戴部位扩展到传统首饰不太触及的地方，如肩部、胸部、足踝、足跟、臀部、脸颊、眉角、舌头、嘴唇与肚脐等，由此可见身体进一步被解放，当代时尚首饰的文化与美学内涵也被进一步开化。

朋克首饰没有销声匿迹，只不过有了一些改变。女性朋克们摒弃了传统的美貌观念，她们喜欢佩戴用带有威胁性的尖刺、刀片和安全别针制作而成的首饰。在鼻子、脸颊、舌头、肚脐和嘴唇上穿孔，佩戴穿孔首饰。21世纪的朋克首饰常常镶嵌宝石来缓和早期朋克首饰的生硬感，比如杰德·贾格尔（Jade Jagger）为杰拉德（Garrard）公司设计了钻石左轮手枪吊坠，汉娜·马丁（Hannah Martin）设计了坚硬的尖刺戒指以及三个手指同时佩戴的指节套戒指。这些爪形戒指看起来很凶猛，但由于镶嵌着闪闪发光的红宝石和黑色钻石，整体风格变得精致而迷人。新浪潮风格首饰设计师多米尼克·琼斯（Dominic Jones）和爱丽丝·德拉尔（Alice Dellal），在他们的牙齿和指甲系列首饰作品中展现了朋克审美观，这些作品带有尖锐的黄金刺，并用玫瑰金镶嵌红宝石，用黑金镶嵌蓝宝石等。法国设计师莉迪亚·科蒂尔（Lydia Courteille）将哥特元素融入时尚首饰的设计当中，其天马行空的创意，颠覆了大众的审美，一时间，一股神秘、阴郁的暗黑气息在人们的脖颈之间流行起来（图1-66）。

首饰在流行色方面的所作所为相对有限，但21世纪时尚首饰的色彩与年度流行色的关系还是愈发紧密了，这从一个侧面反映了人们希望从更多的领域来实现时尚首饰设计的突破。一般来讲，尽管由于金属表面着色技术的日益提高，人们已经可以获得多种颜色的金属色，使得金属也可以成为表现流行色的材质之一，但时尚首饰在流行色方面的表现主要还是通过有色宝石来实现。得益于人造宝石技术的进步，人们几乎可以获得任何颜色的宝石，这使得首饰可以紧随流行色趋势。根据流行色趋势的不同，潘通（Pantone）每年的流行色都会发生变化，而相应颜色的宝石就会受到市场欢迎。

图1-66　莉迪亚·科蒂尔的首饰

1.11.3　材质与工艺

材质上，以轻奢为主、贵金属与廉价材料相结合的做法在首饰制作中已十分普遍，大众对综合材料时尚首饰的接受度越来越高。由于技术的进步，不断有新型材料出现在时尚首饰中。随着绿色设计理念的深入人心，首饰设计师开始将环境因素纳入到产品设计的各个环节中，包括材料选择、工艺制作与销售渠道等。在材料选择上，环保材料成为首选，比如一些经过绿色开采而来的金属与天然宝石，还有实验室培育钻石、可回收与循环利用的有机材料等，通过精准的材料选择和生产过程，达到减少对环境产生负面影响的目标。在销售环节，也需要关注产品的环境标准，如绿色认证和环保认证等。对于消费者而言，他们更愿意购买那些环保的珠宝首饰产品，因此，首饰设计师也应该将绿色理念融入销售中。随着智能首饰的发展，具有感知环境刺激能力的智能材料也在首饰设计中多有应用，例如，在首饰表面喷涂能随温度变化而改变颜色的涂料，使首饰在不同温度的影响下，呈现不同的色彩。

工艺上，计算机技术被广泛应用于首饰的设计与制作当中，比如计算机建模、3D打印、激光切割、虚拟现实技术（VR）等。著名3D打印制造商、黎巴嫩的品牌范妮娜（Vanina）于2015年推出了由再生纸材料设计制造的系列首饰产品，引发了市场的广泛关注。该系列首饰名称以"树叶"作为设计灵感，先用计算机设计软件制作3D模型，然后将胶黏剂和可再生纸等原材料放入3D打印机，最终通过3D打印机制作出了实物。可以说，大多数时尚首饰的设计与制作，都结合了手工与机械的方法，手工制作在时尚首饰制作工艺中的比重日益降低，相对来说，高端定制珠宝依然保留了较多的手工制作技艺。不过，尽管计算机技术已经广泛应用于首饰设计与制作之中，但目前来讲，许多手工首饰制作技艺暂时还是计算机难以替代的。此外，环保理念也影响到了首饰制作工艺，通过改进加工工艺，在首饰制作过程中推行减量、循环利用与节约资源的理念，防止污染物的产生，减少对环境的污染，达到减少能耗、废水、废气等的排放，从而减少对环境的负面影响。

1.11.4　设计师与品牌

进入21世纪以来，时尚首饰设计师群雄并起，各领风骚。尽管有许多才华横溢的时尚首饰设计师，但这个行业必须由时尚潮流来驱动，而股东们只在乎利润，导致首饰款式更迭的周期太短。此外，设计师的个性愈发得到彰显，时尚首饰各具风格，没有哪一种风格的首饰能够适合所有人和所有场合。总体来看，21世纪具有代表性的设计师与品牌有：卡尔·拉格菲尔德、亚历山德罗·米开理（Alessandro Michele）、肖恩·利尼、阿尔伯·艾尔巴茨（Alber Elbaz）、大卫·雅曼（David Yurman）、乔尔·阿瑟·罗森塔尔（Joel Arthur Rosenthal）、西奥·芬奈尔（Theo Fennell）、劳拉·博欣克（Lara Bohinc）、汤姆·宾斯（Tom Binns）、菲利普·克兰奇（Philip Crangi）、珠宝心（Bijoux Heart）、法隆（Fallon）、索朗芝·阿扎戈丽－帕特里奇（Solange Azagury-Partridge）等。而高端时尚首饰的设计生产，则基本掌握在迪奥、圣罗兰、普拉达、华伦天奴、阿玛尼、缪缪、玛尼（Marni）、海尔姆特·朗（Helmut Lang）、让·保罗·高缇耶（Jean Paul Gaultier）、浪凡（Lanvin）、夏帕瑞丽、香奈儿和乔尔·阿瑟·罗森塔尔等的手里。

卡尔·拉格菲尔德1933年出生于德国汉堡，有"时装界的凯撒大帝"与"老佛爷"之称。卡尔于20世纪50年代开始时尚生涯，1983年加入香奈儿之前，曾在巴尔曼（Balmain）、巴杜（Patou）和蔻依（Chloé）等几家顶级时装公司工作。从1983年到2019年去世，拉格菲尔德一直担任香奈儿的创意总监。他在振兴香奈儿品牌方面发挥了重要作用，帮助其重新获得了世界顶级时装公司之一的地位。他还是意大利皮草和皮革制品时装公司芬迪（Fendi）以及自己的同名时尚品牌的创意总监。拉格菲尔德以其标志性的白发、黑色太阳镜、无指手套和高高的、浆状的、可拆卸的衣领而闻名。卡尔对首饰一直喜爱有加，不仅佩戴和收藏首饰，也设计制作首饰。卡尔是一位充满创造力的时尚设计师，他成为香奈儿公司的艺术总监后，创作了一系列优雅而独特的时尚首饰，他的标志性的首饰作品多为合金材质制作，表面为哑光效果，镶嵌体积较大的异形珍珠，并有"KL"签名。卡尔喜欢使用素面穆拉诺（Murano）玻璃宝石来制作首饰，设计风格大胆，创意非凡。卡尔一直致力于将时尚和艺术融为一体，他的作品以精湛的制作工艺、精致的质地和精美的细节为特色，充满了浪漫的气息。其作品不仅满足了消费者的审美需求，也满足了他们的实用性需求。

亚历山德罗·米开理1972年出生于罗马，曾就读于罗马服装学院，学习戏服和时装设计。2002年开始在古驰从事配饰设计，2015年担任古驰的创意总监，凭借极繁主义（Maximalist）的设计路线，古驰的服装线被重新激活，越来越受到年轻人的青睐，为这个奢侈时尚品牌注入了新的活力。2022年11月24日，米开理通过其社交媒体宣布卸任古驰创意总监一职。米开理十分博学，对现代文明始终抱着开放的态度，他热爱互联网，网上海量的图片给他带来了无尽的设计灵感。米开理的作品以复古华丽的极繁主义风格而闻名，其打扮也是文艺范儿十足，《纽约时报》记者弗兰克·布鲁尼（Frank Bruni）这样描述米开理的外表："他是花花公子、他是粗犷的伐木工、他是时髦人、他也是一棵经过完美装饰的圣诞树。他喜欢珠宝，常常同时佩戴多个手镯和多枚戒指。戒指的造型有的像狐狸，有的像狼，除了大拇指，所有的手指都戴满了戒指……他总是凌乱而又迷人。"在米开理的作品中，神话、电影、科幻、动物、文学、绘画等元素，都通过设计与杂糅，将人带入怀旧的语境中，形成了专属于他的文艺、浪漫而复古的艺术氛围中。毫不夸张地说，米开理是当之无愧的"造梦大师"，他赋予了服饰独一无二的视觉语言，将诸多艺术文化元素熔为一炉，用绚丽的视觉形象打造了一个复古、梦幻、戏谑的乌托邦之境。比如2018年秋季系列作品秀，这一场秀被称为"手术室秀场"，开场模特手里抱着本人的头部形象出场，举座皆惊（图1-67）。除了诡异的出场，这场秀中模特佩戴的首饰也是形态多样、设计元素庞杂、风格多样，足见米开理开放与包容的性情和心态。2019年7月，古驰在法国巴黎旺多姆广场开设了首间精品珠宝店，同时推出经由米开理设计的首个高级珠宝系列，进军珠宝市场。总体来看，米开理在古驰推出的几个珠宝系列作品都颇具特点，从中可以看到米开理天马行空的创意、大胆的用色和选材，优雅错落的排列结构完美地呈现了米开理的"无序对称"之美，每个系列的首饰作品都能做到概念突出与审美自洽，设计与制作宛若天成。

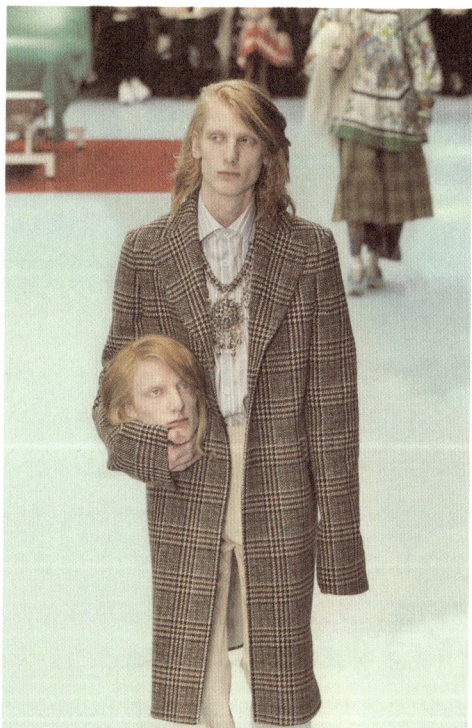

图1-67　古驰2018年秋季系列作品秀

首饰怪才肖恩·利尼（Shaun Leane）1969年出生于英国伦敦，15岁进入金斯威普林斯顿继续教育学院（Kingsway Princeton College of Further Education）学习首饰设计，毕业后在伦敦珠宝区哈顿花园（Hatton Garden）继续首饰制作的研习，打下了坚实的金工制作基础。利尼与时装设计大师和品牌多有合作，这些大师与品牌包括亚历山大·麦昆、马克·雅各布（Marc Jacobs）、达芙妮·吉尼斯（Daphne Guinness）、宝诗龙和纪梵希等，为他们提供超凡脱俗的时尚首饰设计单品，其中尤以与麦昆的合作最为成功。出于对金属工艺的共同热情，这对时尚二人组创造了一系列极具"挑衅性"的秀场首饰，使走秀首饰从配角升华为主角，成为时尚首饰与时装、时尚秀融会贯通的典范。比如2001年春夏芙丝（Voss）时装秀（图1-68），该秀以挪威一处野生动物栖息地"芙丝"命名，利尼制作的银质荆棘状镶嵌大地珍珠颈饰，佩戴在模特的肩部，突出了危险而美丽的主题。这些走秀首饰往往突破了佩戴部位的限制，把首饰的佩戴部位拓展到全身，比如扭曲五官的面饰、脊柱骨骼背饰、黑珍珠肩饰、硕大无比的头饰、精巧的足踝饰等，可以说，麦昆每一场声势浩大的时装秀的背后，都少不了利尼的概念与技术加持。1999年利尼创立自有同名品牌，开发属于自己的首饰生产线。利尼的时尚首饰作品大多带有奢华的外观，美丽而危险的尖刺造型依然是他的最爱，宝石镶嵌工艺与尖刺造型在他的作品中出现的频率最高，他从艺术、时尚、自然与文学等领域汲取灵感，以花卉、动物骨头与抽象线条为元素，设计制作了许多具有野性与优雅气质的时尚首饰作品，体现了利尼个性的多面性与矛盾性。利尼的时尚首饰作品得到了众多时尚偶像人物如凯特·摩丝（Kate Moss）、莎拉·杰西卡·帕克（Sarah Jessica Parker）的青睐。

阿尔伯·艾尔巴茨（Alber Elbaz）1961年出生于摩洛哥的卡萨布兰卡，1970年艾尔巴茨举家移民以色列，在以色列的申卡尔设计与工程学院（Shenkar College of Engineering and Design）学习服装设计，2001年担任浪凡品牌的艺术总监，执掌浪凡设计14年。2019年与历峰集团成立合资公司，创立个人品牌AZ Factory，之后，于2021年4月去世。艾尔巴茨加入浪凡之后，在完美承袭浪凡创始人珍妮·浪凡（Jeanne Lanvin）的

图1-68 肖恩·利尼，2001年春夏芙丝（Voss）系列

099

传统经典设计的同时，融入了自己丰富多变的设计创新，从而给这个历史悠久的品牌重新注入了活力。除了时装，超大型的首饰也是他的标志性作品，尺寸巨大且极具装饰性的项链、耳饰、手镯、胸针等，从视觉上强化了女性身体和气质的力量感。从艾尔巴茨接手2002年秋冬女装系列设计开始，超大尺寸的时尚首饰就开始出现在浪凡的设计系列作品中，该系列一共有61个穿搭，艾尔巴茨在其中的两个穿搭中使用了长及大腿的项链，到2003年秋冬系列之后，艾尔巴茨开始彻底释放自己的创作才能，大量使用具有复古风格的、尺寸巨大的首饰来做搭配。在艾尔巴茨设计的时尚首饰中，超大的花朵胸针、花环金属项链、小宝石长项链、仿水晶缎带式颈饰、复古手镯与耳饰与珍珠胸针等，可谓比比皆是，都闪耀着精致、优雅、复古的耀眼光芒。

法国时尚品牌巴尔曼（Balmain）的创始人皮埃尔·巴尔曼（Pierre Balmain），1914年出生于法国，1945年在巴黎开设同名高级时装公司，其设计作品被法国皇室与名流所钟爱，早期以定制高级时装著称，如今，巴尔曼大力拓展产品线，推出了多种不同的时装和配饰。现任创意总监奥利维尔·鲁斯汀（Olivier Rousteing）25岁时就担任了巴尔曼的这个职位，可谓英雄年少。鲁斯汀十分注重多元文化的推广，他以不同肤色和身材的模特为媒介，推动时尚行业打破传统身体美的观念，呼吁尊重和包容不同的美。在首饰设计中，鲁斯汀将金属、人造宝石、塑料、皮革、绸缎等材质完美融合，结合了当下的流行元素，不断推出时尚、前卫、色彩鲜艳且富有质感的时尚首饰作品，这些时尚首饰体型巨大，造型极为夸张，具有强大的视觉冲击力，呈现富丽堂皇、迷幻、放荡不羁与神秘莫测的艺术效果（图1-69）。

西奥·芬奈尔（Theo Fennell）1951年出生于埃及，早期在英国约克郡伊顿公学院（Eton College）学习艺术，后进入博雅姆肖艺术学院（Byam Shaw School of Art）学习，该校现隶属于伦敦艺术大学（University of the Arts London）。毕业后，其在伦敦著名珠宝区哈顿公园（Hatton Garden）的爱德华·巴纳德

图1-69　巴尔曼2023年早秋系列

（Edward Barnard）银器公司当学徒。1982年开设了自己的工作室，1997年工作室和精品店搬迁到富勒姆街（Fulham Road）。芬奈尔几乎把所有的时间都花在了首饰工作台上，他的工匠精神从学徒开始，一直延续到今天，亲手设计制作了无数做工精湛、装饰华丽的时尚首饰作品。芬奈尔善于运用不同色泽的金属，结合珐琅彩绘、彩色宝石镶嵌工艺以及金属着色工艺，使首饰呈现五彩斑斓的颜色。尽管芬奈尔颠沛流离的成长经历使他接触到了许多不同的文化，但他的首饰设计具有典型的英国风格，作品中的装饰题材相当丰富，比如音乐厅、音乐剧、教堂、流行艺术、音乐、剧院、文学、体育、建筑、游乐场、骷髅头、钥匙、十字架、伊丽莎白时代的艺术和诗歌等，都在他的首饰中得到呈现（图1-70）。芬奈尔在结构设计上也是煞费苦心，使得他的首饰犹如一个微观世界，比如打开戒指的戒面，我们可以发现里面藏了一个微缩景观模型。宝石做成了糖包山、项链盒子里可以存放照片、有小桥和栅栏从戒指两侧伸展出来等。这些精巧的细节结构设计体现了芬奈尔一丝不苟的设计精神，可以说，芬奈尔的首饰作品处处都充满了"设计"，每一个细节都经过了深思熟虑的考量与安排。从他数量众多的首饰作品来看，他脑海中存储的艺术形象是如此丰富，创作灵感似乎一直源源不断，至今未见枯竭。要知道，这些细节形象与结构处理在他的首饰中占据了至为关键的地位，某种角度来讲，假如缺失了这些细节，他的首饰作品未免会流于平庸，毕竟，他的首饰的整体外形还是较为常规的。此外，芬奈尔对工艺的要求亦是十分严格，甚至达到了高级定制珠宝的工艺要求，仅从工艺一项，他的作品就无可争议地被归为高端时尚首饰一类。

图1-70　西奥·芬奈尔，胸针

时尚首饰品牌珠宝心（Bijoux Heart）于1990年创立于英国，首席设计师特雷西·格雷厄姆（Tracy Graham）使用人造宝石和意大利穆拉诺艺术玻璃珠等材料设计制作的奢华首饰，掀起了21世纪时尚首饰的复古风潮。珠宝心以设计制作模铸玻璃（Pâte de verre）首饰见长，模铸玻璃是一种使用模具铸造成型的玻璃工艺，把纯手工铸造的玻璃镶嵌到金属框架内，再搭配施华洛世奇水晶、串珠和金属工艺，整个首饰的制作过程变得十分复杂而耗时（图1-71）。长期以来，珠宝心始终坚持以古法玻璃工艺来制作时尚首饰，取得了不同凡响的成绩。珠宝心的首饰具有新艺术和装饰艺术风格的设计特点，每件作品都使用模铸而成的玻璃宝石和手工抛光金属制成。从2009年5月起一直为好莱坞第一舞娘蒂塔·万提斯（Dita Von Teese）提供精致华丽的头饰、耳饰以及礼服装饰等。此外，与珠宝心合作的品牌与机构还有英国时装品牌凯瑟琳·沃克（Catherine Walker）、手袋品牌露露·吉尼斯（Lulu Guinness）、维多利亚与艾尔伯特博物馆（Victoria & Albert Museum）、施华洛世奇、维维安·韦斯特伍德以及阿黛尔2016年全球巡演（Adele's 2016 tour）等。

图1-71　珠宝心，耳饰

第 2 部分

中国时尚首饰

2.1　民国首饰时尚的传播路径

民国时期，大量西洋时尚首饰涌入中国，这些首饰造型雅致而简约、制作精良，材质不论贵贱，均深受国人的喜爱，从而在国内的首饰界掀起雅致而简约的首饰风尚。这股风尚的传播有四条主要路径，一为"由外向内"：从欧美直接输入；二为由大向小：从工商业发达的大城市向经济欠发达的小城市传播；三为"由上至下"：从城市中的社会上层向中下层传播；四为社会亚群体向大众的传播。

2.1.1　由外向内：首饰时尚从欧美国家直接输入

欧美首饰时尚的直接输入主要通过以下途径得以实现：首饰产品的直接进口、归国人群的佩戴示范，以及报纸杂志对西方首饰时尚的推介。

西洋时尚首饰的进口量可从逐年增加的首饰进口额中窥见一二。1934年第19期《新闻通讯》记载："本年一月至七月，妇女用品之真假首饰进口总值货币二十二万二千四百元，较去年同期增二万六千余元。"[1]上海作为民国的时尚之都，西洋时尚首饰的进口量尤为巨大。1935年第4卷第11期《妇女共鸣》载文：仅"上海一埠"，"首饰进口值为十万零零五百四十一金单位"[2]。即便是在20世纪40年代的困难时期，西洋时尚首饰的进口量也未见明显减少，1935年《江苏广播双周刊》记载："廿三年间，真假首饰类（包括珍珠贵重金属宝石半贵重宝石等）进口总额为一千零八十四万元，平均每年四十七万元、每天一千二百九十元、每小时五十四元、每分钟九角。"[3]

民国时期，对外交流日渐频繁，与欧美国家往来越发密切。这些出国人士在西方国家生活时，审美与生活方式均受西方的影响，回到国内，便把国外的服饰时尚带了回来。归国人群中，以留学生的数量为最。这些留学生在日常穿戴中更倾向于选择西式服饰，归国之后，他们往往身居要职、地位颇高，是西洋服饰传播与消费的主要群体。

民国报纸杂志对国外时尚首饰屡有推介，如《良友》《玲珑》《妇女杂志》《东

---

❶ 佚名.一月至七月妇女首饰品进口较去年增加[J].新闻通讯，1934（19）：18.
❷ 佚名.妇女装饰品沪端口耗仍钜[J].妇女共鸣，1935，4（11）：36.
❸ 佚名.国际贸易入超声中奢侈品之惊人统计[J].江苏广播双周刊，1935（10）：43.

方》《妇女时报》《沙漠画报》等。通过报纸杂志对国外时尚首饰的介绍，国内时尚人士能够及时了解国外首饰时尚的最新动向，了解国外首饰的造型、制作工艺、材质等状况。1941年《沙漠画报》刊登《流行的时装：耳环》一文，把欧美时下流行的时尚耳环介绍给了中国读者（图2-1）。

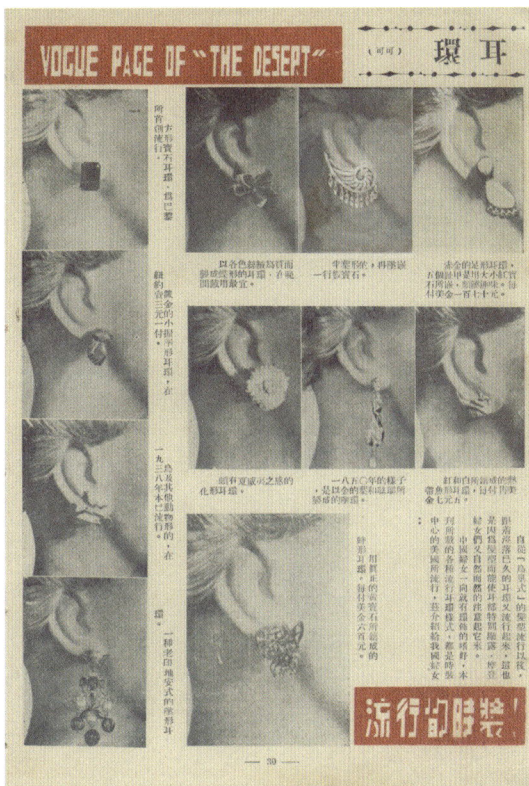

图2-1 《流行的时装：耳环》,《沙漠画报》1941年第4卷第8期第29页

2.1.2 由大向小：首饰时尚从大城市向小城市传播

民国时期首饰时尚的第二条传播路径为：从工商业发达的大城市，如上海、广州、北平（现北京）等，向经济欠发达的小城市传播。

早在顺治年间，上海的金银首饰业就已较为发达，道光年间，出现了老凤祥等多家银楼作坊。光绪二十二年（1896年），上海首饰业行会组织银楼公所成立。民国初年，洋行、百货公司与贸易公司直接从西方进口时尚首饰，国外的首饰品牌也开始直接在中国进行商标注册，试图打开民国的首饰市场，例如，美国著名的首饰品牌蝶飞来（Tiffany，今译蒂芙尼，作者注），就在中国进行了商标注册。❶民国开埠之后，上海因商业的蓬勃发展，逐渐成为远东的商业与时尚中心，上海也因而拥有了"东方巴黎"的美誉，民国的进出口贸易重心也由广州逐渐转向上海，一些西方的工艺美术技术和艺术开始不断流传到上海，其中影响较大的有绒绣、编结、抽绣花边（绣衣）、机绣、磨钻、洋镶首饰等，至20世纪20~30年代，上海工艺美术达到民国的全盛时期，上海工艺美术界先后成立了玉器、牙刻、木器、漆器、银楼、地毯等同业公会，以此更大地促进了行业的发展，甚至在1926年上海珠宝业还派员作为中国代表团参加了美国费城博览会，参展作品类别中，玉器获"大奖"、银器获"特别

---

❶ TIFFANY & CO.呈请,《审定商标第四六八八四号》[J]. 商标公报，1947（270）：89.

荣誉奖"。❶

1930年，《一炉》载文称："北平天津各处的太太小姐们，要讲求时髦，便问上海时行不时行。"❷可见当时上海时尚的发展程度高居中国各大城市之首。1913年的《妇女时报》，刊登有上海亨达利洋行的广告（图2-2），足见上海在进口时尚首饰方面起步之早。该广告的文案称："本行之钟表久已驰名中外，无待赘述。而本行之金刚钻、宝石、金银各种首饰，式样时新、镶嵌玲珑、镂工细巧、光耀夺目。凡女界一切应用装饰品，本行无不全备。"❸广告附有六款首饰，全然西洋时尚款式，其中五款为胸针、一款为戒指。这些首饰的样式时新，为当时最流行的新艺术与装饰艺术设计风格，均为"洋镶"（西式宝石镶嵌，作者注）首饰，我们可从中领略当时输入中国的西洋时尚首饰的基本样貌特征。需要注意的是，对于国人来说，胸针是一种全新的首饰品类，故而，胸针的引入与佩戴，可视为中国时尚首饰开端的标志性事件。

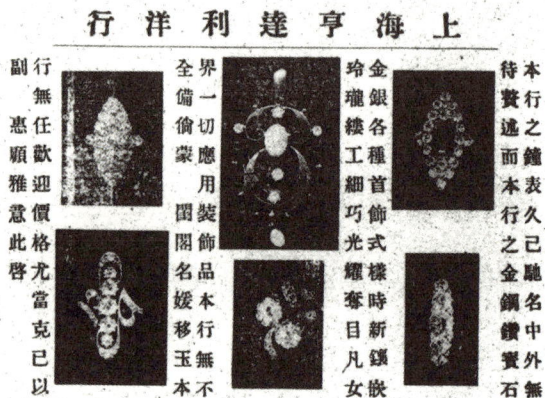

图2-2　上海亨达利洋行广告，《妇女时报》1913年第10期
商业广告第7页

除了洋行，上海的本土银楼在经营传统首饰的同时，也会生产制作一些流行款式的时尚首饰。1916年上海和盛首饰号广告称："方今风气大开，凡用西式金银首饰不知凡几。我华人购办往往皆由外国店铺，利益外沾，历年不可胜数。本号有鉴于此，特请名师巧匠，精造时式金银首饰、宝石钻戒、金丝眼镜、玲珑时表，以及一切金银器具，一应俱全。"❹此外："1930年，英籍犹太商人在公馆马路（现名金陵东路）开设中国磨钻厂，雇佣少量学徒，由印度技师带领磨制简单的小粒钻石，4年后磨钻工增至51人，1934年，该厂因走私被查封，磨钻设备和技工被上海本地珠宝商挖走，用来从事民间老式钻改磨新式钻的加工业务。"❺可见"洋镶"工艺与"洋镶"首饰输入中国之后，已逐渐在上海落地生根。

❶ 寿毅成.美国费城博览会追记[J].东方杂志，1927，24（5）：33.
❷ 张聊止.妇女装饰论：妇女装饰的成分和起原[J].一炉，1930，1（2）：3.
❸ 佚名.上海亨达利洋行广告[J].妇女时报，1913（10）：7.
❹ 佚名.和盛首饰号广告[J].妇女杂志，1916，2（11）：正文前插页.
❺ 冒绮.民国上海女性首饰研究[M].北京：中国纺织出版社，2021.

　　除了上海，广州也是民国时期时尚首饰的引领并传播的都市之一。清康熙年间，广州的金银首饰业既已形成，到19世纪末，金银首饰业已比较兴旺。依照广州市商会的统计，截至1935年春，"广州共有银业商号166家"❶。又有《国际劳工通讯》的记载："广州市制造金银器皿首饰商店，当全盛时代，制造洋庄银器，贩运出口者，达数百家，容纳工人九千余名，年中从外国赚回之赢利，亦达七十余万元。"❷可见当时首饰业之繁荣。

　　民国时期，北京的官营手工艺逐渐衰落，私营手工艺得到了较大的发展。据1933年《工商半月刊》记载：北京有"珐琅厂二十八家、工人总数四三八人；料器厂一六家、工人总数二○三人；首饰厂三家、工人总数一八人；玉器厂一八家、工人总数二二○人；纸花厂一家、工人总数一二人。"❸这些首饰楼、银楼、金银作坊等，并非一味制作传统样式的珠宝首饰，由于在新思想的影响下，人们的生活方式产生了显著的变化，首饰风尚也相应地倾向于简约化的发展，首饰匠人不再制作体量较大的、装饰繁复的珠宝首饰，转而设计制作"形制较小的银发卡、手镯、项链、戒指、耳坠、胸针、吊坠、领花、帽花等"❹。以应时代风尚之需。除了民办的首饰楼，著名的官办首饰局"华记首饰局"也汇聚了众多的首饰加工好手，设计制作样式时新的时尚首饰："华记首饰局以制作贵重宝石镶嵌首饰为主，定向供货给东安市场。当时首饰主要镶嵌捷克宝石，技术新颖，名响当世。"❺文中所记"捷克宝石"，实为捷克生产的人造玻璃宝石，是一种时尚的镶嵌材料，在当时的国际时尚首饰界，"捷克宝石"享誉全球，用"捷克宝石"镶嵌而成的首饰光芒四射，色彩明艳，深受各国女性的喜爱。

2.1.3　由上至下：从城市中的社会上层向中下层传播

　　1930年的《一炉》载文称："时髦人物，总是在社会上出风头的多，因为常在交际上场面上走动，所以他们的装饰美，常为普遍的，而为社会所公认。一般社会审美的眼光，自然也要随着他们转移。"❻可见，少数上流人士因其较高的社会地位而拥有更多的抛头露面的机会，在引领和传播首饰时尚方面具有天然的优势与话语权。

　　作为社会上层人士，对时尚的推广亦是厥功至伟。很多社会名流、名媛积极参

---

❶ 佚名.广州市商号启闭统计表[J].申报年鉴，1936：806.
❷ 佚名.国内劳工消息：广州金银首饰业[J].国际劳工通讯，1935（10）：140.
❸ 程文萲.北平市工商业概况[J].工商半月刊，1933，5（16）：69—75.
❹ 吴明娣.百年京作：20世纪北京传统工艺美术的传承与保护[M].北京：首都师范大学出版社，2014.
❺ 路甬祥.金银细金工艺和景泰蓝[M].郑州：大象出版社，2004.
❻ 张聊止.妇女装饰论：妇女装饰的成分和起原[J].一炉，1930，1（2）：3.

与到时尚的传播中来，由社会各界名流参演的时装表演在上海并不少见（图2-3）。

1926年11月的《申报》有关于一场时装表演的报道，这场时装表演由唐绍仪先生之女公子唐宝玫发起与主持，而参演的时装模特则由"闺秀名媛担任之，新式服装，旧时衣裳，自春徂冬，四季咸备，新奇别致，饶有兴趣，为沪上破天荒之表演。"❶这场时装表演引发了媒体的极大关注和持续跟进，在社会上引起了广泛的关注与效仿。

图2-3　上海百乐门时装表演，《玲珑》1934年第4卷第39期第2513页

2.1.4　社会亚群体向大众的传播

社会亚群体包括交际花、坤伶、学生、娱乐明星、舞女等。民国时期，关于妓伶佩戴时髦首饰的报道屡见报端，大众对妓伶服饰的模仿在民国早期尤为突出。郑逸梅先生在《妇女之绢花》一文中提到："近今时髦的妇女们，往往髻边各簪一绢制的花儿，其色或绛或紫，或黄或蓝。鲜艳得很，因此人面花光，益形妩媚了。据前辈说，数十年前，海上亦盛行绢花，那时名伶杨月楼，声誉气概，一时无两，一般妖姬荡妇，凡倾倒他的，髻边簪一红色绢花以为标识，这么一来，那红绢花遂成为一时风尚了。"❷

《上海画报》也记载了一则妓伶传播时尚首饰的事迹，详细讲述了名妓艳秋老四把佩戴象牙❸耳环的时尚向大众传播的过程："讲到象牙耳环，是一件普通的装饰品，差不多已成为一种过去的装饰品，可是在去年春天，盛行最早的时代，人人看见，俱以为是极时髦的。"这是为什么呢？"原来象牙耳环从前外国妇女戴得虽多，中国人却是向来没有，后来永安公司，到了几副，上海妇女虽有看见的，却无人顾问。有一天，艳秋去逛永安公司，发现了，买了一副，当时营业处还在法界生吉里，戴了这副耳环，出来应征，席面上被几个同性的看见，觉得新奇，纷纷购买。上海妇女的装饰品，大半要先得着妓伶的赞助，于是渐渐风行到良家妇女，几乎无人不戴。

---

❶ 佚名.联青社筹办大规模游艺会[N].申报，1926-11-12.
❷ 郑逸梅.妇女之绢花[J].新上海，1925（2）：78.
❸ 象是国家一级保护动物，属于濒危物种。——出版者注

像这一品香白塔油式的耳环，数日之内，盛行一时，全靠艳秋老四的提倡。"[1] 表明百货公司虽然直接从国外进口了新式首饰，但也需国内时尚人士的亲身佩戴，现身说法，才能得以推广和传播。

学生属于受教育的阶层，是有文化知识的代表，在那个受教育尚属富有阶层的特权的时代，一般大众对学生的认可度比较高。无论是在大城市，还是偏远的小城市，普通大众对女学生服饰的模仿也极其常见："不论是通都大邑，还是兰镇深村，不论是受过教育的女学生，还是楼阁深锁的小妮子，她们的姿态，自然而然地也会和通都大邑的同化起来，她们的装饰，有些地方，简直是和最时样的女学生装束，没有两样。"[2]

民国时期的电影业已十分发达，观影是绝大多数中产人士主要的娱乐体验。通过电影，女性的时尚魅力得以广泛传播。美国著名的时尚首饰生产商"好莱坞约瑟夫"设计制作了大量时尚首饰，以供好莱坞女星在影片中佩戴，这些影片被国内电影院放映，从而把好莱坞的首饰时尚带到了中国。郑逸梅在《银灯琐志》一文中说："近来妇女之炫服靓妆，大都创始于电影明星，海上妇女效之遂成风尚。"[3] 镜头之前的电影明星们都会精心装扮自己，佩戴时尚首饰，而且是最时兴款式的首饰（图2-4），以此表明自己的时尚领袖地位。

图2-4　徐来、胡蝶、严月娴，《电声》，1934年8月第3卷第31期封面

美国好莱坞华裔女星黄柳霜对西洋时尚首饰在中国的传播起到了较大的作用，她的个人事迹与靓照频频出现在民国时期主流的报纸杂志中，尤其是娱乐界的媒体，对黄柳霜的个人生活及其事业进行了全方位的报道。1936年黄柳霜首次来到中国，开启寻根之旅，抵达上海时，她身着洋装，佩戴了一枚尺寸巨大的花形胸针（图2-5），另有一段珍贵影像，也显示黄柳霜到达下榻酒店时，从下车到步入酒店大厅，都一直佩戴这枚胸针。这枚胸针的造型十分新奇，从正面看呈现放射状，犹如一朵怒放的太阳花。1936年《电声》杂志对黄柳霜胸前佩戴的这枚胸针有描述："在

[1] 约石. 象牙耳环与艳秋老四[N]. 上海画报，1925-06-21.
[2] 王平陵. 现代妇女对于审美观念的误解[J]. 妇女杂志，1927，13（3）：33.
[3] 郑逸梅. 银灯琐志[J]. 紫罗兰，1926，1（12）：2.

四百十四号那间华丽而贵族的船舱里，看见了一个老长的个子，憔悴的脸，青春的色泽已悄悄地溜过了，皱纹满布在眼角。全身是着的黑色，胸口装着一朵白的假花。"❶在国人眼中，黄柳霜是美国的时尚化身，她佩戴形态如此特别的胸针，无疑能够激发国内时尚女性佩戴个性化时尚首饰的热情。

与电影里远在天边的明星相比，舞女是活跃在身边的女性，时尚首饰的接力棒于是传到了舞女的手中："妇女服装，大概出于

图2-5　黄柳霜抵沪时与迎接人士合影，《中华》，1936年第40期第10页（左上）；黄柳霜抵沪，《电声》，1936年第5卷第7期封底、封面（左下、右）

模仿，从前奉青楼中人为表率，后来电影风行，那些千娇百媚的女明星，为一时代之时髦人物，所以一衣一饰，莫不为寻常妇女之模范。降至今日，明星落伍，由舞星起而为代，于是舞星的装束，大家都非常注意。"❷舞女佩戴的首饰大多样式时新、造型较为夸张。许多娱乐性刊物，如天津的《风月画报》、北京的《立言画刊》、上海的《春色》等，都刊登了大量的舞星写真，这些舞星的装束十分时尚，佩戴的首饰形态各异，简约中透出一丝别致之趣，体现了舞女们敢为人先的时尚创新精神。

❶ 陈嘉震.迎黄柳霜的侧面新闻[J].电声，1936（7）：3.
❷ 郑逸梅.妇女妆束屑谈[J].紫罗兰，1928，（10）：1.

2.2 民国时尚首饰的产销状况

民国早期，时尚首饰以进口为主。稍后，国内渐有时尚首饰的生产与制作，生产与制作以洋行、金店、珠宝店、银楼的手工作坊为主。后期，较为大型的工场与公司亦有时尚首饰的生产。

民国时尚首饰的销售以洋行、百货店、金店、珠宝店、银楼为主，还有一部分门市、内局、行商、摊贩、个体连家铺、串街小贩等，也参与时尚首饰的销售。时尚首饰的销售区域多集中在大城市，如上海、北京、南京、广州、武汉、天津、重庆等地，销售量受时局的影响颇大，尤其是战争期间，销量每况愈下。

2.2.1 产业规模

民国早期，西洋时尚首饰大多从国外进口，造成时尚饰品进口量多年居高不下，外汇流出，此后，中国首饰工匠逐渐掌握了西洋时尚首饰的加工技艺，在国内即能实现时尚首饰的生产制作，其生产制作以洋行、金店、珠宝店、银楼等手工作坊为基地，后期还有较为大型的工场与公司也参与到时尚首饰的生产制作之中。

民国时尚首饰的产品种类十分丰富，有头饰、项饰、耳饰、胸饰、腕饰、手饰、足饰等，其生产制作主体的规模大小不一，不同区域的生产制作规模的差异较大。总的来说，时尚首饰的生产制作集中于经济较为发达的大城市，以上海、广州为最。1940年第4期《经济研究》中《战后上海之工商各业：银楼业》有记载："民元以降，新同行之开设者，又达十余家，至是沪地一隅，遂执全国银楼业之牛耳矣。"[1]当然，民国首饰业无论是产量还是销量，都受到时局的影响，故而，时尚首饰生产制作的不同区域与不同时期，都会呈现一定的差别。

1937年第7期《国际劳工通讯》的《上海市手工业调查》一文显示，1937年上海共有手工业商号26128家，约占全市商号的36%，手工业的规模可谓庞大，而其中"银楼共有251家、珐琅厂16家"[2]。大多数首饰的制造，均为手工与机械结合的方式，所以，一般洋行、金店、珠宝店与银楼，其首饰的制造场所多为作坊。

战争结束后，上海首饰业有新的发展，据上海社会科学院出版社编纂的《上海

---

❶ 佚名.战后上海之工商各业：银楼业 [J].经济研究，1940，2（4）：163.
❷ 上海市社会局.上海市市区五八七四家手工业概况之分析 [J].实业部月刊，1937，2（6）：202-203.

111

二轻工业志》记载："民国十九年，珠玉汇市合并改组为上海市珠玉商业同业公会。赖以为生者达万余人。抗日战争时期，宝石原料无从进口，出口停顿。艺人改行转业，同业公会停止活动。民国三十五年复业，入会者186家，从业人员近2000人。民国三十七年后，由于战争影响，该业从国外进口的珠、宝、翠、钻等原料一度遭禁，只能依靠收购民间旧饰进行改制、改镶和改装等业务。全市400余名镶嵌工人、磨制珠宝艺人和珠宝商业陷于困境。"可知即便是到了1948年，上海全市仍有镶嵌工人400余名，这个数字即便是放在今天的上海，也是相当可观的。

广州作为中国近代史的开篇地，为民国时期的物流枢纽之一，也是中国通往世界的南大门。广州开埠之后，经济逐渐繁荣，手工业呈现兴旺发达之势，成为民国首饰加工业中心城市之一。据《广州金银首饰业》记载："广州市制造金银器皿首饰商店，当全盛时代，制造洋装银器，贩运出口者，达数百家，容纳工人九千余名，年中从外国转回之赢利，亦达七十余万元。"[1]广州首饰业的规模可见一斑。

北京的首饰加工业同样十分繁盛，不仅个人作坊众多，银楼、洋行、金店、珠宝店与百货店的首饰加工作坊也为数不少，首饰制造业的产业链较为完备。据记载，北京的首饰作坊与店铺在工商局有大量注册，从业人员亦为数不少，以北京的珐琅厂为例，1933年的北平有"珐琅业厂数二八、资本总额三一六五元、工人总数四三八人"[2]。至1935年，北京的珐琅厂有老天利关窑厂、中兴珐琅庄等，均有珐琅首饰的生产制作，老天利关窑厂"当极盛时，（民国十二、十三年之际），工人曾及二百名之多"[3]，为北平首屈一指的大厂。再看玉器业，虽然玉器业大部分产品为陈设品，但也有小部分为首饰，全盛期的1928年，"据调查，直至民国十七、十八年时，该种局作仍达六百家之多"[4]，"六百家"玉器制作商可不是小数目。

除了上海、广州、北京等地，还有一些城市的首饰制造业也较为发达，如南京、杭州、汉口等。南京首饰业历史悠久，明洪武年间，南京已有专门从事银器业的银作坊。至民国时期，"根据史料和老艺人回忆，开设于建康路的南京宝庆银楼前店后坊，制作金银首饰、金银器皿、工艺礼品，民间婚庆喜嫁均喜选该店首饰。常年有艺匠20人左右，兴盛时期逾60人"[5]。南京甚至还有银楼工厂，据统计，1933年，南京"银楼业有'合资'工厂二家，资本总额为'八七〇〇〇'元"[6]杭州的首饰业同样较为庞大，截至1932年，"杭市营金银珠宝业者，共百余家，以芦桥街之信源义

❶ 佚名.国内劳工消息：广州金银首饰业[J].国际劳工通讯，1935（10）：140.
❷ 程文蔼.北平市工商业概况[J].工商半月刊，1933，5（16）：70.
❸ 佚名.北平景泰蓝[J].实业杂志，1935（206）："琐谈"版块第3页.
❹ 佚名.北平玉器业[J].实业杂志，1935（210）："琐谈"版块第6页.
❺ 江苏省地方志编纂委员会编.江苏工艺美术志[M].南京：凤凰出版社，2020.
❻ 佚名.南京各业工厂概况统计[J].申报年鉴，1933，"六大都市"板块第6页.

源乾源等三家，较有声誉，珠宝巷之吴天源、德源、协昌祥、聚宝斋、唐裕泰次之，余均为银器首饰业，散居于城市附郭一带，资本最大三万元，最低五百元，合共资本约十万元"❶。汉口的首饰业已有一定规模，据记载："本市金银首饰业，市场上夙有浙帮，江西帮，及本帮之别。浙帮资本雄厚，历史悠久，营业规模亦大；江西帮较次；本帮规模宏大者颇少，泰半皆系小银楼。总共约计六十家，然加入该业公会者仅四十六家。"❷

2.2.2 生产模式

民国时尚首饰的生产模式有半手工制作、批量生产、限量生产与个性定制等，早期以半手工制作为多，后期则以批量化生产为主。时尚首饰的生产制作并无专门的工厂或作坊，民国时期除了从国外大量进口时尚首饰外，大多数国内时尚首饰的生产制作都集中于各洋行、银楼、金店、珠宝店、首饰公司的作坊、工匠个人作坊，以及少数工厂与工场之中。洋行、银楼、金店、珠宝店、首饰公司的作坊与工匠个人作坊的数量颇多，这些生产主体的生产模式以半手工制作为主，而工厂与工场的数量则较少。20世纪40年代以后，由于大量的机械设备投入到了首饰制造业，机械化、模具浇铸首饰的出现，催生了批量的首饰，而批量的首饰多由工厂生产制作，比如上海的国际首饰公司、上海翡翠公司的制作工厂、中国磨钻厂等，都批量化生产制作时髦样式的首饰。

半手工制作指运用手工制作与少量机械制造相结合的生产模式，这种模式多存在于银楼、金银首饰店与个人作坊中，并以"前店后厂"的形式来实现生产与销售。1931年3月中华职业教育社刊行《职业概况业辑》第二十二章关于《银楼业概况》的记录："依银楼业惯例，金货作场，（即用黄金制首饰之工场）即设于店内后部。银货多发出使职工得就家庭工作，但亦有在店内工作者。"金银首饰店的生产方式也是"前店后厂"："第二次鸦片战争之后的全国银楼，除粤人开设的洋装（指西洋造型）金银首饰店外，其他银楼以前店后厂为主，制售一体。"❸而绝大部分的银楼虽然以生产制作传统首饰为主业，但随着西洋时尚的进入，为生存计，银楼不得不紧随时代风尚，设计制作时新的首饰款式，以迎合时髦人群的需要。

时尚首饰的批量化生产仅限于较为大型的公司和工厂，据《上海二轻工业志》记载："中国首饰钻加工始于上海。民国十九年（1930年），英籍犹太商人在公馆马

❶ 佚名.杭州市工业调查录（续）：金银珠宝业 [J].市政月刊，1932，5（5）：7.
❷《汉口商业月刊》调查部.工商调查：武汉之工商业：金银首饰业 [J].汉口商业月刊，1935，2（8）：66-70.
❸ 李李，召苏.外贸史上的白银中国风 [N].美术报，2017-11-4.

路（现名金陵东路）开设中国磨钻厂，雇佣少量学徒，由印度技师带领磨制简单的小粒钻石。4年后磨钻工增至51人。民国二十三年，该厂因走私被查封，磨钻设备和技工被上海本地珠宝商挖走，用来从事民间老式钻改磨新式钻的加工业务。当时上海的7家珠宝首饰公司都设有磨钻作场。余丰珠宝公司附设光明磨钻工场，霞飞首饰公司附设永和磨钻工场，鸿祥珠宝店附设祥兴磨钻厂，翡翠公司附设信昌珠宝店，等等。"只有大型的企业才有财力雇佣为数众多的工人，实现时尚首饰的批量化生产。

民国时尚首饰的生产还有限量化与私人定制方式。限量化的首饰生产如由电影导演史东山创办的美美公司，该公司以仿制西洋妇女用品著名，中西摩登妇女，无不知之，美美公司三大制作部：服装部、手袋部与耳环部，均由美术家监制，其中耳环部"特由北平请到巧匠精制，每一种式样，只制十对，售完即不再制，非如普通泛滥于市上者之凡俗丑陋，有损御者身价"❶。事实上，民国时期的首饰定制已较为发达，银楼或首饰店可根据顾客的个性需要，而专门定制特别样式的首饰，如："该店每月由法国巴黎订购最新式样的镶嵌样本，同时更由设计专家设计各种式样，所以在该店买定钻石翡翠之类，或是将固有的钻石等拿去，都可以自己挑选合意的式样去镶嵌，成绩一定可以使你满意。"❷著名的全昌金钢钻号首饰制造所亦有首饰定制："自来珠翠钻石，均可代镶，修旧见新，电镀金银，倘来样定造，无有不能。"❸上海的史东升工厂也有高级定制业务："在逆产（指汉奸的不法财产，作者注）钻宝里，最名贵的罕世奇珍，超过上面三十克拉价值的宝物，终于出现于珠宝商面前：——这就是周佛海的'翡翠项圈'。这串项圈是民国十年云南人张源买来的翡翠石，经过史东升工厂里制作的。"❹

而银楼在制造时尚款式的首饰时，其题材的来源不拘一格，国内国外的素材均可采用："查迩来上海市各银楼制有一种圆形赤金饰物，状类英美通用之金币，其正背面花纹似仿英国或美国之国徽，及我国银本位币所刊之船形，以供顾客之购用。"❺可见类似外国金币的首饰在民国即已出现，且风行一时，这种"圆形赤金饰物"与英美通用之金币十分相似，极易混淆，为防止货币流通混乱，当局不得不出面禁止该种金饰的生产与销售。值得一提的是，这种类似外国金币或银币的首饰，到了今天，仍旧较为流行，甚至有商家直接把具有收藏价值的外国金币或银币用于首饰制作中。

❶ 佚名.由美术家监制下的美美公司三大制作部[J].玲珑，1933（31）：1707.
❷ 佚名.镶嵌首饰的新技术[J].家庭，1939，5（3）：64.
❸ 佚名.三马路跑马厅安康里全昌金钢钻号首饰制造所工艺改良[N].时事报图画旬报，1909-2-14.
❹ 佚名.钻宝义卖券的特奖：汉奸的稀世珍宝[N].星期五画报，1948-66-7.
❺ 汉口市商会.函金银首饰业转饬停制币形饰物[J].汉口商业月刊，1936，1（4）：53.

2.2.3　销售状况

　　民国时尚首饰的销售，受时局的影响颇大。以上海为例，作为接触外国洋货的主要港口，上海早在清末民初就有外国时尚首饰的售卖店，如德商亨达利洋行（1864年开设）、双龙洋行（1886年开设）、法商乌利文洋行（1891年开设）、瑞士商人的永昌洋行（1870年开设）、俄商西伯利亚首饰公司（开设时间不详）、英商新利洋行（1873年开设）、美国的美记洋行（开设时间不详）等。1930年版的《上海指南》第98页记载的销售外国首饰的商家共十八家，这些商家多集中于南京路和百老汇路，均有国外进口的时尚首饰售卖。

　　上海由中国人经营的著名银楼也很多，据1922年第1期《钱业月报》刊登的《上海银楼同业调查录》显示："以近日而论，大同行，已有十九家，新同行，亦有十四家之多，其资本在千元以上，万元以内者，犹不胜计。"[1]大同行银楼多为本土银楼。除了银楼，百货店亦有时尚首饰的售卖，其销售同样十分火爆："楼下一层，售衣着绸缎洋布及妇女们所用之品，楼上各层、各分部位，治理井然，如木器瓷器钟表首饰各类，无一不备，价值虽较别宗稍贵，而货色则均选英美各国上品之物，以应主顾，华洋办事人，百余，每年进出款项，达四五百万。"[2]著名的先施公司也一样，从一层的铺面到四楼的商场，共23个大类商品部，与服饰相关的商品有绸缎、匹头、女装、西服、皮货、首饰和钟表等。可见，上海作为远东的时尚中心，时尚首饰的销售之巨，远非国内其他城市可比。

　　再看北京，北京的珠宝首饰业大部集中于前门外廊房头二、三条和崇文门外花市上中头、二、三、四条一带，营业规模大小不一，经营形式有门市、内局、行商、摊贩、个体连家铺、串街小贩等，另外还有玉器作坊和个体手工艺人，总数约七八百户，从业人数不下一二千人，其中回族约占70%，回族与汉族分别设有同业公会（图2-6）。此外，东安市场的珠宝销售也十分可观。日寇侵华后，北京的珠宝首饰

图2-6　北平市珠宝玉石业同业公会第一届主席、常委执委就职合影，《震宗报月刊》1936年第2期第1页

---

❶ 琴.调查：上海银楼同业调查录[J].钱业月报，1922，2（1）：78.
❷ 佚名.上海著名之商场：福利公司[N].图画日报，1909-8-7.

业大受影响，生产厂家急剧减少，"北平景泰蓝厂坊，当民国十六、十七年时，曾达七八十家之多，但及现今，则仅余十三四家而已，且大半均仅留少数徒弟，苟延残喘"❶。北京的玉器行业亦未能幸免，"据久于该业者谓，当民国十四五年时，虽已较清季衰落，但该行业局作庄号之全数，仍达两千余家，执业人数约三万人之谱，其市况，自民国九、十年直至'九一八'，均几成平线，无大盛衰，但此后则每况愈下，营业清淡，利润愈薄，及今，各局作庄号所存在者不过五百家，执业人数仅二千余人矣。"❷北京的珐琅与玉器坊，均有首饰的制作，而珐琅业与玉器业的衰落，可视为珠宝首饰业萧条的缩影。

再看广东省，日寇侵华之前时尚首饰的销售较为旺盛，因时尚首饰常用铜镀金与铜镀银等工艺来进行制作，导致广东省的电镀业也颇为兴盛，"九一八事变"之后，"现各厂（指电镀厂，作者注）只得电镀其他各种五金用品，而工作仍有时开时歇，营业大不如前，生意比较往昔减少三分之二，其能维持现状之工厂只有数家而已，至各种铜制电金电银之首饰，近因各属销货大减，电镀金营业亦随之冷淡，营业大为减缩。"❸

---

❶ 佚名.北平景泰蓝[J].实业杂志，1935（206）："琐谈"版块第6页.
❷ 佚名.北平玉器业[J].实业杂志，1935（210）："琐谈"版块第9页.
❸ 佚名.百业盈虚录：电镀业[J].中国商业循环录，1933（10）：68.

2.3　民国时尚首饰的材质

20世纪初，西方装饰艺术运动如火如荼，造型简约、形态抽象的时尚首饰盛行于欧美各国。民国开埠以来，这股现代、简约而抽象的首饰设计风潮次第登陆中国的沿海城市，继而辐射内陆城市，深刻影响了中国传承已久的首饰文化，打破了传统首饰领域的诸多禁忌与习俗，改变了中国首饰文化发展的进程，时尚首饰迅速成为时尚人群日常佩戴的首选。促使首饰材料的价值构成从单一的珍贵性，过渡到珍贵性、时尚性以及个性化的多元并重，实现了传统首饰向时尚首饰的演变，而首饰选材的多元化重组，也完成了首饰材料精神层面的文化意义构建。

2.3.1　新风尚

民国初年，新的服饰风潮时常受到社会保守势力的阻挡。一方面，贵重的材质由于其较高的价值属性而成为首饰制作的主要材料。长久以来，人们已然形成首饰是财富与地位的象征物、首饰必须具有保值功能的观念。另一方面，从审美观与首饰佩戴习俗来讲，中国人喜欢饱满厚重的首饰材质。1929年第8卷《北洋画报》的载文谈道："珠宝之属，从来东方重珠，西洋尚钻，此纯因产地而异，初似与民族性质无关；然而珠形浑圆，珠光浑厚，适足以表示东方民族之纯朴性；至钻石之磨砺成棱，质地透明，及光芒四射，则又之所以表示西方民族之刚愎性；是以习于所近，爱好存焉。"[1]程乃珊也谈及"老派上海女人不大喜欢钻石，可能因为其色泽不鲜亮又刺目，太过张扬。"[2]钻石是舶来品，古代由于交通不发达，故中国传统首饰中少见钻饰，"自海禁大开，金刚钻始流入中土，而为国人之所推重，今则益为时尚。"原本不受欢迎的钻石如今成为消费时尚，可见西洋首饰风潮的影响之大。

珍珠项链的流行也是一个西洋首饰时尚在中国占据上风的例证（图2-7）。20世纪20年代，欧美盛行珍珠项链，可可·香奈儿珍珠项链搭配小黑裙的经典造型已深入人心。然而，风行欧美的珍珠项链在中国遇到了问题，白色在中国人眼里是不吉利的颜色，民国作家苏青在回忆自己的婚礼时有过描写："她说时下的礼服虽然都用

❶ 佚名.珠宝专栏：钻石镶嵌之首饰手表又数种[N].北洋画报，1929（397）：1.
❷ 程乃珊.百年首饰[J].上海工艺美术，2006（3）：32.

白色，但是她嫌白色不吉利，主张一定要用淡红绸制，上面绣红花儿。"[1]这种忌讳20世纪初在西洋首饰时尚的强烈冲击下荡然无存，人们不仅不再忌讳佩戴长长的白色珍珠项链，而且"因为一长串要求颗粒均匀、圆润光泽，因此价格不菲，一点也不逊于金刚钻。特别有种珍珠由小到大，项链最中央的一颗最大，则要从好多珍珠中筛选出来，就更价值连城。"[2]凡此种种，均可见西洋时尚对中国服饰禁忌与习俗的冲击，从而改变了国人对首饰选材的态度。

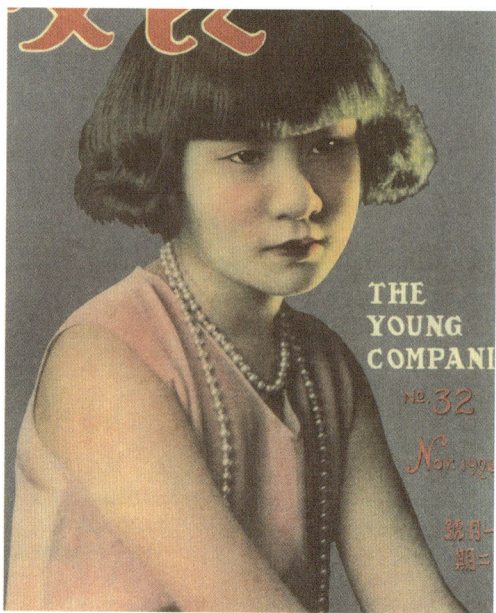

图2-7　紫罗兰女士，《良友》，1928年11月第32期封面

2.3.2　贵重材质

民国时期时尚首饰的贵重材质主要包括：钻石、翡翠、祖母绿、红蓝宝石、珍珠、玉石、高纯度的赤金、足赤金、九成金、九成银、白金等。从产地来讲，本土贵重材料有黄金、白银、玉石、珊瑚、珍珠、水晶等。

清代首饰多用贵重材料制作而成，宫廷首饰尤为如此。但到了民国十一年，"时值欧风东渐，妇女剪发盛行，往日梳头挽髻之首饰，已成无用之物，并以装束之改良，其他首饰品亦几近被弃用，渐次只剩钳子、镯子、戒指而已。种类既行减少，同时量亦随之，从前一人头上可戴金银数两，今则不过尚存手上之几钱耳。"[3]逊清王公大臣变卖的这些金银珠宝首饰，由于样式不够时新，镶嵌其中的诸多贵重珠宝玉石均被取下，经重新切割与磨制之后，改镶成较为时髦的首饰款式。由于慈禧太后对翡翠的喜爱，导致宫廷后妃、王公贵族、京城贵妇等人群之间翡翠首饰的流行，随着逊清皇室退居紫禁城，翡翠饰品也逐渐不被年轻女性视为时尚，婉容一生对珍珠的情有独钟就是一个极好的例证。在清宫旧藏首饰中，婉容只挑选了部分珍珠首饰佩戴，此外，她还在宫外的珠宝店定制了许多新款珍珠首饰，其中就包括当时极为流行的珍珠项链、手链、手镯、胸针等。[4]

[1] 苏青.苏青文集：小说卷上—新旧合璧的婚礼[M].合肥：安徽文艺出版社，2016.
[2] 程乃珊.百年首饰[J].上海工艺美术，2006（3）：32.
[3] 佚名.金银首饰业晚近之变迁[J].商业旬刊，1938，1（12）：160.
[4] 李理.从影像到实物—谈婉容皇后的珍珠情怀[J].故宫文物月刊，2012（353）：76–83.

不仅是王公贵族的首饰可以改制，一般中产阶级家庭中，首饰改款的情况也时有发生。1932年《市政月刊》载文：杭州的首饰店"所进者均系旧货，收取回店稍加整理，即行出售。"❶张爱玲在《倾城之恋》中，描绘了老太太典当了自己的一件貂皮大衣，"用那笔款子去把几件首饰改镶了时新的款式。珍珠耳坠子、翠玉镯子、绿宝戒指，自不必说，务必把宝络打扮得花团锦簇。"❷可见珍珠、翠玉、绿宝石等贵重材质也需要"时新"的外表。

2.3.3　廉价材质

对贵重材质的推崇几乎贯穿了整个首饰发展的历史，不过，民国时期廉价材质的时尚首饰也颇受大众欢迎，社会上的时尚女性，包括上层社会的女性，都会在购买高级珠宝之余，买进一些制作材料较为低廉的时尚首饰，以满足非正式场合以及休闲时段的佩戴之需。对于上流社会的女性来说，佩戴用传统贵重材料制作而成的高级珠宝，虽然符合自己的身份，但未免显得老气，所以她们也常常会佩戴"假首饰"❸，这些"假首饰"的造型无拘无束，款式新颖，能够充分彰显佩戴者的时尚气质，表明了佩戴者不甘落伍、紧随时尚的心态。廉价材质作为首饰制作材料而被人接受，意味着保留首饰材料的固有价值不再是首饰设计与制作的唯一动机和目标，同时，廉价材质审美属性的还原与回归，也意味着首饰迈开了从彰显财富地位的物质属性转化为彰显个性时尚的精神属性的第一步。

民国时期时尚首饰的廉价材质主要包括人造珠宝、廉价金属、化学材料及其他材料等。人造珠宝有水钻、人造珍珠、人造红蓝宝石、人造玉石等，廉价金属有黄铜、铁、铝、钢、铬等，化学材料有赛璐珞、胶木（Bakelite）、合成树脂、哔叽等，其他材料包括纸、丝绸、绒绢、动物角质、骨质、坚果、果壳等。我们可以从诸多相关文献中找到这些廉价材质的使用证据。商标注册史料中有记载，1934年《商标公报》公示审定商标第一八四九四号："呈文：第三八八八号廿三年六月十二日到局；商标名称：双菱图镭炼；专用商品：第十项金刚钻、珍珠、玉珊瑚、水晶、玛瑙宝石之制品及其仿造物之制品类、珍珠等仿造物所制之项链。"❹再有1936年《商标公报》公示审定商标第二四〇六一号："呈文：第六六八〇号廿五年八月廿九日到局；商标名称：金山牌；专用商品：第九项贵金属之仿造品类、化学黄金其质料系

---

❶ 佚名.杭州市工业调查录（续）：金银珠宝业 [J].市政月刊，1932，5（5）：7.
❷ 张爱玲.倾城之恋[M].北京：北京十月文艺出版社，2019.
❸ 所谓"假首饰"即由廉价材质制成的首饰，多为时尚首饰。传统首饰一般由货真价实的贵重材质制作而成，俗称"真首饰"。
❹ 王玉卿.审定商标第一八四九四号[J].商标公报，1934（90）：78.

铅及十足赤金合炼而成，专制一切首饰。"❶文献中提到的"仿造物之制品类""珍珠等仿造物所制之项链""贵金属之仿造品类"以及"化学黄金"等，均为廉价材质及制品。1940年《国货商标汇刊》记载了瑞庆昌赛珍饰品厂的注册信息："本厂特聘优等技师，锻制中西首饰、男女表带表链、文明珠链、电木发梳等，品质精良。早蒙各界赞许。兼售欧美钻石、赛珍珠宝、京津料器骨货、各种文具化妆香品，应有尽有。"❷可见廉价材质的赛珍饰品的丰富多样。

2.3.3.1　人造珠宝材质

民国时尚首饰使用的人造珠宝材质较为多样，包括人造珍珠和人造宝石。

首先来看珍珠。中国自古就盛产珍珠，然而天然珍珠资源有限，不能满足大众的需求，于是，养殖珍珠和人造珍珠应运而生。

如果说养殖珍珠是人工干预贝母生长的结果，那么，人造珍珠则完全是人工所造，整个过程没有贝母的参与。《清稗类钞》有记载："草珠，假珍珠也，为广东之细工品。其制法，以鲤鱼鳞浸渍研碎，和入鱼胶，成糊质物，以玻璃之小珠加适宜之温度调和之，而包其外，状如珍珠，妇女多用以为饰品。"❸还有1907年《政艺通报》记载："造假珍珠之法，则用极细之玻璃粉，造成小体空心之球，如珍珠形，又用数种极有光彩之鱼鳞，乘鱼活时剥下，而衬入小珠之里面，再用蜡垫封其口，如非用从活鱼剥下之鳞，则光彩较珍珠稍差。"❹1928年《妇女杂志》也有类似的记载："又有做假珍珠的，其法用上等的玻璃料制成珍珠状的空球，或制成凹歪等形，与珍珠形状相等，再用数种极光亮的鱼鳞，趁该鱼生活时剥下，设法衬入小玻璃球中，再用蜡垫满而封其口。有人说：'这等鱼鳞，若不从活鱼体上剥下的，其光彩必不能与珍珠的光彩相像'。从前上海有一种假珠，称为宝素珠，恐就是这一类的方法造成的。"❺再如："制造这种假珠的法子，不止一种。最通行的，就是用鱼类的鳞做原料，把他溶在药液中，设法吹进玻璃球的里面。这种人造珍珠，好的也很光泽，同珍珠差不多。"❻事实上，国人亦掌握了生产人造珍珠的技术，1920年《世界画报》刊登醒心社的"宝莹珍珠"产品广告，表明人造珍珠的生产实现了国产化："宝莹珍珠是完全国货，比外国货好，同真河珠一样，而且坚固价廉，新光老光都有，扁圆精圆俱全。"❼

❶ 陈文芝.审定商标：贵金属之仿造品类[J].商标公报，1936（123）：51.
❷ 佚名.瑞庆昌赛珍饰品厂：商标注册[J].国货商标汇刊，1940（2）：110.
❸ 徐珂.清稗类钞.第五册[M].北京：中华书局出版社，1984.
❹ 佚名.艺事通纪卷一：造假珍珠假宝石假金刚钻法[J].政艺通报，1907，6（11）：11.
❺ 徽知.假造的珠宝[J].妇女杂志，1928，14（5）：2.
❻ 瑟卢.珍珠与假珠[J].妇女杂志，1920，6（2）："学术"版面第2页.
❼ 佚名.宝莹珍珠广告[J].世界画报，1920（22）：广告1.

再看人造宝石。民国时期，欧美国家人工仿造宝石的制作工艺已经比较成熟，法国在18世纪下半叶就能够加工制作仿宝石了，捷克加工制作的玻璃仿宝石也很有名，其彩色仿宝石镶嵌首饰行销全球。"假钻石最早用铸造玻璃（非碳结晶），称为'锡兰钻'，后又用水晶石加工，称为'水钻'。"[1]这种水钻是民国时期时尚首饰主要的制作材料之一，镶嵌水钻的时尚首饰也很受欢迎。除了水钻，人造红蓝宝石的技术也已比较发达，1923年的《东方杂志》对此有记载："红玉及青玉[2]的做法大致是这样，取平常制罐及勺的铅细粉，从一处落到一股流动的空气里。那粉末被空气带入一间烧室内，粉遂融解成为珠形的块，加以雕琢即成。如加入的颜色是红的便为红玉，青的便为青玉。"[3]陈重远先生也说过："民国以来，广东人制作假红、蓝宝石，叫烧料仿制品，名曰'宝烧'，也就是俗称的料石；外国人用高温、高压制作出人造珠宝，名叫'炉赛石'，也有叫'芦比石'的，是译音。外国人做的这种玩意，硬度跟真宝石相似，也是摩氏9度，点水也能立起，可是颜色有差别，纹理不相同。"[4]广东先进的人造珠宝技术也相应地带动了该地的首饰制造业，1920年《中国商业月报》载文写道："我国自通商以来，其工艺能与舶来品并驾齐驱者，首推洋装金银首饰一业，其出品之精美，镶嵌之奥妙，久为中外所称赞。操斯业者，以粤人为最。"[5]由这种人造的红蓝宝石制成的时尚首饰也很受欢迎，时人多有佩戴。张爱玲在小说《半生缘》中写道："曼桢把那小盒子打开来，里面有一只红宝石戒指"，"这东西严格地说起来，并不是真的，不过假倒也不是假的，是宝石粉做的。"[6]可见人造珠宝首饰已被大众所接受。

2.3.3.2　廉价金属材质

民国时尚首饰使用的廉价金属十分多样，除了前述的假黄金，还有钢、铝、铜等金属。例如铜，1904年《济南报》记载："首饰原质：潍县首饰今岁销路微滞，其原质向用洋白铜每斤价值京钱二千八百文，近改为自炼之铜，每斤仅需钱四百余文，法用红铜六十分、亚铅二十五分、镍计铝十五分化合。其色莹白，几如洋白铜，其亚铅则用洋货箱中者为多云。"[7]此处指明首饰制作的原材料为白铜。又有1922年《星期》周刊的记载："近有一种铜圆，一面有嘉禾纹之叶，有如桃子形，人称之为桃子铜圆。此等铜圆，熔之可成一戒指，金光灿烂，与数元、数十元之金戒指，实

❶ 陈重远.老珠宝店 [M].北京：北京出版社，2006.
❷ 海若.人造宝石之历史 [J].进步，1913：98–105.
❸ 高.科学杂俎：人造的珠宝 [J].东方杂志，1923，20（10）：60.
❹ 陈重远.老珠宝店 [M].北京：北京出版社，2006.
❺ 佚名.旅沪广帮首饰工业会成立预志 [J].中国商业月报，1920（10）：21.
❻ 张爱玲.半生缘 [M].北京：北京十月文艺出版社，2012.
❼ 佚名.首饰原质 [N].济南报，1904–98–13.

无所异。曾见有御之者。"❶用桃子形铜圆制成的戒指，其光泽竟然赛过真金戒指，还常有人佩戴，可见廉价金属首饰并不被人排斥。林徽因在短篇小说《模影零篇：一、钟绿》中也有时人佩戴铜首饰的描述："看她里面本来穿的是一件古铜色衣裳，腰里一根很宽的铜质软带，一边臂上似乎套着两三副细窄的铜镯子。"❷说明当时廉价金属材料制成的首饰已经完全被人接受。

2.3.3.3　化学材质与其他材质

化学材质这一方面，主要有赛璐珞与合成树脂材料等。赛璐珞又译赛璐璐，是塑料的旧有商标名称。赛璐珞为一种易燃、韧性高、有弹性且无色透明的合成塑料，19世纪末由美国人发明。赛璐珞经磨制后光洁美丽，加热软化后可制造装饰品、玩具、梳妆用具和电影胶片等，是当时国际上生产时尚首饰的主要材料之一。这种材料大幅度降低了首饰制作的成本，使得普通大众也能消费得起绚丽多姿的时尚首饰。

最初，在生产时尚首饰之时，赛璐珞主要用来模仿象牙材质，甚至为了抬高赛璐珞的价值，首饰制造商故意隐瞒它的真实身份，而称为"法国象牙"。❸20世纪30—40年代，赛璐珞首饰的款式已十分多样，有手镯、胸针、耳坠、吊坠等，通常都搭配彩色的人造珠宝，色彩艳丽，造型较为夸张，装饰形象十分可爱，十分时尚（图2-8）。在当时的中国，赛璐珞仿制翡翠较为普遍，1909年《图画日报》有记："洋翡翠，出东洋，东洋近来化学昌，制成洋翠似真翠，造作首饰颇精良。老山翡翠近来少见，新山翡翠颜色反输洋翠好，遂令洋翠销路多，损失真翠利源殊不小。"❹从文中可知，日本在利用化学材料仿制翡翠方面已较为领先，仿翡翠首饰也已大行其道，甚至挤占了真翡翠的市场占有率，可见化学材料首饰已受到时人的喜爱。

图2-8　佩戴赛璐珞手镯的影星李绮年，《青青电影》1940年3月第7页

❶ 微波.一铜圆之金戒指[J].星期，1922（9）：13.
❷ 林徽因.模影零篇：一、钟绿[N].大公报·文艺副刊，1935-6-16.
❸ Pamela Y Wiggins.Warman's Costume Jewelry: Identification and Price Guide[M].Stevens Point：Krause Publications，2014.
❹ 顽.营业写真：卖洋翡翠首饰[N].图画日报，1909（56）：8.

其他材质方面，纸张、丝绸与绒绢为大宗，主要用于制作花饰。民国民俗学家金受申在《北京通：北京的手工业》一文中写道："纸花，又名'通草花'，实则原料不止纸与通草，绒绢也是其中大批原料，今简称为纸花而已。纸花为妇女发髻上的装饰品，在女子未实行剪发之前，买卖非常兴隆。"❶中国女性历来有佩戴花饰的习俗，至清末民初，花饰佩戴有增无减，不过，从花饰的形态来看，并未沿袭旧制，而是去繁就简。另外，花饰的佩戴部位也有所创新，除了传统的头花、胸花与腰花外，拓展到耳花、肩花（图2-9）、腕花与手花（如西式婚礼新娘的手花）等。1931年第1卷第24期《玲珑》发布《夏季新装》："这是纯粹巴黎式的晚礼服，用绿色乔其纱做成（肩上与腰间的花，用脱火绸制作），下面插入之角式之平裥十个，所以下摆有二丈四尺之围圆，最注目的是一根腰带，用乔其纱壹码绞成，三英寸周围，带下是凸出的花。"❷可见花饰已装饰于身体的多个部位，而花饰的流行时间也很久，民国之初就有引领时尚的女性佩戴头花，民国末期，电影明星与名媛依然喜爱在头上佩戴头花，花饰宛如一棵时尚首饰的常青树，其佩戴贯穿了民国时尚首饰发展历程的始终。

图2-9　周国璧女士，《时代画报》1929年第1期封面

❶ 金受申.北京通：北京的手工业[J].立言画刊，1942（182）：22.
❷ 佚名.夏季新装[J].玲珑，1931，1（24）：865.

2.4 民国时尚首饰的制作工艺

民国早期的时尚首饰多由国外进口，其制作由国外的首饰制造商完成。民国中后期，国内制作的时尚首饰逐渐增多。从制作工艺的角度来讲，时尚首饰的制作工艺包括洋镶工艺、电镀工艺、电铸工艺、电刻工艺、宝石琢型工艺、模具制作工艺、金属表面化学着色工艺等。先期有洋行聘用国外首饰工匠在中国从事首饰制作工作，随后，中国的首饰制作工匠也逐渐掌握了部分西洋首饰制作技艺，为时尚首饰制作的国产化奠定了基础。

民国时期时尚首饰的加工工艺以手工与机械相结合的方式为主，同以往相比，机械参与首饰制作过程中的程度已得到提高，这不仅大大提高了首饰的生产效率，更有利于首饰的批量化生产，从而使中国的时尚首饰制作，完成了从作坊式生产到工业化生产的转变。

时尚首饰作为首饰的一个品类，尽管其形态、材质、生产与销售模式，均与传统首饰存在一定差别，但从制作工艺的角度来讲，时尚首饰与其他品类的首饰的制作工艺，并无本质区别。此外，"时尚首饰"一词，始见于20世纪后期，故而，民国文献中大多数关于首饰制作工艺的记载，亦可作为时尚首饰制作工艺的参考。

2.4.1 金属工艺

时尚首饰的制作工艺，以金属工艺为主，其次为宝石琢型、镶嵌工艺、珐琅工艺、金属表面处理工艺与铸造工艺等。这些首饰的制作工艺有沿袭、有创新，也有引进。在西洋首饰风尚冲击中国本土传统首饰制作与佩戴习俗的环境下，民国的首饰制作大量吸收了外来的制作技艺，从而赋予首饰全新的外观、结构与色彩，满足了时尚人群对佩戴时尚首饰的需求。

民国初期，有"东方巴黎"之称的上海，其首饰制作大多保持传统模式，产出的首饰大部分是传统工匠型首饰。据上海市地方志办公室发布的《上海二轻工业志》介绍："民国时期加工金银首饰全凭手工，银匠铺子多数采用皮老虎吹火熔炼金银，使用钳子、榔头、锉刀和镀缸等手工工具，操作劳累，工效低，质量不稳定。"1931年3月中华职业教育社刊行的《职业概况业辑》也有《银楼业概况》的记录："本业之工作颇为复杂，从前工作上有两个名词：一为累丝（今'花丝'，作者注），一为实录（今'锤揲'，作者注）"又"工作时除熔合金银用煤气灯外，其他所用工具，如刀剪锥槌等，各种形式，虽不一，而要之皆手工器具也，毫不利用机器之力。"时尚之都的首饰制作尚且处于手工阶段，其他城市自不待言。

除了累丝与实录，还有一些传统的首饰制作工艺如錾刻、雕花、包金与模压等，也被沿用。"廊房头条三阳金店、二条天宝金店等大金店买卖金首饰，有作坊给做活儿，和老大也给金店做细活儿——镶嵌、錾刻。和老大做起包金活儿，就是在银胎上包金叶，包的层数是三至五层，这类首饰看外表跟纯金的一样，价格便宜得多。"❶

除了包金，还有錾刻与雕花等工艺，1909年第2期《时事报图画旬报》刊登的介绍全昌金刚钻号首饰制造所的短文中，可看到"工细雕刻，外国发蓝（今译珐琅，作者注）拷毛錾花种，格外奇巧。"的字样。在錾刻工艺方面，模具的使用已相当普遍，也就是说，工匠在錾刻之前，先用模具把金属片压制成雏形，再在雏形之上进行精细化錾刻，这种加工方法能较大地提高生产效率，所以，民国首饰工匠多有采用："首饰和服饰配件中皮带扣最多，另外也存在全银打制的腰带，及纽扣、胸针、手镯等。早期外销饰品主要采用累丝工艺，中间嵌有牙雕、木雕、核雕类装饰物。20世纪以来，特别是民国以后的产物，一般是模压而成。"❷

2.4.2　宝石镶嵌工艺

自晚清以后，西洋宝石琢型与镶嵌工艺传入中国，在清光绪二十年（1894）就有使用料器磨制仿宝石的明确记载："北京有张崑和徒弟贾福来用'广料'和'洋料'（即日本料棍），烧成戒面石、尖石、麻花针出口。1916年，通县（今北京通州，作者注）人高俊向李春润学习制作戒面石。1930年，蒋文亮（蒋二）收齐祥、蒋文奎、高迁山等人为徒，制作戒面石出口。当时由于工具落后，技艺水平低下。"❸此一时期，宝石的琢型多为素面，宝石的镶嵌工艺也多采用传统的包镶，有时候，珍珠的镶嵌甚至采用绳子来固定（图2-10），导致首饰经过长时间的佩戴，绳子因为磨损而断开，导致珍珠脱落的现象时有发生。事实上，这种用绳子来固定珍珠的做法较为传统，珍珠打孔之后，绳子穿过孔洞，珍珠实现缀连，再用胶水黏合，完成固定或镶嵌。❹此后，至民国中后期，"20世纪30年代初至20世纪50年代末，首饰钻加工的主要设备有电动磨钻机、括钻棒、钻石夹具和铜锡斗（用一种铜锡合金固定钻石和调节钻石磨制角度的传统工具）等。虽然设备简陋，但在长期实践中，磨钻师掌

❶ 陈重远.老珠宝店[M].北京：北京出版社，2006.
❷ 李李，召苏.外贸史上的白银中国风[N].美术报，2017-11-4.
❸ 孟皋卿.中国工艺精华[M].北京：新华出版社，2000.
❹ 李理.从影像到实物——谈婉容皇后的珍珠情怀[J].故宫文物月刊，2012（353）：83.

握了一手好技术，特别是改修旧钻的琢磨工艺上堪称一绝。早在20世纪40年代，上海的磨钻师已能凭长期积累的经验目测钻石毛坯内包裹体（指钻石体内杂质）的深度。"❶ 经过数代人的努力，国人逐渐掌握了刻面宝石琢型工艺，能够独立加工多种刻面宝石琢型样式（图2-11），据程乃珊女士回忆："20世纪20年代起，上海租界商贸日益繁华，大批印度、巴格达、巴基斯坦等英属殖民地的犹太人来上海，他们利用东印度盛产的宝石、钻石资源，来上海开设各种首饰店，有静安寺路上的晏摩姬（张爱玲的好友炎樱家开的）、纳安娜，还有安康洋行。这些犹太人的首饰设计为西方时尚概念，但加工的工匠都是上海本地人，由此打下上海首饰工艺甲冠全国的基础。"❷

图2-10 民国时期首饰工匠采用绳子来镶嵌珍珠

图2-11 民国各种琢型样式的玛瑙戒面

除了宝石琢型工艺，洋镶工艺亦是相当流行的首饰制作工艺之一。所谓洋镶工艺，指来自西洋的宝石镶嵌工艺，如爪镶、针镶、包镶、轨道镶、群镶、无边镶等。早在1909年第2期《时事报图画旬报》刊登的《三马路跑马厅安康里全昌金刚钻号首饰制造所工艺改良》短文中，即可看到"翡翠红蓝宝石洋镶金戒，每只八元半"的字样。❸ 此外，许多民国时尚首饰的款式都用到了人造宝石，从琢型来讲，人造宝石的琢型除了使用与真宝石的琢型一样的磨盘琢型法外，还有模铸法、压制法可以采用，不过，模铸法与压制法主要针对以高铅玻璃为材料的人造宝石的制造，而相比真宝石的镶嵌，人造宝石的镶嵌相对要简单一些，一般以爪镶、包镶和针镶为主，甚至还有采用化学胶水黏接的方式来做镶嵌的。

❶《上海二轻工业志》编纂委员会.上海二轻工业志[M].上海：上海社会科学院出版社，1997.
❷ 程乃珊.百年首饰[J].上海工艺美术，2006（3）：33.
❸ 佚名.三马路跑马厅安康里全昌金刚钻号首饰制造所工艺改良[J].时事报图画旬报，1909（2）：14.

2.4.3　金属表面处理工艺

民国时期，时尚首饰的金属表面处理工艺以电镀为主项，原因在于时尚首饰受流行周期所限，形态样式的更迭较为频繁，为降低制作成本，商家多用较为廉价的材质来制作时尚首饰，再经西洋引进的电镀工艺，可使廉价金属呈现贵金属的光泽与观感，从而吸引顾客的购买。如1908年第8期《实业报》的《铜器镀金法》一文所言："黄铜与红铜之首饰，将金镀之，则与真金首饰无异，非欲人之作伪也，特以今日世界，经济问题，自当研究，而首饰亦系分利之一大部分，使能镀金与真金无异，亦可以稍节财流。"❶又有1933年第10期《中国商业循环录》刊载《百业盈虚录：电镀业》一文，文中所记："粤省金银首饰电镀业为金饰行工人之一种副业，在外国化学工业原料未输入前，所有电金电银首饰器皿俱用人工制作，范围甚狭，起货无多，嗣以科学发达，各种工业化学原料无不具备，人工减少，出货敏捷，成本低廉，五金电镀业日趋发达，除细小首饰用药料电金、电银外，至电古铜等类，多用电力摩打机制作，事半功倍，出货更多而快捷。"❷著名作家老舍在长篇小说《二马》中亦有镀银首饰的描述："马老先生要看戒指，伙计给他拿来一盒子小姑娘戴着玩的小铜圈，全是四个便士一只。马老先生要看贵一点的，伙计看了他一眼，又拿出一盒镀银的来，三个先令两只。"❸可知自西洋引进的化学电镀技术已在中国落地生根，镀金镀银首饰已经被人们所接受。此外，亦有珐琅工艺、金属着色工艺、电刻工艺与刻字工艺等，增加了金属表面纹样、肌理与色彩的多样性，提高了首饰的美观度。

珐琅工艺方面，中国的工匠浸淫已久，民国时，珐琅用于首饰制作已较为普遍，如有"银质景泰蓝名字、学校、团体戒指。"❹还有"珐琅器的制品，种类甚多，均属于美术品及装饰品之类。有各式各样的瓶、盘、杯、罐、烟壶、小盒等器皿，及应用于首饰上的'烧蓝'，烧蓝首饰，便是应用的金银珐琅釉，制作手续，先在银质首饰上攒成凸形花朵枝叶，而于凹陷处涂以釉药，经煅烧、打磨、镀金或包金便成。"❺而人们佩戴珐琅饰品的现象也已十分多见："七巧翻箱子取出几件新款尺头送与她嫂子，又是一副四两重的金镯子，一对披霞莲蓬簪，一床丝棉被胎，侄女们每人一只金挖耳，侄儿们或是一只金锞子，或是一顶貂皮暖帽，另送了她哥哥一只珐琅金蝉打簧表。"❻

❶ 佚名.铜器镀金法[N].实业报，1908–08.
❷ 佚名.百业盈虚录：电镀业[J].中国商业循环录，1933（10）：68.
❸ 老舍.老舍全集：二马[M].香港：华语出版社，2017.
❹ 佚名.三和公司广告[J].玲珑，1931，1（38）：1469.
❺ 佚名.北平景泰蓝[J].实业杂志，1935（206）："琐谈"版块第3–6页.
❻ 张爱玲.金锁记[M].呼和浩特：内蒙古大学出版社，2003.

珐琅工艺的制作工序较为复杂，简言之："先将紫铜皮用人力打成各种形式不同的坯，再以细铜丝轧成薄片，用铁钳钳成龙凤及各种图案花纹，以白芨汁将铜丝花朵黏坯上，然后填上珐琅，烧好乃成。"❶更为详细的记录则出现在1917年第16期的《实业杂志》，有《实用珐琅制造》一文，以图文的形式对珐琅工艺作了全程介绍，文章记载："以机械制造铁坯者，即以压印机压铁板（熟铁）所成之坯也，其操作甚速。自此种机械发明以来，制出珐琅器具甚多，其价格亦廉，品质亦佳，故此种坯子以之制造各种器物，甚属便利。"❷这里提到的"以机械制造铁坯者，即以压印机压铁板（熟铁）所成之坯也"，实则为模压工艺技术，也就是说，此时，珐琅胎体的制作已经借用机械进行模具压制。另外，文中"欲使珐琅施于铁板上，则此种珐琅，务必具有最大之膨胀系数，故业珐琅者，非实地试验不可，盖因铁板制造时使用之滚压机（Rolling Mill）各有不同，因之膨胀程度，亦有差异"，可见铁坯的制造，是用滚压机碾轧而成，说明民国时期，就已使用滚压机来处理金属，使金属成型。文中特地附上"滚压机"的英文名称为"Rolling Mill"，说明这是一种进口设备。时至今日，滚压机依旧是首饰制作过程中不可或缺的设备之一。

在金属表面刻字也是比较流行的工艺，人们愿意在首饰中留下文字信息，作为纪念或铭志。1946年第52期《国际新闻画报》有一则短文，介绍了胡适夫人的戒指："胡夫人手中有三只戒指，一只上面刻了一个福字，一只刻了一个寿字，还有一只是'戒酒'两字。有人问其故，夫人笑嘻嘻说：'适之早年嗜酒，饮而常醉，我以其如此不但伤身，而且误事，故制'戒酒'一只以劝其戒饮。'"❸老舍的小说《离婚》首次出版于1933年8月，小说讲述了以老李为主的北平财政所几个科员的离婚危机及家庭纠纷，小说中描写张大哥的时尚穿戴时，也有刻字首饰的描述："（张大哥）左手的四指上戴着金戒指，上刻着篆字姓名。"❹可见当时刻字首饰的佩戴已经十分流行，许多顾客都有在首饰上刻字的需求，这种做法实际上已经属于私人定制首饰的范畴。

电刻工艺在民国时尚首饰的制作中亦有使用。所谓电刻工艺，实际上是一种借助电力与化学溶液来实现腐蚀的工艺。这种电刻工艺多用于金属表面的文字、图形与纹样的制作，其具体做法为："在铜版上，先用油漆书成文字，或绘写图画，然后浸入硫酸铜溶液中，作为阳极，然后另用一大铜版做成阴极，通以电流则书画之处凸起如雕刻之形状，此铜版制成之后再镀之以银，其镀银之方法系以该铜版用酸浸之，再以水洗净。洗毕立即浸入镀槽内。镀槽内之溶液含有氰化银零点八八克，氰

❶ 魏守忠.景泰蓝[J].良友，1933（76）：32-33.
❷ 佚名.实用珐琅制造[J].实业杂志，1917（16）.
❸ 小白.胡适夫人的戒指[N].国际新闻画报，1946-52.
❹ 老舍.老舍全集：离婚[M].香港：华语出版社，2017.

化钾一十五克，水一百克，将银板悬于阳极，制成之铜版悬于阴极通过电流则银即附着于铜版上，则此项银盾或其他银器即制造成功矣。"❶

电铸工艺也是一种从西洋引进的首饰加工技术，这种技术对于制作金属立体形态十分高效，具体做法如下："先用马来树胶、或石膏、火漆、蜡等制成模型，若用树胶时，则于模型之上，遍涂石墨，使之成为电导体，将此模型浸入硫酸铜溶液中。该溶液中含有硫酸铜二百七十八克，强硫酸九十四克，水一千八百克。用铜版悬于阳极，将制就之模型悬于阴极，通以电流，则析出之铜即附着于模型之表面"❷实际上，这种电铸工艺一直沿用至今，经由电铸工艺制作而成的首饰，呈现重量轻、成本低、形态细腻与造型多样的特点。

2.4.4　非金属材料加工工艺

非金属材料的加工工艺主要指针对化学材料、纸、通草纸、纺织品、丝绒与动物角质、骨质等材料的加工工艺。化学材料主要有赛璐珞、胶木、哔叽等，纺织品包括丝绸、绒绢、麻布等。化学材料的加工工艺主要为模铸法，调和而成的化学材料经模具铸造成型之后，再经打磨与抛光，效率颇高，而通草纸与纺织品材料则多用于花饰的制造。民国时期，无论首饰时尚如何变化，花饰的佩戴却从未改变，改变的只有花饰的形态、尺寸大小、佩戴部位与质地，可见，国人对花饰佩戴的情有独钟。

佩戴花饰在北京地区最为流行。花饰的用材十分多样，有绸、缎、绢、纱、纸、电光绒、通草、铁丝与布等，所以，花饰有"绢花""纸花""通草花"等多种叫法（图2-12）。通草花是指用通草纸为主要原料做成的花饰，通草纸虽名为纸却不是纸，它是通草（通脱木）的白色茎髓经手工削制而成的长条形薄片，酷似白纸，故名通草纸。金受申在《北京通：北京的手工业》一文中写道："纸花，又

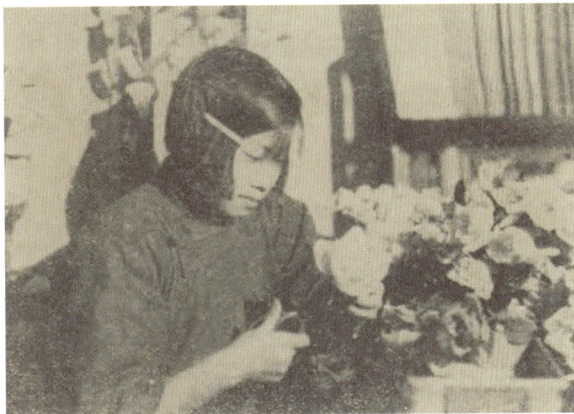

图2-12　北洋美术社女社员之制纸花工作，《北洋画报》1929年第7卷第308期第1页

❶❷ 佚名.电铸与电刻[N].新中华周报，1945-01-04：7.

名'通草花'，实则原料不止纸与通草，绒绢也是其中大批原料，今简称为纸花而已。"[1]文章对纸花的选料、作叶、作花瓣、作花须、作花心、攒花以及纸花业的生产与销售状况都做了十分详细的描述。此外，1934年第85期《良友》杂志，亦有魏守忠的《北平假花之制造》一文，对纸花的制作流程也有较为详尽的描述。

此外，胸花在民国时期也是很受欢迎的一种胸饰，胸花中最受人们喜爱的是绒花。绒花一般由丝绒和刮绒制成，丝绒可以从当时的各大绸缎庄购进，而刮绒一般多为造花者自制，它的具体做法是：以草本植物绒草为原料，收集与洗净后放入锅中煮沸，待汁液黏稠时倒在铺好的木板上，用纸板或木板将其刮平晒干，晒干后的绒胚再用纸裱糊，就可以制成各式的花朵，而生产绒花的全过程一般要经过几十道工序，绒花的部件组合不仅要求严密完整、天衣无缝，不给人以堆砌之感，还要在配色上讲究"润、亮、清"。

[1] 金受申.北京通：北京的手工业[J].立言画刊，1942（182）：19.

2.5　民国男士时尚首饰

民国初年，一些具有新思想、新观念的男士开风气之先，他们效仿洋人穿洋装，佩戴西方时尚配饰，中国服饰因此呈现新老交替、中西并存、中西交汇的局面，与此同时，中华民族传统服饰走向衰落与蜕变，出现了以废除传统服饰为中心内容的服饰改革，男子服饰出现了从长袍马褂向中山装和西装逐步过渡的趋向，与一身洋装相匹配，礼帽、金丝眼镜、烟斗、钢笔、怀表与手杖等，也都成了男士眼中的时髦之物。

2.5.1　概述

民国男士时尚首饰包括胸花、戒指、袖扣等，以戒指为大宗。胸花的佩戴多与婚庆活动相关联，戒指的佩戴则为日常之穿搭，袖扣则仅仅佩戴于西装衬衣的袖口。不管怎样，民国男士时尚首饰常常与礼帽、金丝眼镜、烟斗、钢笔、怀表、手杖等配伍，共同塑造出一个民国时髦男士的典型形象（图2-13），上至达官贵人，下至洋场职员，无不如此打扮，在商业发达的上海，这种时髦男性更是随处可见。在众多的文学作品中，对这种时髦男士的形象多有描写："他（崇贤，作者注）的身材本来生得魁梧，如今更常穿起长袍黑褂来，以壮观瞻。就是仍旧穿西服时，也要拣宽大素净的来穿，鼻上凭空架副玳瑁边眼镜，口衔烟斗，手持司地克。"[1] 所谓"司地克"，为英文"Stick"的音译，意为"手杖"。这

图2-13　程砚秋，《红玫瑰》1927年第3卷第42期正文前插页

---

[1] 苏青.苏青文集：小说卷上——父女之爱[M].合肥：安徽文艺出版社，2016.

种手杖并非老年人专属，其功能性已经失去，变身为具有装饰性的时尚之物。又如"（张大哥，作者注）打扮得也体面：藏青哔叽袍，花驼绒里，青素缎坎肩，襟前有个小袋，插着金夹子自来水笔，向来没沾过墨水；有时候拿出来，用白绸子手绢擦擦钢笔尖。提着潍县漆的金箍手杖，杖尖永没挨过地。抽着英国银星烟斗，一边吸一边用珐蓝的洋火盒轻轻往下按烟叶。左手的四指上戴着金戒指，上刻着篆字姓名。袍子里面不穿小褂，而是一件西装的汗衫，因为最喜欢汗衫袖口那对镶着假宝石的袖扣。"❶西装、自来水笔、手杖、烟斗、金戒指、假宝石袖扣，这些时髦的标志之物一应俱全，一样都没落下，足见老舍对彼时的时尚动向了若指掌，对时尚型男的刻画才能入木三分。

2.5.2 戒指

民国男士时尚戒指以金戒指和钻石戒指最为流行，而上海男士对钻戒尤为喜爱，无论是富甲一方的商贾、公司经理，还是影星，都喜欢佩戴金戒指和钻石戒指（图2-14），以体现自己的财力和时髦身份。1909年第145期《图画日报》刊登了一则图画新闻，文曰："戒指一物，始于宫禁，凡妃嫔系以接驾者，王见之不复临幸，盖为暗表月信而设，非妇女所宜恒系，遑论男子自近世误作为装饰品，后于是男女皆乐用之，而上海则更喜带金刚钻戒指，取其一举手异常耀目，虽真伪错出，而其炫人之心则一。"❷

图2-14 影星陈宝琦，《中华影业年鉴1927年》第200页

手指上戴了钻戒，就会在朋友面前有意无意地晃动戴了钻戒的手，足见上海男士以佩戴钻戒为荣。文学作品也有对民国时尚男士佩戴戒指的描写，这些作品中以张恨水的《纸醉金迷》为最，如"这位吴科长，是客人中最豪华的一位，三十多岁，穿着一套真正来自英国皇家公司的西装，灰色细呢上略略反出一道紫光，他的手指上戴了一枚亮晶晶的钻石戒指，富贵之气逼人。"❸张恨水眼中的商人无不在手指上佩戴钻石戒指，可见其对钻戒的"情有独钟"。除了张恨水笔下的商界精英，纨绔子弟的

❶ 老舍.老舍全集：离婚[M].香港：华语出版社，2017.
❷ 张松云.上海社会之现象：男女手指竞带金刚钻戒指之炫耀[J].图画日报，1909（145）：7.
❸ 张恨水.纸醉金迷[M].呼和浩特：远方出版社，2017.

表现似乎更甚，手上竟然可以同时佩戴了十几枚戒指："那个少年戴着金丝眼镜，嘴里上下金牙衔着半尺来长小山药般粗中间镶着金箍的'吕宋烟'。手上戴着十三四个金戒指，脚下是一双镶金边的软底鞋。胸前横着比老葱还粗的一条金表链，对襟小褂上一串蒜头大的金钮，一共约有一斤十二两重。"[1]少年这身装扮，竟有股子嘻哈风的味道，简直一个活脱脱的任性不羁的富二代画像。

对于戒指中钻石的大小，文学作品中也有描述，如"在西装小口袋里，垂出两三寸金表链子，衬得西装格外漂亮挺括。他手里握了一支烟斗，露出无名指上蚕豆大的一粒钻石戒指。"[2]又如"右手握住敏士的手，按了几按，口中又叫了一声密司忒甄，那右手无名指上戴着两只金刚钻戒指，俱有四五喀辣（今译克拉，作者注）大小，翻头雪亮，耀得人眼光都花。"[3]无论是"蚕豆"大的还是"四五喀辣"大的钻石都价值不菲，尤其后者，即便在今日，也不是一般人能买得起的。

男士时尚戒指的样式"最普通的是制成粗圈，镶以平面的宝石，或表面雕了花纹，或拼出英文字母。"[4]而戒指的佩戴，除了拇指，可以随便戴在任何的手指上，但结婚戒指必须戴在左手的无名指上。从古至今，戒指的功用在不断改变，但无论如何变化，戒指"禁戒"的功用在人们的观念中似乎一直保持不变，换言之，戒指具备"禁戒"的警示作用，"戒指的意义就在一个戒字上。起初，因为一个人有了某种不良的习惯或者嗜好，在他戒绝之后，就套上一个戒指，便可以时时见了戒指而有所戒惧，不敢'故态复萌'，仍踏前车之覆辙。"[5]于是，人们在戒指上雕刻图文，佩戴在手指上，以达时刻警醒的目的。以戒指实施禁戒，虽古已有之，但所戒之事物，却是古今有别的，如"指环之为物，迄今仍脱不掉禁戒的性质，不过所禁戒的，另换了一个对象罢了。古时所禁戒的，是女人的主人或占有者——即所谓夫君。"[6]这是提醒他人勿要染指自己的女人。还有，"到了现代，竟连男子也戴起戒指来了，不过，这个'戒'字，幸亏还没有一并忘记，因此，有许多人在戒赌、戒烟、戒酒或是戒嫖以前，必须打个金戒指来戴，以示决心。"[7]又如"陈人鹤（群）君，豪放爽直，不改曩昔，惟现左手小指上御两戒，系外国金，一有小鸡心，一系细线戒，二者叠于一指，有询以何意，陈君谓一系戒酒，一系戒骂人。"[8]这是禁戒吃喝嫖赌的，不过，戒指的实际禁戒效用，到底大小如何，则只有佩戴者自知了。

[1] 老舍.老舍全集：老张的哲学[M].香港：华语出版社，2017.
[2] 张恨水.纸醉金迷[M].呼和浩特：远方出版社，2017.
[3] 佚名.《海上繁华梦（初集续）》卷一第一回[J].图画日报，1909（8）：4.
[4] 吕芳.男人的戒指[J].妇女世界，1942，3（8）：74.
[5] 整修.闲话戒指[J].雏燕，1911，1（6）：83.
[6] 黄华节.戒指的来历：中国妇女装饰史稿之四[J].东方杂志，1933，30（5）：19.
[7] 秋长在.戒指之用途[J].海风（上海1945），1946（19）：11.
[8] 寿翁.陈群手上之两戒指[N].国闻画报，1928-10：1.

当然，除了"禁戒"，戒指还承载着人们的美好愿景，也可以用于男女间的定情，如民国时期导演史东山手指上戴的"金约指"，就有定情信物之意："CS君作上海名记者之种种，甚不能忘情于严独鹤之金约指，顷忽见史东山左手第四指上，亦御一黄澄泽之金约指，岂艺术家与文学家固有同嗜邪，夺而视之，上镌文玉二字，问之，笑而不答，抑吾闻东山向以导演言情电影剧著，杨花之恨，同居之爱，已甚腾播于众口，近续著手于儿孙之福，君子于是知其微意所存矣。"[1]

男士时尚戒指的分量一般较重，体积也较大，有许多金戒指上刻了自己的姓氏，当作印章（图2-15），商人中还流行刻有自己名字的黄金戒指，在洽谈生意时，把戒指撸下来当图章使用，显得气派十足。此外，在戒指上雕刻"發""福""寿""吉祥""如意"等字样的款式颇受欢迎，尤其"發"字黄金方戒成了民国时尚戒指最常见的经典款。

除了文字，还有刻了花纹的戒指也颇为时尚，这些花纹多为植物与动物纹样，制作工艺有錾刻、镂刻、雕金、花丝、铸造等。如"有一次我买了一枚象牙质的戒指，在三分多的面积上刻着一树垂杨和两只燕子，还有一首七言诗和我的名字，刻画的痕迹瘦得像蛛丝一般，除非放在放大镜底下，才能辨认清楚。"[2]象牙雕刻实为中国传统装饰工艺之一，把象牙雕刻运用于时尚首饰的制作之上，说明民国首饰工匠并不囿于传统，会根据客户需求来制作首饰。这枚象牙戒指，

图2-15 民国印章戒指

雕刻有杨柳、燕子、诗和佩戴者的名字，应为定制之物，其雕刻工艺之精湛，纹样甚至需要"放在放大镜底下，才能辨认清楚"。

运用铸造工艺制作的戒指也颇为常见，1933年第80期《商标公报》有四款戒指商标的申请（图2-16），这四款"建国戒指"的商标分别为：九一八商标、一二八商标、兵舰商标和航空商标。[3]戒指的制作材质为"夹金"，所谓"夹金夹银"指纯度较低的金银，相当于K金和银合金，那么，"夹金夹银"制品就是指由纯度较低的金银制成的物品。从该申请中的款式图可见，戒指的戒面一侧，分别刻有"918""128"，

[1] 震雨.史东山之金约指[N].三日画报，1926-110：1.
[2] 陆静华.戒指[J].快乐家庭，1937，2（1）：91.
[3] 李舶列.审定商标第一五八九一号、一五八九二号、一五九七八号、一五九七九号[J].商标公报，1933（80）：51.

以及军舰与战机的图案，戒指的内圈刻有"礼百列行建国戒指"字样，这种设计样式与时代紧密相关，非传统所有。

2.5.3　花饰

民国男子一般在庆典活动中佩戴花饰，在逢年过节、走亲访友或一些喜庆的日子里，北京人无论男女老少都喜欢在头上装饰头花，一般是在鬓旁斜插一朵红色的头花。民国时北京城内有多座庙宇，各庙宇的内部或庙门前都设有集市，称为"庙会"，香客游人在庙内拜神进贡之后，除了品尝一些小吃外，还要在庙会上买上几枝"福""寿"红绒花，插在男人们礼帽的缎带缝隙中，老北京把这叫作"带福还家"。更为时尚的做法是在胸前佩戴胸花，尤其是在结婚典礼中，男士一般都要佩戴胸花（图2-17）。

西装的左前胸往往有口袋，时尚男士喜欢在这个口袋里放置一块小手巾作为装饰（图2-18），有人认为，男士在这个口袋里放置手巾作为装饰是一种国际化的表达："服装的立体板型以及左上口袋放置口袋巾进行装饰等，则是国际化与现代化的表达。"❶而在西装左领子上戴胸花或胸针，亦有异曲同工之妙。民国编导、演员王元龙平素穿西装时，喜欢佩戴胸花："导演王元龙，身穿西服，衣襟上插着一朵红花儿，置身

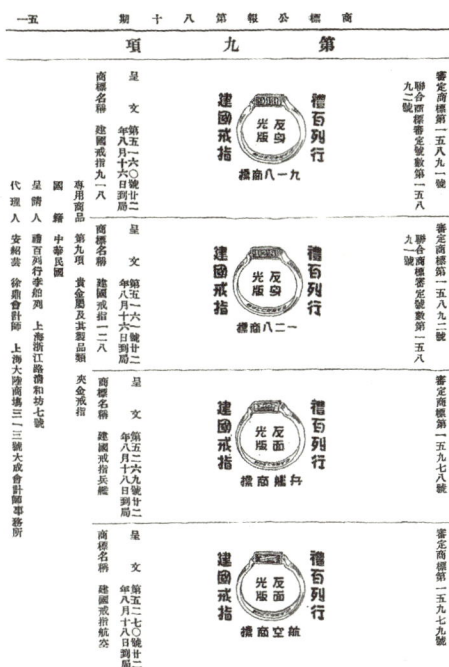

图2-16　《商标公报》1933年第80期第51页

图2-17　民国老照片，约20世纪30年代，北京服装学院服饰博物馆藏

---

❶ 周加李. 新中国外交服饰：从不断探索到彰显文化自信[J]. 艺术设计研究，2022（5）：19.

在那群长袍大袖，装扮得土头土脑的演员中，活像一个周身洋气的官老爷。"❶ 所以，男士佩戴胸花，会平添不少喜气。

另外，据上海中央书店1932年出版的《上海门径》记载："着西装首贵整洁，着西装的人既是审美家，所以很多华丽的点缀，外套左边领上的一个纽扣洞内，刚一直线，对左角的插袋，所以普通人都悬一根表链，金银的一颗，倒也雅致。有的偕素心人偕游荒郊，或公园的时候，由他摘一朵花朵儿，给你佩在这左领上，这是多么的旖旎。有的平时佩上机关学校的证章，表示威风，也有把赛瓷做的各式梵哑琳、打球等的小别针，佩在左领上，也别有风致。"❷ 可见，在男性西装左领处佩戴证章和别针，已然时髦，而别针的样式也颇洋化，有音乐主题如"各式梵哑琳"，也有运动主题等。

图2-18　演员刘琼，《青青电影》1939年10月第15页

2.5.4　袖扣

民国时期，时髦男士大多穿西装，而上海男士穿西装的风气最盛，故而，许多洋服与服饰店在上海应运而生。这些店家缝制定做西服，也销售来自欧洲的领结、领带、方巾、袖扣等，但不包括代客制作袖扣。而袖扣作为西服的基本配饰，穿西装时，当衬衣袖口反折之后别上袖扣，就能收到画龙点睛的装饰效果。于是，当佩戴袖扣的时尚在国内逐渐传开之后，本土的银楼也开始制作袖扣，渐渐地，金质袖扣在上流社会中流行开来（图2-19）。

图2-19　新婚夫妇（局部），谢之光，20世纪30年代

---

❶ 海鸟寄.李幼丽做古典新娘、王元龙襟上一朵花[J].艺海画报，1948（5）：2.
❷ 王定九.上海门径[M].上海：中央书店，1932.

民国男士袖扣的材质一般为K金或白银，由于纯金的质地较软，极易磨损，因此，金袖扣所使用的黄金一般为九成纯度，称为"九呈金"，以增加硬度。由于价格不菲，金袖扣在民国时是十足的奢侈品，但仍让追求时髦的有钱人趋之若鹜。

2.6 民国女士时尚首饰

民国女士时尚首饰的风格简洁而不失文雅，逐渐摆脱了封建社会繁琐装饰，更注重实用性。因其能体现女性优美身体曲线，常与旗袍搭配，彰显时尚魅力。此外，从西方传入的首饰制造工艺也影响了当时的首饰款式，使得宝石镶嵌工艺得到了提升，珍珠首饰开始流行起来。款式方面，民国女士时尚首饰的类型丰富多样，包括头饰、耳饰、项饰、胸饰、手饰、腕饰等。这些首饰大多融入了时髦的元素，与西方流行风潮息息相关。

2.6.1 头饰

头饰，顾名思义，是佩戴在头上的首饰，进一步而言，是指佩戴在头发上的首饰。既然是头发上的首饰，那么，头饰的样式、材质、体积、结构、纹饰、色彩与制作工艺等，均与头发息息相关，所以，发型的样式与演变对头饰产生了巨大的影响。

民国时期的时尚头饰品类较多，有发簪、发钗、发卡、发夹、发针、压发梳、头花、头箍、发箍、头冠、束发带、发结、发网、珠花等。发簪与发钗的佩戴由于女子剪发运动的盛行而日渐减少，而发卡、发夹、压发梳与发箍的佩戴则日渐增多，很多时髦女性和明星名媛在穿着旗袍时，都会佩戴发箍。发夹也是民国女性钟爱的一款时尚头饰（图2-20），名媛贵妇往往会佩戴昂贵的金银发夹，而佩戴使用人造钻石镶嵌而成的发夹也是一种风尚。珍珠压发梳非常流行，这种压发梳既可以固定发型又能起到装饰作用，它的款式通常是洋金嵌一排或两排珍珠。发网是一种使用头发编织而成的网状物，同时具备使用功能与装饰功能。头花、肩花与胸花均由纺织布料制成，如丝绸、绸缎、哔叽、纱布、绢以及纸等。当然，有时也可以插上真的鲜花，但鲜花就不属于首饰的范畴了。

图2-20 民国镶嵌玛瑙银发夹，民间收藏

2.6.1.1　概述

　　民国早期，承袭清代遗风，珠花头饰十分流行，青楼女子对珠花尤为喜爱，这些珠花头饰由线绳串联珍珠而成，珍珠的尺寸较小，经由线绳串联之后，再经编结，可制成十分丰富的形状与样式，比较多见的样式为花卉与蝴蝶。珠串有单股或多股之分，单股多用于圆形发箍的制作，多股则多用于制作带状头箍与发圈。花卉与蝴蝶形珠花，可佩戴于头顶、脑后、额上与鬓旁等处，珠圈则多佩戴于额上及鬓旁等处，既装饰了头面，又能固定发髻。北平名妓十分喜爱戴头花，20世纪10年代，此种呈放射状的、形似烟花绽放的头花，极受北平青楼女子的喜爱（图2-21）。相较而言，上海名妓则更喜欢佩戴价值较高的珍珠头饰，一套做工精细的珍珠头饰价值较高，需用数百颗珍珠串联而成，佩戴于头部，几乎覆盖了头顶、额头、两鬓及脑后，有富丽堂皇的装饰效果。此外，亦有珍珠串成的呈几何形的发饰，尺寸较小，重量较轻，这种造型简约的发饰备受大家闺秀的青睐。

图2-21　北京名妓银福，《艳奁花影：1911年全国各埠名妓小影》第23页

　　进入20世纪20年代，珍珠头饰依然流行，尤以珠花为甚。珠花多被佩戴于额前、头顶、脑后、鬓旁以及发髻之上，然而，此时的发髻与十年前相比，样式大为减少，造型也简单得多，所以，珠花头饰主要为头箍与发圈，在束缚头发与固定发髻的基础上，也起到了装饰作用。珍珠头饰最为繁复者，几以珍珠盖头，形似帽子，能完全罩住头发，珍珠穗长及胸前，颇为壮观。电影明星也常常佩戴珍珠头箍，头箍两侧缀有数条珠串，犹如珍珠瀑布，十分美丽。珍珠头冠与珠花的佩戴在婚庆活动中尤为常见，新娘常常以佩戴满头珠饰为荣，在经济实力雄厚者的婚礼上，甚至伴娘也会佩戴珍珠头冠。从造型来看，20世纪20年代的头饰大多形态简约，有心形、S形、叶形、圆环形、心形、放射形、一字形等，多采用洋镶工艺制作而成，整体样貌呈现装饰艺术风格，线条简约明快，形态干净有力，颇具现代感。头花的佩戴依然盛行，无论是艺人、知识分子还是家庭主妇，都对头花青睐有加。头花的尺寸较

大，形态较为夸张，可谓千姿百态，但尤以玫瑰花、菊花、月季、牡丹等花形为盛。头花佩戴于鬓旁、额前、脑后与发髻之上，而以鬓旁戴花最为时尚，可使女性显得风姿绰约，媚态百生。

20世纪30年代，由于国家危难，经济萧条，对外交通受阻，国际贸易陷入低谷，西洋时尚首饰的进口日益减少，贵金属买卖受到国家管控，用金、银、钻石、红蓝宝石等制成的头饰已不多见。成本较廉的头花十分风行，甚至有独当一面之势。彼时，在左右鬓发的末梢、平行于耳朵或略低于耳朵的位置佩戴头花的做法十分流行（图2-22）。头花的尺寸或大或小，单花直径大约20cm，可谓巨大，小约2cm，可谓小巧，单朵佩戴或多朵一起佩戴都比较常见。还有的头花在主花之下，缀有长长的垂饰，或者多花连成一簇，加上垂饰，视觉效果蔚为壮观。此外，这一时期十分流行的头饰还有排花发夹，它是一种由小花苞或小绒球有序排列而成的发夹，佩戴者多为交际花、舞女、电影明星。由于时局紧张，当局大力提倡简朴生活，导致珠花的佩戴大为减少，不过，逢婚庆时，新娘亦有珠花头饰佩戴，新娘头上的珠花造型华丽，纹饰以西式纹样为主，尺寸较为夸张，极富装饰性。此外，由电镀金银工艺以及人造宝石镶嵌工艺制作而成的发卡，受到时尚女性的追捧。这些发卡有波浪形、S形、箭头形、雪花形、蝴蝶形、蝴蝶结形、一字形、花纹形、联珠形等，设计风格十分简约而时尚。20世纪30年代后期，束发带与发结的使用非常普遍，尤以蝴蝶结最为流行。蝴蝶结的尺寸较大，色彩明丽，而以淡红色蝴蝶结最受欢迎。

图2-22 卢燕女士，《妇人画报》1935年第25期封面

20世纪40年代，除了头花，其他类型的时尚发饰已较为少见，尤其珠花的佩戴已罕见，由于民国时期提倡集体婚礼，隆重的婚庆场面渐为稀少，所以新娘也较少佩戴珠花，致使头饰品类中，头花一枝独秀。这些头花五颜六色，大多由纺织布料制成，尺寸或大或小，大约30cm，小约4cm，均可见到。与以往不同的是，20世纪40年代，头花佩戴的部位，大多位于头顶正中，尽管此时尚女性对发型的重视程度已远超头饰的佩戴，但是，烫发之后把头花佩戴于头顶，依然是最时髦的。发夹的佩戴亦不在少数，这些发夹大多造型简约，有圆环形、S形、圆盘形、花卉形、一

字形等，材质为廉价金属镀金与镀银、镶嵌人造宝石等。图2-23所示为花卉形头饰，是典型的西洋样式，花朵与枝叶的尺寸巨大，镶嵌了数不清的小颗粒仿真宝石，形成璀璨夺目的视觉效果。尺寸如此巨大的饰品一般都会采用较轻的材质来制作，否则，重量太大，无法获得舒适的佩戴感，价格也会很昂贵。这件头饰的造型十分简洁，形态元素排列有序，具有装饰艺术设计风格，其整体结构较为复杂，制作工艺十分精湛，是从西洋直接进口的时尚首饰产品。此外，头箍的样式也较为丰富，镶嵌人造宝石的头箍最为时尚，束发带与发结的使用也不少见。

图2-23　电影明星白光小姐近影，《三六九画报》1942年第13卷第9期封面

2.6.1.2　头饰的材料

头饰的制作材料较为多样，有贵金属、廉价金属、天然宝石、人造宝石、纺织品、骨质、羽毛、料珠、赛璐珞等。1946年第2期《上海特写》刊登诗配画四幅，反映了清末女性的时尚装束面貌，其中有两幅诗配画涉及女性头饰，诗配画其一："通草为花色最娇，令人遥见便魂销，绒球嫌俗新翻样，蝴蝶当头步步摇。此谓头上挂绒球插通草蝴蝶。"[1]诗配画其二："完春衣裳各赛精，内圆补子尽洋金，外来太太尤都丽，寸许花翎插髻心。此谓髻上插孔雀翎。"[2]这两幅诗配画中描述的头饰，其材质以孔雀羽和丝绒为主。

钻石亦为发饰的制作材质之一，在一些文学作品中，就有关于头饰材料的描述，比如张爱玲在《金锁记》中的描写："只看见发髻上插的风凉针，针头上的一粒钻石的光，闪闪掣动着。发髻的芯子里扎着一小截粉红丝线，反映在金刚钻微红的火焰里。"[3]这里描述的是钻石发针，钻石尽管贵重，非寻常百姓能消费得起，但同样天然具备时尚气质。人造宝石也是一种发饰的制作材质："（明珠，作者注）随手把纸包拆开，却是一只晶光雪亮的水钻发针，式样非常精巧。"[4]这里描述的是水钻头饰，水钻即人造宝石，西洋的时尚首饰多镶嵌水钻，可见此风已进入中国。还有珠串："她

❶ 吴飞莺，董天野.六十年前上海妇女装特写之二[J].上海特写，1946（2）：7.
❷ 吴飞莺，董天野.六十年前上海妇女装特写之三[J].上海特写，1946（2）：10.
❸ 张爱玲.金锁记[M].呼和浩特：内蒙古大学出版社，2003.
❹ 王定庵.发针[J].红杂志，1924，2（24）：4.

（何丽娜，作者注）今天只穿了一件窄小的牙黄色绸旗衫，额发竖着一串珠压发，斜插了一支西班牙硬壳牌花。"❶ 这里讲的珠串压发一般为珍珠材质，牌花为西班牙进口，材质为贝壳。还有骨质的发饰，如韩邦庆在《海上花列传》中的描写："秀英、二宝新妆未成，并穿着蓝洋布背心，额角边叉起两只骨簪拦住鬓发，联步进房。"❷ 这里的骨质发簪，一般为动物骨质，价较廉，价昂者为象牙。还有用赛璐珞制作的发梳和轧发（发夹），1940年第2期《国货商标汇刊》记载了义昌赛璐珞制品厂商标注册信息，商标名称为"蝴蝶"，其中"原料名称及来源"一项为"赛璐珞采自瑞士，珠钻国产"，产品为"各种插梳、轧发"，销售地点为"国内各埠及南洋群岛"。❸ 可见国内已有赛璐珞发饰产品的生产。还有钢质的发夹，如上海振兴厂出品的钢质发夹享有盛誉。❹

2.6.1.3 头花

旧时女子在发髻上簪花是十分流行的，比如北京人在逛庙会的时候，都会购买绒花，庙会中有许多漂亮的绒花售卖，而"摊贩游人购买戴至头上，俗谓'带福还家'"。❺ 一种喜气洋洋的气氛马上就被烘托出来了。而时髦妇女插戴头花，并不限于红色和固定的种类，只要能使自己美丽大方即可，这些插头花的形象，我们可以从当时的年画与各类广告画中看到。然而由于剪发运动盛行，时髦女子都剪去了长发，各式发髻尽然消失，发簪失去了依附之处，有些女性便将头上簪的，移至衣上。然而，无论发型的样式怎样变化，都没有改变女性佩戴头花的嗜好，对此，诸多民国作家都在小说中有描述："（四奶奶，作者注）头发半蓬松着，在脑后簇起一排乌云卷，在右边鬓角下，斜插了一朵茉莉花球。"❻ 无论老幼，都喜欢戴红花："她（童儿，作者注）有五十来岁，穿着蓝绸子袄，头上戴着红石榴花，和全份的镀金首饰。"❼ 可见，美丽的头花几乎人人喜爱。

头花的色彩十分丰富，有大红色、深红色、橘红色、粉红色、黄色、淡紫色、雪青色（淡蓝紫色）、绿色、银灰色、黑色和白色等，其中红色头花最受喜爱。

众多人群中，坤伶舞女等尤其对头花青睐有加，如坤伶吴素秋对佩戴头花的偏好："吴素秋新购得头花数十支，色彩合时，鲜艳夺目，愈显娇媚动人。"❽ 名伶大量

❶ 张恨水.啼笑因缘[M].呼和浩特：远方出版社，2017.
❷ 韩邦庆.海上花列传[M].北京：人民文学出版社，1982.
❸ 佚名.义昌赛璐珞制品厂：商标名称图样及注册日期[J].国货商标汇刊，1940（2）：166.
❹ 佚名.上海振兴厂出品：名贵烟嘴、钢质发夹[J].华洋月报，1941，6（7）：41.
❺ 佚名.北平财神庙售卖纸鱼绒花[J].天津商报画刊，1936，16（28）：2.
❻ 张恨水.纸醉金迷[M].呼和浩特：远方出版社，2017.
❼ 老舍.骆驼祥子[M].北京：人民文学出版社，2012.
❽ 佚名.小新闻[N].三六九画报，1941-11：22.

购买头花一事，竟也见诸报端，不仅说明
艺人的确喜爱佩戴头花，也说明媒体十分
重视戴花时尚的推介："头发上的饰物间或
也有人很高兴用，所以这里也不妨顺便说
说。如果必须用饰物增其美艳，则丝制的
发边花是最宜于采用的。"❶舞女爱戴花也
被媒体所报道："陈依做头发，花巧极多。
而且总是做得相当好看，她喜欢在发鬓之
间缀一朵花，这样就更动人可爱了。"❷这
里说的是当时舞女陈依对佩戴头花的偏好，
而舞女对时尚的影响也是不可低估的。当
然，喜爱佩戴头花的女性，最好还是尽可
能地保留长发，不过，尽管民国后期女性
多有剪发和烫发，但随着头花佩戴装置结
构的改进，亦可以轻松实现头花的佩戴
（图2-24）。

图2-24　袁美云，《青青电影》1939年第4卷
第18期封底

2.6.1.4　束发带与发结

束发带为一种束发的带状饰物，形态较为简单。发结则是一种以束发带为基础，
通过编结的手法在束发带上做出不同形态装饰的饰物。发型样式由复杂向简单的转
化，改变的不仅是造型，随着职业女性的日益增多，她们需要不断减少处理头发的
时间，毕竟简约的发型与妆饰较为适合职场的需要，束发带与发结应运而生，而剪
发的盛行，虽为一种时尚，却也为职业女性带来了实际生活上的方便，间接地加快
了民国职业女性的现代化进程。

发型的简化带来了头饰的简化，首饰业因此受到影响，头上的首饰拿到首饰店
回炉加工，改成时髦样式的做法一时极为普遍，以至于首饰商无须新购金银材料，
就能满足首饰制造的需求。然而，头饰无论怎样减少，束发的功能还需保留，否则，
头发的造型无法实现，于是，束发带与发结开始盛行，发鬓的变化其实并无惊喜，
只是减去满头的珠宝饰物，却多用了丝带、绢花、蝴蝶等，较传统轻松活跃得多，
正如当时的《咏沪上女界新装束四绝》所颂："当头新髻巧堆鸦，一扫从前珠翠奢。

❶ 希白.女人之书：仪容之部[J].妇人画报，1936（40）：14.
❷ 一得.陈依"弄"发记[J].上海特写，1946（29）：1.

五色迷离飘缎蝶，真成民国自由花。"❶一时间，无论电影明星、交际花、坤伶、太太、小姐，甚至运动员和工人的头上也系了发带，可见蝴蝶结受欢迎程度之深（图2-25）。

2.6.2　项饰

项饰为颈脖处的装饰之物，包括项圈、项链、项坠与领针等。"项链"一词在古籍中未见记载，民国以后的书刊中，才有"项链"的提法，尤其是在20世纪20年代的小说中，项链屡有提及，但是，当时也不称"项链"，而称为"颈链"，时髦一点的人，则称其为"文明链"。到了20世纪20年代晚期，"项链"

图2-25　李红女士，《永安月刊》1942年第41期封面

之名才渐渐多见，此后，在"颈链"与"项链"混用了一段时间之后，才被统称为"项链"。

民国项链的形制，大体由三个部分组成，最基本的部分是一根链索，链索的下部悬有一个坠饰，俗称"项坠"。在链索上部的开口部分，往往还装有一个搭扣，项坠和搭扣两个部分是项链的主要装饰，当然，也有不装搭扣，用时直接套在颈上。民国时尚项饰的材质多种多样，有贵金属、廉价金属、天然宝石、人造宝石、玉石、料珠与塑料等。金属制成的项饰中，富贵之家多佩戴黄金项饰，普通人家佩戴的项饰则多用银、铜或者电镀金银而成，也有在金项圈上镶嵌各种珠玉宝石的，则视财力而定。民国时期最为常见的时尚项饰当属珠链，其样式多为珠形串饰，材质有天然珍珠、养殖珍珠、人造珍珠、水晶、玛瑙、玉髓、玉石、料珠、塑料等。

2.6.2.1　衣领与项饰

衣领在民国时期变化可谓起起落落、周而复始。应该说，衣领时尚潮流的变迁，也影响了项饰的样式与佩戴。元宝领之后，半高领盛行，此时项链的佩戴方式颇为特别，1915年第7号《眉语》刊登的《半羞半喜图》（图2-26），图中可见女子项链的佩戴方式，项链的上部环于颈脖，下部则坠有两条链子，链子末端扣于肋旁的衣扣处，此种形制的项链与佩戴方式殊为独特，20世纪20年代，这种形制的项链与佩

---

❶ 谷夫.咏沪上女界新束四记[N].申报，1912-3-30：8.

戴方式逐渐消失。低领流行时期，颈脖暴露较多，纤细而轻便的项链颇受欢迎，媒体也顺势而为："颈上的项链之类倒合于少女们，可是只可以取其紧束和短小为主。"[1] 这种纤细短小的项链多紧贴颈脖佩戴，"这个时期的项链，与古制不同，通常以金银丝编成一节节纤细的链条，以此取代串饰，除美观实用外，还隐喻着环环相连，连续不断的吉祥寓意。"[2] 当然，也有在衣服里佩戴粗项链的，这些佩戴者大多为性情张扬之人："她（霓喜，作者注）年纪已经过了三十，渐渐发胖了，在黑纱衫里闪烁着老粗的金链条，嘴唇红得悍然。"[3] 项链不但"粗"，而且是"老粗"，并且"嘴唇红得悍然"，可见服饰装扮亦随性情而定。此外，由于与皮肤有直接接触，项链的材质多为黄金与白银，项坠的形态有锁片状及鸡心状，尤以鸡心项坠最为时髦（图2-27）。"近代妇女的项坠，以金制品为贵，多被做成锁片形状，在锁片的表面，或镌刻名字，或雕刻吉语，也有受西方影响，将项坠做成鸡心形的，整体器物像个小盒，可以开合，里面用来贮放照片，或为慈母，或为丈夫，隐喻着时刻铭记在心之意。"[4] 文中提及鸡心项坠的形制源于西方，再次强调了西洋时尚对民国时尚首饰的影响。

高领流行时期，颈脖暴露较少，项坠大致分为两种，"一则在衣服之外，一则在衣服之内。在衣服之外者，大都为珠钻之属，有珍珠扎成之花篮、凤凰、寿字等形式。亦有镶嵌以金刚钻者，其华贵可想。在衣服之内者，则曰金锁片，金鸡心之类，每以金链条扣诸粉颈，悬诸于玉雪酥胸间者。金锁片上，往往镌有闺名，或作吉祥语的。若金鸡

图2-26 《半羞半喜图》,《眉语》1915年第7号第3页

图2-27 佩戴鸡心项坠的民国女性，约20世纪30年代

[1] 娜.春之点缀[J].妇人画报，1937（46）：9.
[2] 周汛、高春明.中国历代妇女妆饰[M].香港：学林出版社、三联书店（香港）有限公司，1988.
[3] 张爱玲.倾城之恋：连环套[M].北京：北京十月文艺出版社，2019.
[4] 周汛、高春明.中国传统服饰形制史[M].台北：南天书局有限公司，1998.

心则制成一小盒，其中贮有照片，或为其爱人，或为慈母，表示其常贮心胸之意咧。"❶可知衣服之外的项坠，由于与皮肤没有直接接触，其材质颇为多样，形态亦千姿百态，不一而足，有用珍珠、珊瑚珠扎成的花篮、凤凰、寿字形状的，也有用翡翠、玉石雕刻成植物与动物纹样的，还有金属制成的锁片（图2-28），样式颇多。图中的女士还镶了金牙，在当时，镶金牙是十分时尚的做法。

20世纪20年代末期又流行"束颈式高领"，比元宝领尤甚。20世纪30年代前中期"束颈审美"发展到极致，有"开领"与"围领"二式。"开领"的开口在脖颈正中，用一排盘扣固定。"围领"也即"圆筒领"，开口在脖颈一侧，没有盘扣，用暗扣固定，领圈闭合呈圆筒状，外观是隐形开襟的效果。圆筒领发展到登峰造极时，领高超过两寸，紧抵下颌，包裹整个颈项，而领子越高越时髦，使女子纤细颀长的颈部得到夸张的展现。但是，穿上这种直挺挺的硬高领，像是戴上了枷锁，不仅令人呼吸不畅，头颈更是动弹不得，正所谓"追求时尚必须要付出代价"。围领适合搭配长项饰，图2-29可见颜惠庆夫人身穿围领旗袍，佩戴细长的项链，金属镶嵌宝玉石的项坠的尺寸较大，显得落落大方。

1936年之后，随着抗战全面爆发，女装衣领开始做减法，浮华不实的高领彻底沦为累赘。人造宝石的尺寸越来越大，说明时尚首饰的设计风格越来越夸张与自由。至20世纪40年代初期，领高降至颈脖中下段。衣领低了，女性便在衣领的装饰上用心弥补，于是，在领口与大襟处点缀领针成为时尚（图2-30）。20世纪40年代中后期，女性着洋装已相当普遍，人们的思想观念也日益开放，游泳池里身穿比基尼的时尚女性比比皆是。

图2-28　佩戴锁片项饰的民国女性（北京服装学院服饰博物馆供图）

图2-29　颜惠庆夫人，《妇人画报》，1935年第27期第30页

❶ 天笑.六十年来妆服志（下篇）[J].杂志，1945，15（4）：33.

应该说，衣领高度的降低极大地扩展了项饰的展露空间，大型的时尚项饰也因此有了表现的舞台（图2-31），图中所见项饰为典型的时尚首饰，该项饰的材质应为赛璐珞，体量巨大，即使以今人的眼光来看，其体量之大亦非寻常。除了体量之大，其设计亦有值得称道之处，项饰由链条连缀两条曲片与数块叶状饰片而成，叶状饰片数量众多，有序排列成倒三角形，一长一短两条曲片与倒三角形相连，形成形态上的有序对比，可见设计者具备一定的现代设计素养，推测此款时尚项饰应为国外进口而来。《永安月刊》是上海"孤岛时期"著名的海派杂志，由上海滩四大公司之首永安公司老板郭琳爽担任发行人，封面人物多为海上女星与名媛，杂志对时尚的引领作用可想而知。此番推出王渊小姐身穿比基尼、颈间悬挂如此个性化的时尚项饰的封面，可见该杂志的国际视野与开放胸襟，为民国时尚首饰添加了一笔亮丽的色彩。

图2-30 《影迷画报》1940年第4期封面

图2-31 王渊小姐，《永安月刊》1944年第61期封面

到20世纪40年代中期，领口的领针也被视为多余了，衣领改用暗扣与领钩来固定。抗战胜利后，上海时尚界暗潮涌动，1946年衣领有了升高的苗头，至1947年高领回归已势不可挡，到1948年，旗袍领子已经升至1.3~1.5寸，时尚界更是大胆预测，照目前衣领高度的发展趋势，时髦女子们又要去母亲、祖母的衣橱中寻找灵感了，而时尚项饰的形态也更趋简洁，多种形态的链条受到时尚女性的喜爱（图2-32），图中上海小姐谢家骅佩戴的项链为机器制作的麦穗链，这种链条极具现代感，甚至在当代依旧很受欢迎，许多国际时尚大牌仍在生产此种链条，可见民国

首饰与国际时尚潮流的接轨颇深。

2.6.2.2 珍珠项链

毋庸置疑，民国时期最为时尚的项饰是珍珠项链，没有之一。珍珠项链从民国初期就搅动了时尚女性的项饰佩戴格局，直到20世纪30年代，在贵重的钻石项链成为主流配饰之前，以珍珠为主要材质，并且组合为各式花形的项链是许多名媛阔太必不可少的流行首饰。以单颗珍珠为最小的组成单位，并以此组合镶拼为复杂的图案和形状。项链的形制有简洁和繁复之分，这种长短不一、大小不同的珍珠项链，上至达官贵人、富甲名流，下至职员、教师与学生，甚至村妇，都以佩戴一串为尚。"珍珠项

图2-32 上海小姐谢家骅，《青青电影》1948年
第16卷第1期封面

链可以说是民国时尚女性的标配，几乎可以说人手一串。珍珠项链以其简约的造型、洁白的色泽，以及与服装良好的搭配性，赢得了绝大多数女性的喜爱。尤其是那些接受过良好教育的、出身高贵的女子，包括社会精英，都对珍珠项链情有独钟，佩戴这种项链能够极好地体现她们含蓄与高雅的时尚品位。"[1] 当然，富人的珍珠项链一般为真品，即由天然珍珠制成，珍珠的大小和色泽都很讲究："项链上的珍珠要大而滚圆，光泽程度要求高，要细白透润，一挂项链要用80颗大小匀称的珍珠，每颗珠子要达到中国老戥二分以上重。"[2] 如此贵重的珍珠项链只有富人能买得起，而普通人所戴之珍珠项链，大多由养殖珍珠或人造珍珠制成，价格要低得多。

民国时期佩戴珍珠项链的风尚，无疑来自西方，比如法国时尚品牌香奈儿在全球范围内掀起了珍珠项链的佩戴时尚，可可·香奈儿身穿黑色套装，佩戴长长的珍珠项链（图2-33），被无数民国时尚女性奉为偶像。香奈儿曾经说道："一个女人如果连珍珠都没有的话，就不能称为真正的女人。"可见香奈儿对珍珠的推崇。此外，《时尚》(Vogue)、《名利场》(Vanity Fair)、《妇女家庭杂志》(Ladies Home Journal)等杂志在民国亦有一定的阅读量，以在上海的阅读量为最。这些杂志中多有时装模特佩戴珍珠项链的图片，国内的时尚女性因此大受影响。国内的媒体更不用说，大

[1][2] 陈重远.老珠宝店[M].北京：北京出版社，2006.

量时髦女性佩戴珍珠项链的照片充斥于娱乐性报纸与杂志中，所以，引发珍珠项链的佩戴潮也就在情理之中了。可以说，珍珠项链佩戴时尚贯穿了民国时尚首饰发展的始终。

珍珠项链的佩戴法较为多样，"通常为一串长长的珍珠链，佩戴时可单圈，也可绕成多圈，比如两圈、三圈或三圈以上，但三圈以上的佩戴方式较为罕见。"❶ 可见珍珠项链的佩戴法有单股、双股与多股之分，又可细分为单条单圈、单条两圈、单条三圈、单条多股与多条多股等，而在多条多股的佩戴方面，尤以影星白杨最为著名，多家娱乐媒体在不同的时段都刊有白杨佩戴多条多股项饰的写真（图2-34），她这种大胆的项饰佩戴风格，与彼时国外盛行的波希米亚风服饰穿搭颇为一致。另外，还可以在单条单股佩戴时，于珍珠项链的中端打结，这种佩戴方式同样较为流行。还有大小不等的珍珠有序排列的项链也很受欢迎，此外，还有用异形珍珠串成的项链，但非常罕见，黑珍珠项饰也偶有所见，亦有把珍珠编结成某种形状之后，再形成串饰的做法，珠串下方还可以垂吊珠串。珍珠项链的长度不一，最短者围绕脖子一周，长者可达下腹部，甚至有长及大腿者，长度十分惊人。

图2-33　可可·香奈儿

图2-34　白杨，《电声》1937年第6卷第25期封面

2.6.2.3　领针

民国后期，女性佩戴领针日益增多，许多明星、名媛、坤伶、名闺、富家小姐、太太、女学生、知识分子，都以在旗袍领子正中央佩戴一枚领针为尚。由于

---

❶ 陈重远.老珠宝店[M].北京：北京出版社，2006.

领针一般佩戴于立式衣领的中央，紧贴颈窝，为衣领的主要装饰品，故归入项饰一类。

民国绚丽多姿的领针，为民国时尚首饰增添一道极为亮丽的风景线。20世纪10年代，女子于衣领中央佩戴领针，引领了领针的佩戴时尚，彼时领针的形制较为单一，一般为花形、卷曲形和珠串形等，材质多为珍珠、纺织品与银等。20世纪20年代，佩戴领针的人群更为多样，名闺、名媛、富家小姐与女学生等喜爱佩戴领针，其形制以正圆形、椭圆形、方形与菱形为主，正圆形最为多见，材质较为多样，有金、银、翡翠、玉石与珍珠等。20世纪30年代，佩戴领针的女性日渐增多（图2-35），尤其在20世纪30年代末期，佩戴领针的时尚女性比比皆是。其形制十分多样，有正圆形、椭圆形、正方形、长方形、菱形、梭形、马眼形、双环形、葡萄形、孔雀形、太阳花形与异形等，材质有金、银、钻石、翡翠、红宝石、蓝宝石、碧玺、珍珠、人造宝石与纺织品等，纹样有万字纹、团花纹、几何纹与葡萄纹等。20世纪30年代末与20世纪40年代初，领针的佩戴呈爆发式增长，至1941年达到顶峰，彼时领针流行之广，样式之多，前所未见。其形制深受西方现代艺术设计风格的影响，极为多样，有正圆形、椭圆形、正方形、长方形、菱形、双菱形、梭形、马眼形、双环形、三环形、三角形、六边形、水滴形、星形、葡萄形、联珠形、太阳花形与异形等，形式感极强，极具现代感，其材质亦极为丰富，有金、银、镀金、镀银、钻石、翡翠、红宝石、蓝宝石、碧玺、珍珠、玛瑙、人造珍珠、人造宝石与纺织品等，纹饰有福字、团花、散花、几何纹与葡萄纹等，可谓精美绝伦，美不胜收。1941年之后，直到民国结束，领针的佩戴逐渐减少，但领针的形态依然较为丰富。

总地来说，民国初期的领针样式较为单一，纹饰变化不多。20世纪30年代末与20世纪40年代初的领针样式最为多样，风格也最为华丽，对称式的纹饰与结构设计占绝大多数，可明显见到受西洋设计样式的影响，制作工艺也最为复杂，宝石镶嵌工艺十分常见，极富装饰性。

图2-35　佩戴领针的女性，《中华》1933年第18期封面

2.6.3　耳饰

民国时尚耳饰是民国时尚首饰极为瑰丽的篇章。民国初年，随着女子剪发运动的盛行，以及衣领高度的降低，女性的耳部与颈部得以更多显露，耳部的装饰也因此比以往任何时期都显得更为必要与紧迫。此后，剪发与烫发成了时尚女性的标配，发髻渐行渐远，耳部的暴露成为常态，耳部的装饰亦成日常。虽有女权主义者仍大声疾呼女性不应穿耳洞，但耳饰的佩戴结构与时俱进，如在耳垂无须穿洞的情况下也可佩戴耳饰，由此，时尚女性佩戴耳饰再无后顾之忧，其盛行也就在情理之中。

总体来看，民国时尚耳饰的品类有耳钉、耳夹、耳环、耳坠等，无论从形态、结构、工艺、色彩与装饰性等方面来看，都极为出众，堪称民国时尚首饰之最。其形态之多样、结构之复杂与精密、工艺之精湛、色彩之丰富、装饰性之强，令人叹为观止。许多民国时期的时尚耳饰，即便在今人看来，依旧显露艳丽的美感，具有时尚品质。此外，今人常常回望民国时尚耳饰，并从中获取灵感，屡屡掀起时尚耳饰设计的复古风潮，可见民国时尚耳饰影响之深远。

2.6.3.1　概述

民国初年，西方的钻石与宝石进入中国，各种各样的洋镶珠宝耳饰十分受欢迎，很多富贵女性都以佩戴宝石耳饰为荣。1911年第2期《妇女时报》刊载《上海妇女之新装束》一文，文中提道："耳环以钻石为饰者，在稠人中晶莹夺目，是非贵家不办，余此大都以金塞，不成环名。"❶可见耳饰由于镶嵌了宝石，大多不成环形，"耳环"之名不再适用，耳环的佩戴也就日渐减少了，而镶嵌有珠宝的耳坠，以及"大都以金色"的黄金耳钉成了时尚。据说，耳钉是从耳环发展而来："耳钉也是由耳环发展而来的一种耳饰，为针状，一头磨尖穿耳，另一头呈多种几何形状，还可装饰水钻、珍珠。男女皆可佩戴。比较时髦的戴法是在耳垂上一次打多个耳眼，戴不同样式的耳钉或与耳环、耳坠搭配。"❷

到了20世纪20年代，西洋时尚首饰的进口量日渐增多，许多洋商都在中国销售时尚首饰，彼时，报纸杂志的发行已十分繁盛，借助媒体的力量，首饰的西洋时尚之风愈演愈烈。20世纪20年代早期，小颗粒的珍珠耳钉十分盛行，"从20世纪20年代开始流行独立的珍珠耳钉，颗粒如粟米粒大小，配以白金相衬。一般白领女士和中产太太都喜欢佩戴，大方又贵气。"❸可见当年小姐太太们都喜欢如粟米大小的珍珠

❶ 佚名.上海妇女之新装束[J].妇女时报，1911（2）：16.
❷ 包铭新，李晓君，赵敏.中国服饰这棵树[M].上海：上海书店出版社，2004.
❸ 王静渊，庄立新.明清近代服饰史[M].北京：化学工业出版社，2020.

耳钉，这种耳钉的珍珠越小越稀奇。然而，到了20年代后期，风云突变，人们又开始喜欢大颗粒的珍珠耳钉了："耳环从前是很小的，现今都是盛行着大的了，或挂着两个洋钿般大小的环儿，或累累赘赘的钻儿，缀成一大串，或宕着一双精圆和龙眼核大小的人造明珠，璀璨光怪，日新月异。"[1]此外，1925年第2卷《国闻周报》刊有《海上新妆：单环》（图2-36），文曰："海上装束，变化万端，一环之微，亦几经沿革。迩来新装，环以象牙镂球，连缀成串，仅饰右耳，长约二英寸，行时动荡，极为别致。"[2]从配图大致可见单耳佩戴耳饰的模样，但除此之外，同时期单耳佩戴耳饰的实例较为少见，黄花先生在《七日谈》著文《谈耳饰》也谈道："柳絮先生谈及单面耳环流行于市面上，我尚未看见过，大概寡闻陋得极。"[3]然而，黄花先生确实是孤陋寡闻了。图2-36的右图为1933年第10期《时代》刊登的名媛汪玉麟女士写真，并配文称："长旗袍外套上丝绒短背心，左耳戴上一只单耳环，女士说，要这样才能显示出东方人的美丽"[4]这里明确指出了佩戴单耳环的事实，除了这一期的杂志，《时代》杂志其他期中，也刊登了佩戴单耳环的女士写真，证明单耳环的佩戴确实流行过一段时间。

图2-36　单环插图，《国闻周报》1925年第2卷第27期第40页（左），《时代》1933年1月第10期第13页（右）

　　时至20世纪30年代，时尚耳饰进入全盛期，不仅样式最为繁多、材质极为多元，结构最为合理，流行变化极为迅速，其装饰性也是最强的。20世纪30年代，上海歌舞团正处鼎盛时期，其异国情调的歌舞表演拥有极多观众，由该团上演的"草裙舞"一度风靡上海，但因"草裙舞"演员衣着过于暴露，一度被禁。这种舞蹈的表演者仅着抹胸，裸露臂膀与大腿，以摇曳臀部为特色，她们佩戴夸张的弯月形耳饰，极具热带风情，这种耳饰一时间成为时髦女郎竞相佩戴的摩登饰品（图2-37）。到了1934年与1935年，弯月形耳饰成为"爆款"，极度风靡。这种耳坠的材质大多较为廉价，有赛璐珞、有机玻璃、螺钿、木材等，重量较轻，佩戴较为舒适。

[1] 郑逸梅.妇女妆束屑谈[J].紫罗兰，1928，3（10）：2.
[2] 佚名.海上新妆：单环[J].国闻周报，1925，2（27）：40.
[3] 黄花.谈耳饰[J].七日谈，1946（29）：9.
[4] 佚名.汪玉麟女士写真[J].时代，1933，3（10）：13.

从结构方面来讲，20世纪30年代，开始出现旋钮式耳饰。1933年第15期《玲珑》登载的《摩登化的：指环、颈圈、耳环子》，附图有三对耳饰，其中两对为旋钮式，这种旋钮式结构专为没有耳洞的女性设计，由一根可以旋钮的螺丝柱充当固定装置（图2-38），通过拧紧螺丝柱的方法来达到夹住耳垂的目的。还有一种夹式结构的耳饰（图2-39），依靠具有弹力的夹式结构夹紧耳垂，达到佩戴的目的，但这种夹式结构的耳饰通常体积都不大，以防重量过重，超过夹式结构所能承受的限度。

20世纪30年代，耳饰中以耳坠最受欢迎，而耳坠中又以长耳坠最为美观，也最受时尚女性青睐。此时耳坠的长度已非常可观，最长的耳坠，其末端甚至已经触碰到了锁骨。长耳坠与长颈、削肩、平而薄身材的美人组合成了最美妙的搭配。从耳畔垂下的长耳坠，沿着颈部垂至香肩，伴随身体摇曳轻摆，富有节奏与韵律，衬托出女性修长的脖颈与纤细的身材，尽显女性的妩媚风情。明星们因为职业需要，她们时常会暴露在水银灯下、照相机前，在拍摄写真之时，漂亮的耳饰便成了最佳的装饰品。长耳坠不仅可以衬托出明星们娇俏的面容，更能增添镜头中摇曳生姿的动态美感。水银灯下，宝石耳坠流光溢彩，

图2-37　梁氏三姊妹（从左至右：梁赛珊、梁赛珠、梁赛珍），《电声电影周刊》1934年第3卷第28期扉页

图2-38　民国耳饰的旋钮式结构

图2-39　民国耳饰的夹式结构

与美人的面容相映生辉，故长耳坠成为当时银

幕上的摩登标配，给观众留下深刻的印象，展现出别样的银幕风情。除了明星，甚至连"末代皇后"婉容也喜欢佩戴长耳坠（图2-40）。可见从上至下，长耳坠都是被垂青之物。

除了长耳坠，大尺寸的耳钉亦呈流行之势，1934年的新年特刊《中华日报新年特刊》刊登了流行首饰的图片，图中展现了时尚女性佩戴大尺寸耳钉的写真（图2-41），[1]可以窥见这种大尺寸耳钉的样貌。到1936年，单颗珍珠耳钉的流行可谓风头正劲，黄花在《谈耳饰》一文中有言："我对独粒珠环特有好感，不要太大，玲珑剔透，却巧嵌在耳根子之底下。汪洋喜欢用这样的珠环，配上了她那一路白皙的脸庞，淡妆素抹，别有婀娜之姿。"[2]或者单颗珍珠之下再悬吊一颗珍珠，成为双珠耳钉，其材质可以是天然珍珠、养殖珍珠、人造珍珠以及黑珍珠等，时尚女性多有佩戴。此外，黑珍珠耳饰也极受欢迎，用赛璐珞制成的时尚耳饰亦十分多见，主要款式为单片式、双片式、半球式、单球式、单球水滴式与半球水滴式等多种。赛璐珞制成的时尚首饰多为工厂批量生产，其模铸工序极少采用手工操作。

20世纪40年代，耳饰的款式依然十分多样，流行款式此起彼伏。20世纪30年代后期至20世纪40年代前期，流行一种类似

图2-40 佩戴长耳坠的婉容与溥仪，摄于1922—1924年，《故宫藏影–西洋镜中的宫廷人物》第175页

图2-41 秋痕，《妇女研究：戒指、耳环与手表》，《中华日报新年特刊》，1934年新年特刊第32页

轨道环绕地球的造型的耳坠（图2-42），其中间为一个球体，四周被一圈扁平的圆环包围，造型十分简约，现代感十足。此外，尽管20世纪30年代末期，耳坠的长度稍有收敛："阮玲玉喜戴坠环，长二三寸余，一步一摇，闪闪有光，配上齐颈领，代表

---

[1] 秋痕.妇女研究：戒指耳环与手表[N].中华日报新年特刊，1934（新年特刊）：32.
[2] 黄花.谈耳饰[J].七日谈，1946（29）：9.

一时的作风。一九三几年之后，服式日趋简单，这种累坠的长环，也随之灭迹。今夏女子衣领步步高升，而此种坠环是否东山再起，要看将来发展了。"❶但进入20世纪40年代之后，长耳坠很快卷土重来，有的甚至长及锁骨肩部。这种颀长的耳坠与修长的旗袍组合，堪称绝配。长耳坠与长旗袍协调一致，塑造了一种亭亭玉立而又摇曳生姿的东方气质。可以说，长耳坠在这种东方美的塑造当中起到了不可替代的作用。

2.6.3.2 贵金属类

以制作材料为依据，民国时尚耳饰可分为贵金属类、镶嵌类、宝珠类与廉价材质类。贵金属类耳饰的主要用材包括：黄金、K金、铂金、纯银、925银等。整体来看，民国贵金属类时尚耳饰呈现造型多样、尺寸较小、制作工艺精湛的特点，设计以装饰艺术风格为主。

民国早期贵金属类时尚耳饰的样式较少，多为环形与流苏形，体积小，重量轻。20世纪20年代耳饰的长度有所增加，流苏形较为多见，还有耳钉下面悬垂金环的样式也颇受欢迎，这种款式的耳饰，郑逸梅先生在《妇女妆束屑谈》一文中也有提及："耳环从前是很小的，现今都盛行着大的了，或挂着两个洋钿般大小的环儿"。❷20世纪30年代，耳饰的长度大大增加，其末端可触及肩部，形态也更为多样，有球形、环环相扣形、细长形（图2-43）、缀球形、阶梯形、流苏形、菱形、环形、吊灯形等。形态虽多，但总体以轻巧为主，只是长度较为夸张。此外，相比传统耳饰而言，则结构较为简单。

图2-42　范蘩女士，《立言画刊》1943年1月23日第226期封面

图2-43　《妇人画报》1935年第26期封面

---

❶ 黄花.谈耳饰[J].七日谈，1946（29）：9.
❷ 郑逸梅.妇女妆束屑谈[J].紫罗兰，1928，3（10）：2.

2.6.3.3 镶嵌类

镶嵌类耳饰谱写了民国时尚首饰最为靓丽的篇章，无论从款式、形态、制作工艺、色彩、结构与佩戴性等方面来看，镶嵌类耳饰都是最为出色的。

民国初期，中国传统首饰受西洋首饰时尚的冲击，产量大受影响，此时在时尚界占据统治地位的是直接从西洋进口的时尚首饰，耳饰亦然。这些时尚耳饰大多镶嵌各类宝玉石，均为洋镶工艺制作而成，而国人对洋镶工艺尚处于学习阶段，故少有镶嵌类时尚耳饰的生产与销售，加之服装流行高领，耳部常被高耸的衣领遮挡，故佩戴时尚耳饰较少。进入20世纪20年代，衣领的高度降低，齐耳短发流行，中性装扮颇为摩登，此时，镶嵌类耳饰的样式较为简洁而纤细，用材大多为货真价实的宝玉石，一般富有女性才能消费得起。至20世纪20年代末期，镶嵌类耳饰的长度有所增加，可长至2~3英寸，形制多为一颗珍珠或宝石耳钉，下缀珠链或金属链，链条末端挂有一颗尺寸较大的宝玉石，形态多为几何形、叶形与花形。宝玉石包括钻石、红宝石、蓝宝石、祖母绿、翡翠（图2-44）、和田玉、猫眼石、碧玺与水晶等，佩戴者多为上流女性、坤伶、电影明星、富家小姐、太太、交际花等。此时较为流行的款式为叶形吊坠（图2-45），作家张恨水在小说中对此款耳坠亦有描述："她（白莲花，作者注）也不过一十七八岁的光景，穿一件宝蓝印度绸的夹旗袍，沿身滚白色丝辫。她不像别个坤伶，并没有戴那种阔边的博士帽。她也没有剪发，挽了一个辫子蝴蝶髻，耳朵上坠着两片翡翠秋叶环子，很有楚楚依人的样子。"[1] 又有："她身穿一件墨绿色的单呢袍子，头发是微微烫过的，后面留下的长头发挽了个横的爱斯髻。脸上的胭脂抹得红红的，直红到耳朵旁边去。在她的两只耳朵上挂着两片翡翠秋叶，将小珍珠一串吊着，走起路来，两片秋叶，在两边腮上，打秋千似的摇摆着。"[2] 可见

图2-44 民国翡翠K金耳饰（刘玉平收藏）

图2-45 叶形耳坠，作者：倪耕野，1927年

---

[1] 张恨水.金粉世家[M].北京：中国华侨出版社，2018.
[2] 张恨水.纸醉金迷[M].呼和浩特：远方出版社，2017.

时人对这种叶形翡翠耳坠多有佩戴。

20世纪30年代，镶嵌类耳饰进入全盛期，耳饰的款式呈爆发之态。得益于西洋时尚耳饰的大量进口，此时的镶嵌类耳饰无论是设计还是制作，均达世界一流水平，民国时尚首饰实现了与国际时尚的全面接轨。长度方面，此时的镶嵌类耳饰直抵佩戴者的肩部，甚至锁骨，随佩戴者的行动而摇曳生姿。耳饰的设计极具装饰艺术风格，造型多呈几何形，体现了工业时代的几何美学风貌。宝玉石包括：钻石、红宝石、蓝宝石、祖母绿、翡翠、和田玉、玛瑙、珊瑚、青金石、猫眼石、碧玺与水晶等，宝石多为刻面型切割，以圆形、椭圆形、水滴形、马眼形、阶梯形、长方形、正方形、菱形与三角形为主，切割方式多为明亮式切割。玉石的琢型多呈环形、球形、水滴形、马眼形、正方形、长方形、心形与椭圆形等，多为素面琢型。除了货真价实的宝石外，还镶嵌有大量的人造宝石，而人造宝石的加入，极大地释放了设计师的创造力，使耳饰的样式设计摆脱了材质成本的约束，而呈千姿百态的局面。此一时期耳饰的形态包括心形、蝴蝶形、花形、星形、葫芦形、草叶形、直线形、波浪形、梯形、吊钟形、弯月形及其他几何形，制作工艺以洋镶工艺为主，辅以镂雕、浮雕、花丝、铸造、珐琅、冷连接、串联、金属编织与錾刻等工艺。佩戴者多为电影明星、戏剧演员、交际花、名流、名闺、舞女等，而其中以电影明星对时尚耳饰的推介作用尤为巨大，各大娱乐媒体常常可见著名影星佩戴时尚耳饰的写真（图2-46）。这个时期较为流行的款式有环型、连缀型、吊钟型、吊灯型、菱片型、流苏型、叶筋型、花朵型、排线型、水滴型、吊球型等。环型的样式为金属耳钉之下缀有玉环，张恨水对这种耳坠也有描述："秀珠把头一摆，摆得耳朵上坠的两只长丝悬的玉环，摇摇荡荡，打着衣领。"❶ 连缀型一般较长，由数颗不同的宝石连缀而成，具有柔美优雅的气质。吊钟型广为流行，有多种变款，许多明星都有佩戴。吊灯型形似西方宫廷吊灯，效果极为华丽。菱片型由一块面积较大的菱形饰片为主要装饰，结合其他较小的几何形组成。流苏型多缀有线条状装饰，显得灵动而飘逸。叶筋型多由金属镶嵌小宝石制成，形

图2-46 《良友》1934年9月15日第98期封面

❶ 张恨水.金粉世家[M].北京：中国华侨出版社，2018.

似叶片的筋络。花朵型（图2-47）的主要装饰形态为花卉，多为花朵浮雕。排线型的典型特征为多线条排列成行，秩序感很强，造型简练有力。水滴型的尺寸有大有小，大水滴显得豪华，小水滴显得灵秀。吊球型通常在下端缀有一个球体，设计风格较为大胆。

到了20世纪40年代，镶嵌类时尚耳饰的长度大大缩短，造型简洁的耳钉重新获得时尚女性的青睐。这些耳钉大多由贵金属镶嵌宝玉石而成，形似纽扣（图2-48）。宝玉石包括翡翠、珊瑚、钻石、红宝石、祖母绿、碧玺、水晶等。宝石多为刻面，玉石多为素面。除了耳钉，较短的耳坠也颇为流行，短耳坠的样式比耳钉更多。此外，环状耳钉也较为流行，这种耳钉的流行反映了简约风格的回归，亦是一种追求恬静安稳的社会生活的映射。

图2-47 《良友》1930年第52期封面

2.6.3.4 宝珠类

宝珠类耳饰与传统宝珠类首饰不同的是，宝珠类首饰的形制要简单得多，以单珠、双珠、多珠与珠串的形式为主，样式较为简洁，虽有珠花款式，但珠花的造型也并不复杂。总体来讲，其形制分为单珠型、双珠型、多珠型、珠串型、络珠型、流苏型、珠串缀珠型、珠花型等。材质有珍珠、水晶、玛瑙、

图2-48 康健小姐，《永安月刊》1947年第97期封面

珊瑚、翡翠、和田玉、青玉与青金石等。单珠型有耳钉与耳坠的不同款式，双珠型大多为耳钉，多珠型既有耳钉也有耳坠，一般由三颗或以上的宝珠组成。珠串型主要为耳坠，形状为一条或两条珠串，具有一定的长度，可长及3~4英寸。络珠型一般由三条珠串组成（图2-49），长度不等，整体造型优雅而飘逸，深受时尚女性喜爱。流苏型由三条以上的珠串组成，珠串上的宝珠较小，串成细长形，犹如细丝。流苏型耳坠的做工一般十分细致，珠子又小又圆，每一颗珠子的大小都十分均匀，流苏如涓涓细流，挂在耳畔，最能体现女性的温柔与妩媚。缀珠型耳饰亦十分流行，形

制一般为一条或两条珠串或链条，悬挂不同形态的宝珠。悬挂的宝珠有圆球形、水滴形、梨形、梭形等，其中以圆球形最受欢迎。悬垂的圆球形珠子的尺寸较大，甚至达到直径4cm，十分夸张，对于柔弱的耳垂来说，如此巨大的球体无疑是一个沉重的负担。1929年3月号《今代妇女》刊发漫画一幅，配文为："林先生：'吾爱，我日夜替你的耳朵担忧！'"漫画以揶揄的口吻表达了作者对这种夸张耳饰的忧虑。

图2-49　佩戴络珠型耳饰的民国女性

2.6.3.5　廉价材质类

时尚耳饰作为民国时尚首饰中最美丽的品类，廉价材质的介入功不可没。恰恰是廉价材质，释放了设计师的创造力，设计师从此卸下了沉重的制作成本负担，轻装上阵，从而设计了许多风格自由活泼、形态轻盈的时尚耳饰。

廉价材质包括铜、铁、赛璐珞、珐琅、玻璃、莱茵石、人造珍珠、羽毛、木材、螺钿、动物骨质与角质等，设计师在综合考虑各种廉价材质的特性之时，也尽可能地使用合适的廉价材质来给耳饰减轻重量，毕竟，耳垂对重量的承受力十分有限，而赛璐珞作为一种西洋进口的塑料材质，重量较轻，色彩十分丰富，非常适合制作大型时尚耳饰（图2-50）。1943年第9期《紫罗兰》发表华铃撰写的《美与健：耳饰》一文，对此进行了记录："因为在目前，金

图2-50　《今代妇女》1931年第30期七月号封面

刚钻的耳饰，是极少佩戴的了。镶嵌珠翠的，也难得见到一二。就是纯金的，也已将绝迹于社交场中。用以代替着的，大都是低廉的矾料（指化学材料，作者注）耳饰而已。"❶文中作者描述了目前金银珠宝耳饰不再流行、化学材质耳饰取而代之的现实状况。除了赛璐珞，20世纪30—40年代时尚耳饰的材质还有铜、人造珍珠、莱茵石、珐琅、羽毛、螺钿与玻璃等。莱茵石的大量使用，同样极大地降低了首饰的制作成本与销售价格，使更多的人能消费得起时尚首饰，同时也造就了千姿百态的耳饰样式。除了莱茵石，廉价金属铜的使用也使耳饰的形态变得夸张，玻璃材料使耳饰呈现晶莹剔透之感，而珐琅则增添了耳饰的色彩，使耳饰变得鲜艳与活泼，散发娇艳的女性魅力。甚至还有用羽毛来制作耳饰的做法（图2-51），足见时人在心态上的放松以及对个性需求的倡导。

图2-51　佩戴羽毛耳饰的梁萍女士，摄于20世纪40年代末，北京服装学院服饰博物馆藏

20世纪30年代耳饰的款式设计，已多见简单的几何形，如半球形、球形、三角形、长方形、椭圆形（图2-52）、心形以及多种几何形体的组合形等，这些具有简单几何形的耳饰，设计风格极为简练，体现了工业时代机械美的特征。此外，20世纪40年代，一些个性化较强的时尚首饰也受到明星们的喜爱，说明人们已经开始关注首饰设计中的个性因素（图2-53），图中耳饰的形态十分独特，甚至可以说极其罕见。这件耳饰的体积较大，为赛璐珞材质制成，造型为水滴圈形与刀片形的组合，没有繁复的宝石镶嵌，也没有多余的装饰，设计手法极其简练，推断为国外进口产品。佩戴者为著名影星陈云裳，图中陈云裳同时佩戴了一条花骨朵形态的项饰，这款项饰的设计也是个性化十足。

图2-52　《中华》1933年第15期封面

❶ 华铃.美与健：耳饰[J].紫罗兰，1943（9）：12-13.

2.6.4　胸饰

民国是中西结合的时代，西式服装成为人们的新宠，人们常在旗袍外搭配一件西式服装（如西式大衣、风衣、马甲等），整体轮廓有浑圆的肩部造型，使女性的造型变得硬朗起来。一方面，时尚女性的面妆也变得华丽浓重，不再清淡简洁，唇部也开始使用鲜艳的红色，西式服装面料丰富，多数较为厚实，相比由轻薄面料制成的旗袍更能够承受胸针的重量。另一方面，浓艳的化妆也比较适合搭配造型较为夸张的时尚首饰，故而，民国时尚女性开始佩戴西式胸针，其款式也是多样而夸张的。总地来说，民国时尚胸饰主要包括胸针、襟针和胸花，

图2-53　陈云裳小姐，《永安月刊》1940年第17期第29页

三者均属于装饰于前胸或前肩的首饰。除了胸针、襟针和胸花，纽扣也是极讲究的。自唐代起，金质、银质或嵌宝石的纽扣就成为贵族服饰的组成部分，到了民国，领扣多为银质和铜质，纹饰也很多样，有的还在纹饰上饰有珐琅彩，使颜色更漂亮。但是，纽扣与花边之属尽管也可装饰于前胸或前肩，但它们属于服装配饰一类，故不归入首饰类别。

2.6.4.1　胸针

胸针在民国亦称衣针、别针等。民国的胸针为外来首饰品类。民国初年，上海有一些洋行从西洋引进多种胸针款式，对于国人来说，胸针不仅前所未见，更是一种全新的首饰品类，而且，这些从西洋而来的胸针，其样式十分时尚，造型简洁，制作工艺尤其精湛，选材多种多样，既有贵金属、天然宝石、珍贵宝石、也有合金、半宝石和人工仿造宝石等（图2-54）。当这些具有完全西洋时尚样式的胸针输入之后，首先被国内的时尚人士所佩戴，继而多有效仿，渐成风尚。故而，此一时期西洋时尚样式胸针的输入与广被接受，不但填补了我国首饰相关品类的一项空白，

图2-54　芳卿六娘近影，《上海画报》1928年1月27日第317期第1版

又可视为我国时尚首饰的起点与代表性事件。

胸针一经传入之后，逐渐受到中国时尚女性的欢迎。"珍珠胸针属较新派的首饰，约在20世纪20、30年代才慢慢流行，通常是串成蝴蝶状或各种几何图形，有十分强烈的西方风格。"❶事实上，珠花胸针在清末民初就已十分流行，这种珠花胸针由珍珠串联而成，多为蝴蝶（图2-55）、花篮、团花等图样，以青楼女子及职业女性佩戴为多。

进入20世纪30年代之后，胸针的佩戴日渐增多，胸针的样式也变得丰富起来，设计造型不仅有多变的几何形单体与几何形组合，也有突破抽象几何形的植物形、动物形，以及日常生活用具的形态。几何形包括圆形、半圆形、椭圆形、三角形、螺旋形、心形、放射形等。除了几何形态的胸针，植物形态的胸针也受到时尚女性的喜爱，花卉形胸针尤其受欢迎。动物形的胸针相对较为少见（图2-56），多为国外进口，具有浓浓的时尚气息。

图2-55　怡情别墅小影，《时报十周年大纪念赠品：新惊鸿影》1914年第7页

图2-56　佩戴小马胸针（左）与小兔胸针（右）的民国女性

材质方面，民国胸针的制作材质既有贵重的如黄金、白金、K金、白银、钻石、红宝石、祖母绿、翡翠、珊瑚、碧玺与珍珠等，也有较为廉价的材质如铜、铁、赛璐珞、人造宝石、人造珍珠、玻璃、骨质、螺钿，以及半宝石如玛瑙、水晶、石榴石、橄榄石等。甚至还有陶瓷做的胸针，如"兹将最近国外需要之国产品，列之于左，各出口商如欲经营者，可函请本局（国际贸易局，作者注）指导处介绍：一，磁质（指陶瓷，作者注）蝴蝶别针。美国华盛顿州开马尔郡需要陶瓷蝴蝶别针，该项蝴蝶系陶瓷所制，着以各种颜色，栩栩如生，镶以镀金属边缘及底板下，附以针

❶ 程乃珊.百年首饰[J].上海工艺美术，2006（3）：32.

别，于西装领带及女帽上做装饰品之用。"[1]国际贸易局不仅发布国外最新所需商品信息，亦专为中外制造商牵线搭桥，促成供需双方的对接与合作，此番国际贸易局发布国外需要陶瓷蝴蝶别针的信息，并号召国内制造商积极响应，说明在国内已有商家在从事陶瓷蝴蝶别针的生产。除了陶瓷材料，还有赛璐珞也被用于胸针的制作。1940年第1期《国货商标汇刊》收录了上海捷时工业社赛璐珞制品厂的商标名称图样及注册信息，其中"原料名称及来源"一项记录为："赛璐珞，专运中、德、美、捷克及瑞士"，出品产品为："理发梳、女插梳、轧发、别针及台球、皂缸盒、镜子、水晶球。"[2]可见国内已经有赛璐珞胸针的生产。赛璐珞在仿制宝玉石方面确有所长，能达到几乎乱真的效果："赛璐珞的用途很广，可以制成各种向来用象牙制的物体，所以有假象牙之称。又可做成玳瑁的颜色，假充玳瑁。这种仿制品，实在比真的还来得好，因为它不容易破碎或弯曲。其他如珊瑚、琥珀、玛瑙等，都可以仿造得非常逼真，尽如人意。"[3]

　　工艺方面，民国胸针的制作工艺较为精湛，尤其是国外进口的胸针，多为工艺精良的产品。民国胸针的制作工艺包括宝石镶嵌工艺、花丝工艺、珐琅工艺、镀金镀银、錾刻与雕刻等。从设计样式来讲，20世纪30年代，一种佩戴在衣襟扣附近的长条形胸针十分流行（图2-57），这种胸针呈"一"字形细条状，大多镶嵌有宝石或珍珠，设计风格十分简练，佩戴在右襟处，显得十分优雅与娴静。

　　进入20世纪40年代，女子佩戴胸针已成常态，"女子的首饰，到现在已经被淘汰

图2-57　佩戴"一"字形胸针的影星胡萍，《电声》1938年3月第3期封面

了，除了手上也许还戴着一二只戒指，或者臂上戴着一只手表和手镯以外，别的就可说是很少了，什么耳坠发钗等，已轻易看不到，但是世界上的事总不是这样简单的，这种耳坠发钗等虽然没落，然而继之而起的，却是各式各样的别针。被一般女子佩戴着。"[4]除了经典的造型设计，还有一些胸针在设计上敢于突破（图2-58），这枚胸针的形态为五线谱及音符，设计主题可谓新颖有加，形态上采取全新的镂空设计，使胸针显得十分轻巧而灵动。图2-59也是一件造型颇为开放的胸针，设计手法

[1] 国际贸易局指导处.最近国外需要之国产品[J].国际贸易导报，1935，7（6）：95.
[2] 佚名.捷时工业社赛璐珞制品厂：商标名称图样及注册日期[J].国货商标汇刊，1940（1）：204.
[3] 陈润泉.几种常见的工业品：赛璐珞和电木[J].新道理，1944，7（2）：21.
[4] 丽贞.漫谈别针[J].南北，1946，2（9）：6.

抽象而简练，体现了设计师自由自在的精神面貌。

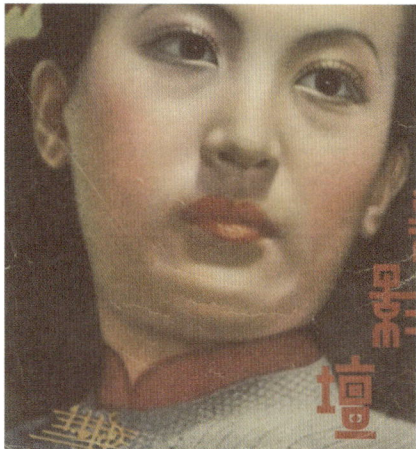

图2-58 《新影坛》1945年第6期封面　　　图2-59 佩戴胸针的民国女性

2.6.4.2　襟针

襟针的制作材质一般为金属、宝石、人造宝石、赛璐珞、螺钿等硬质材料，一般扣于衣襟处，装饰位置多位于前胸，佩戴时可单件或多件同时佩戴，以单件佩戴为多。

民国早期，襟针的佩戴比较流行，此时的襟针样式较为单一，多为链条式，由几条短链条或短珠串与一条贵金属长链组成，形制稍微复杂者，在短链条或短珠串的首端装饰有简单形态的珠花或簪花金属片，或者是在短链条或短珠串的尾端缀有小饰片。短链条或短珠串的长度在5~10cm，长链条的长度，则约为25cm。多数襟针的头部都有一根长约3cm的金属条，把这根金属条穿过服装上的襟扣，则可实现襟针的佩戴。襟针中短链条或短珠串的数量一般为2条，最多3条，从襟扣处垂于胸前，而长链条则只有一根，其尾端系于肋下襟扣处。还有一种襟针，其形制为两根短链条或短珠串（图2-60），这种襟针显得较为清雅。亦有把襟针佩戴于服装领口处的。

材质方面，襟针多由黄金、银、珍珠、玉石等制成。20世纪20年代，链条式襟针逐渐消

图2-60 佩戴襟针的上海女子

失，但珠串式襟针依旧盛行，此外，流行在服装领口与右边襟扣处同时佩戴襟针的做法。领口的襟针通常由贵金属制成，镶嵌宝石，整体造型多为花卉形态，西式装饰艺术设计风格十分显著。而职业女性、女学生、富家太太等人群佩戴的襟针的形态则较为简洁，一般为几何形，可以把两枚襟针同时佩戴。20世纪30年代，襟针的样式大为增加，简单几何形的襟针已比较少见，此时的襟针造型更为复杂，纹样也更多，有动物形如蜻蜓（图2-61）、蝴蝶等，有植物形如花卉、卷草等，也有更为复杂多样的组合几何形。这些襟针的造型较为自由放松，体现了人们在首饰的个性化需求方面又向前迈进了一步。佩戴人群有职业女性、女学生、富家太太、舞女、女伶、影星、歌星与名闺等。20世纪40年代，随着旗袍样式的变化与洋装的进一步普及，襟针无论是在样式上，还是在佩戴方式与位置上都更为丰富多样，尤其身穿洋装时佩戴的襟针更为变化多样，设计风格也更为西化，与之搭配的襟针的尺寸也更为夸张，因为其制作材料多为重量更轻的赛璐珞、电木与电玉（图2-62）等。赛璐珞和电木是常用的时尚首饰制作材料，赛璐珞的英文名为Celluloid，电木的英文名为Bakelite，亦称胶木，而电玉是电木的一种，只不过对"不透明的叫电木，透明的叫电玉。"[1] 又"近市上所称电木电玉等制品，均为该种人造树脂所制成；唯色乳白而透明者称为电玉，其他颜色者通称电木耳。"[2] 而与旗袍搭配的襟针的样式则相对更为严谨一些，多数由贵金属制成，镶嵌有彩色宝石或莱茵石，大大提升了女性的柔美气质。

图2-61 花前伍女士，《良友》，1935年12月第112期封面

图2-62 陈云裳，《青青电影号外陈云裳新装特刊》1941年9月封面

---

❶ 王君鲁.电木及电玉[J].四川中心工业试验所年刊，1935（1）：77.
❷ 顾毓珍，郑粟铭.人造树脂浅说[J].无线电杂志，1934：39.

2.6.4.3　胸花

以装饰部位而论，胸花包括襟花、胸前花和肩花。以制作材料而论，胸花的制作材质一般为绢、绒、棉纸、道林纸、丝绸、通草等软质材料，所以又有绒花、绢花、通草花等之称。这类胸花一般花朵较大，往往被斜插于前胸的衣扣间，或直接戴在领子上来衬托美丽的脸庞，穿旗袍与穿洋装的女子都喜欢佩一朵这样的花饰。襟花大多插于衣襟处或领口处，而衣襟的位置随服装样式的不同而多有变化，所以襟花的佩戴位置不定，而胸前花和肩花则多装饰于前胸和肩部，佩戴时，有单花、双花及多花的佩戴形式。通常，由于是装饰在肩膀上的花饰，为了贴合人的肩部轮廓，大型的肩花多数情况下都会制作成弯月形，这样能让肩花从肩部向前胸自然延伸。肩花的大小也要适中，不能影响佩戴者的转头等活动。此外，佩戴胸花时，人们还喜欢在胸花上涂抹一些香水，模拟花香，进一步制造仿真的效果。胸花的样式颇多，有茉莉花、兰花、蔷薇、木兰、牡丹、玫瑰、菊花、莲花、康乃馨、梅花、桃花、石榴花等。这些都是民国时期常见的花种，在当时的花坛中占据了重要的地位，反映了那个时代的社会文化和审美观念。其中玫瑰花于清代中期由西方传入中国，民国建立后，玫瑰花成为新爱情观的标志而广受推崇，一时间，玫瑰纹样被广泛应用于各种装饰品之中，如服饰、瓷器、地毯、广告、包装等，成为自由爱情的标志。1933年第4期《妇人画报》有专文介绍复瓣玫瑰花的制作方法，其制作步骤包括剪花瓣、卷边、卷花心、缠花叶等，并特别强调玫瑰花瓣颜色的自然过渡："在一朵花上之色彩，亦可以深淡之变化，中心之二三瓣须较外包之瓣为深暗色，惟色彩须调和而与真花相仿佛。"[1]各大娱乐媒体也多见佩戴玫瑰花饰的时尚女性形象（图2-63）。

图2-63　《良友》1928年第29期8月号封面

戴花的习俗，起源较早，中国人爱花、探花与戴花，贯穿了整个服饰发展史，时至晚清民国，旗装渐废，洋装勃兴，而戴花依旧盛行。在西洋时尚的冲击下，新式花饰逐渐获得了时尚女性的青睐。"最流行的美饰——襟花，在巴黎纽约已经触目皆是，现在慢慢侵入我们的东亚来了。在我中国最先试用的，是上海，那上海确是全中国的模特儿，所以内地各处，也渐渐地模仿起来，到

❶ 贻德.造花秘诀（造花术）：复瓣玫瑰花[J].妇人画报，1933（4）：15.

现在各处都可以看得到。"❶花饰的样式、制作材质与工艺、佩戴部位等，变化多端，"在一百个妇女中间，或许有几个是饰的西洋襟花。最尊贵的是一种多叶的菊花，在法国售价七角五分至一元五角，在美国竟卖到八元或九元，倘若运到中国来，均在十元以上。"而"这种Chanel's lovely ragged chrysanthemum多叶的菊花，是用Chiffon制成，中国没有这种原料，便用五色的纱、绸，或是软缎代替它。"❷这里介绍的襟花是香奈儿（Chanel）的产品，由雪纺绸（Chiffon）制成，国人有佩戴类似的胸花，如1927年第22期《良友》的封面人物胡珊女士，就是佩戴了这种菊花（图2-64）。

图2-64　胡珊女士，《良友》1927年第22期封面

绒花为中国传统制花工艺之一，又称"京花儿"，因其谐音为"荣华"，故有吉祥、祝福之意。绒花的花色鲜艳，多用于婚嫁、寿宴等喜庆场合，其种类与式样亦颇多，佩戴也因季节与时令而异。人们运用吉祥的语言谐音和艺术形象相组合，来表达美好的愿望和祝福，如两个柿子和一个如意的组合，谓之"事事如意"，"红蝙蝠"寓意"洪福临门"，"佛手"与"桃"的组合寓意"福寿双全"，龙与凤谓之"龙凤呈祥"等。然而，晚清民国，绒花日渐式微，1909年第122期《图画日报》有题为《营业写真：做绒花》的图文，配文为："绒花近日不时路，对对竟成乩脱货，此花本来喜事销场多，近来喜事不用何必做，不如改做像生花，枝叶鲜明手段夸，不见女学堂中手工好，奈何输与女儿家。"❸"时路"意为"时髦"，"乩"上海话发音为"笃"，作动词用时，有"丢"与"扔"之意，所以，"乩脱货"意为"无用的、该扔的东西"。换言之，近来绒花不时髦了，连做喜事时都不佩戴了，应该被扔进垃圾桶。所以，不如改作"像生花"，因前人把鲜花叫"生花"，而人造花很像鲜花，故称"像生花"。可见此时绒花的销售有下降之势，而绢花等"像生花"更受欢迎。

除了在制作材料上求变，工匠们还会在结构功能上想方设法"创新"，比如："三马路含春小榭前夕，遇之酒所，襟花上悬一电机花球，闪灿有光，射入眼帘，合座视线所及，均在含春一人。"❹为了博人眼球、引人注目，竟然佩戴内装"电机花球"

---

❶ 吉云.襟花的制法[J].妇女杂志，1929，15（1）：48.
❷ 吉云.襟花的制法[J].妇女杂志，1929，15（1）：50.
❸ 顽.营业写真：做绒花[J].图画日报，1909（122）：8.
❹ 佚名.过眼繁华录：机花饰襟有光灿灿[J].图画报，1911（106）：3.

的襟花（图2-65），果然"闪灿有光，射入眼帘"。无独有偶，1911年第1期《妇女时报》亦有《纺绸衫之话》一文，文中记载："衣服尚小焉者也，衣服以外之装饰品，消耗更多。我妹年仅十五，亦喜购洋货，前日见有内装电灯之绢花，乃往买三朵，每朵价二元，购定后，付银甫毕，忽失手弄坏一朵，及出门又破一朵，抵家第三花之电池又损矣，顷刻之间，六元不翼而飞矣，所剩者无一值钱之物。"❶及笄少女，喜欢洋货，偶见"内装电灯之绢花"，心生喜悦，绢花里居然藏了电灯，又有谁能不称奇。还有"香袋"式襟花，如"上海先施公司新到一种粉袋襟头花，其式样颜色，与鲜花无异，既可佩戴，又可储藏香粉，一物二用，诚闺阁中不可多得之装饰品，售价亦颇便宜云。"❷此类"创意"，花样百出，可见商家求变之用心良苦。

图2-65 《过眼繁华录：机花饰襟有光灿灿》，《图画报》1911年第106期第3页

2.6.4.4 襟花

时尚人士对襟花的佩戴贯穿了民国的始终。民国早期的襟花一般尺寸较小，其形态有球型、团花型、坠花型、散花型、花叶型等。20世纪30年代，一种垂花式襟花十分流行（图2-66），青楼女子佩戴甚多。这种襟花由数朵类似于吊钟花苞的长条形花朵构成，垂条花的数量少则2朵，多则8朵，不一而足。事实上，垂条花元素也可以用于耳坠与胸饰的设计制作中，从而可以实现三者（耳坠、襟花、胸饰）同时被佩戴，形成时尚首饰组件或套装，而这种以套装方式佩戴的现象并不鲜见，尤其在较为正式与隆重的场合，这种佩戴方式越来越多，说明时人对

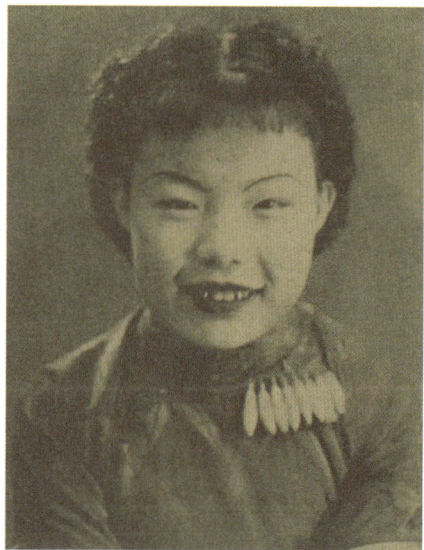

图2-66 鼓姬马增芬，《风月画报》1937年1月10日第9卷第32期第1版

---

❶ 顽固女子.纺绸衫之话[J].妇女时报，1911（1）：81.
❷ 佚名.商业新闻：先施公司新到香袋襟花[J].商业杂志，1927，2（9）：2.

这种垂条花元素十分喜爱，对首饰套装的重视程度也在不断上升。民国后期，襟花的样式则趋向严谨，造型重点多集中于花卉形态的塑造之上，故而，花卉的造型显得厚实而有力，层次十分丰富，尽显女性端庄秀丽的风韵。

2.6.4.5　胸前花

清末民初，一种花苞式胸前花在"花国"的风尘女子间盛行，这种花苞式胸前花的基本组成元素为丝绢质地的仿生小花苞，胸前花由数朵仿生小花苞经不同的排列组合，形成团花、散花、排花与文字等形状，辨识度极高，花国人士佩戴此种胸前花的甚多。

花苞式胸前花大致可分为团花型、散花型、排花型与文字型四种，以团花型最为多见。团花型由数朵大小一致的小花苞呈环形排列构成，环形从四周逐渐向中心部位凸起，中心点为最高，故而整体呈扁平的半球状。团花型胸前花多佩戴于正前胸与左前胸，极少佩戴于右前胸。这种花苞式胸前花的流行周期很长，直到20世纪20年代末期，扩散到演艺界，亦有名伶佩戴这种胸前花（图2-67）。然而，历经十多年，这种花苞式胸前花的造型竟然没有什么改变，不禁令人称奇。20世纪30年代初期之后，此种胸前花基本绝迹。此外，清末民初，还有一种团花型胸前花亦很流行，这种胸前花的中心部位为一朵大花，四周围绕小花苞，或在大花圈下面悬垂小花苞，形态各异。散花型胸前花亦由数朵大小一致的小花苞构成，不同的是，其小花苞的排列较为松散，没有固定形制。散花型胸前花可佩戴于正前胸、左前胸与右前胸。排花型胸前花亦由数朵大小一致的小花苞构成，但小花苞是呈线状排列，而非环状排列，排列的线条为直线与弧线，整体尺寸较大。这种散花型胸前花的流行周期同样很长，到20世纪30年代中期，样式也几近相同，只是不再为单色，而呈多色。文字型胸前花由数朵大小一致的小花苞构成，小花苞排列成"喜"字或者"寿"字，多于婚宴与寿宴场合佩戴（图2-68），是一种具有一定功能性的饰品，十分具有特色。

图2-67　佩戴团花型胸前花的名花房红玉，1914年（左）、名坤伶雪明玉，1928年（右）

除了独树一帜的花苞式胸前花，其他形态的胸前花亦广受欢迎，从晚清民初开始，进步青年以佩戴胸前花为时尚，时至20世纪20年代，佩戴各类胸前花的人士日渐增多，包括名媛、女学生、交际花、女伶、影星等人群，甚至女童亦有佩戴。胸前花的尺寸也更大，夸张者直径可达20cm以上，足可遮盖整个前胸。佩戴的数量可单枚、双枚，亦可多枚，花的品种也是多种多

图2-68　佩戴"喜"字胸前花的花珠凤老四与花兰春老大（左）、佩戴"寿"字胸前花的名花姜蕰辉老五在泰丰楼行谒师礼留影（右），1933年

样。进入20世纪40年代，胸前花的时尚之风依旧不减，只是这一阶段胸前花的样式设计相对较为收敛，造型显得更为稳重与成熟。

2.6.4.6　肩花

作为胸花的一种，肩花的特点在于佩戴位置位于肩部，从肩部延至前胸，装饰面积较大，视觉效果也由此显得十分强烈。从20世纪20年代开始，佩戴肩花的女性渐多（图2-69），肩花的设计也呈现开放与繁荣的局面，其艺术特点有以下三个方面：①花种十分多样；②主体造型以花朵为主；③整体结构较为严谨而中庸。从佩戴人群来看，包括名闺、名媛、女学生、交际花、女伶、影星、舞星、知识分子以及职业女性等。佩戴位置左、右肩均可，以右肩佩戴为多。20世纪20年代的肩花尺寸较大，为民国肩花体积之最，故单枚佩戴较为常见。受珍珠项饰流行的影响，肩花常与珍珠项链配伍，更显女性艳而不俗的精神气质。进入20世纪30年代，肩花的流行依旧风头不减，但到了20世纪30年代后期，肩花的佩戴有减少的趋势，其艺术特点有以下四个方面：花种较为多样；造型主体以花朵为主，常辅以叶茎绸带等；整体结构较为开放；形态舒张而自由。从佩戴人群来看，包括舞星、知识分子、名媛、艺术家、女学生及职业女性等。相比20世纪20年代，20世纪30年代肩花的尺寸较小，与珍珠项链配伍的情况也逐

图2-69　《良友》1929年第37期四月号封面

渐减少。20世纪40年代肩花的佩戴已不再流行。

2.6.5 腕饰

民国的时尚腕饰在传统造型的基础上，从各方面均有新元素的加入，这些新元素的加入受西洋时尚的影响较大。从品类来看，民国时尚腕饰包括手镯、手链、手串、臂钏以及手镯与手表二合一的手镯表等。从造型来看，民国时尚腕饰的形态以简约的几何形为多。从材质来看，以贵金属与珠宝玉石为主、廉价材质为辅，民国前期人们对廉价材质时尚腕饰的接受度稍弱，后期则更强。从制作工艺来看，洋镶工艺的引进丰富了民国时尚腕饰的宝石镶嵌工艺，但民国时尚腕饰中多见的仍是素面宝石的镶嵌，刻面宝石的镶嵌相对较少，可见洋镶工艺对民国时尚腕饰制作工艺的影响相对较小。从装饰纹样来看，传统的花卉、吉祥纹、几何纹等依旧得以运用，但纹样的整合与布局，显得更为简练与紧凑。故而，从品类、造型、材质、制作工艺与纹饰等方面来看，西洋时尚对民国时尚腕饰的冲击，相比头饰、耳饰、项饰与胸饰而言，则相对较弱。

2.6.5.1 概述

手镯的佩戴由来已久，可追溯至古埃及时期。时至民国，人们对手镯的佩戴依然热情不减。"民国时期的妇女十分喜欢佩戴手镯，手镯的样式也千变万化。通常在数块金属片上镶嵌各色珠宝，然后再用金银链条连缀而成；也有不用链条，每块饰片之间用铰链连接的，打开之后呈长条形，两端则用金属搭扣相连。此外，还有翡翠镯、白玉镶嵌镯、金刚钻镯、时辰表镯、风藤镯、包金镯、羊脂镯、金镶藤镯等名目，泛见于《官场现形记》《孽海花》《海上花列传》等小说"。[1] 除了这些结构样式，还有一种叫"手链"的腕饰也颇受欢迎，"又出现一种名叫'手链'的手饰，以无数个金属小环相扣形成，链上间或穿有铃铛、玉石等挂件。也有其他材料的手链如珍珠手链、水晶手链、玛瑙手链等，有粗有细，造型不一。"[2]

20世纪20年代已有廉价材质手镯在国内流行，由于并非采用传统的贵重材质制成，故被人称为"假手镯"，如一种由印度引进的瓷质材料手镯："最近有一种状似磁料（指陶瓷，作者注）的手钏，有红色的，有绿色的，号称外国珊瑚，每副一角，质料很脆，闺中人皓腕之上，几乎人人都戴着这种手钏。"[3] 至20世纪30年代，"假手

---

❶ 周汛，高春明.中国传统服饰形制史[M].台北：南天书局有限公司，1998.

❷ 包铭新，李晓君，赵敏.中国服饰这棵树[M].上海：上海书店出版社，2004.

❸ 佚名.茗余零话：上海时髦女子的装饰[J].紫兰花片，1922（3）：75.

镯"的佩戴已深入社会各阶层，甚至小城市里的普通市民也会佩戴。进入20世纪40年代，国内已有厂家生产廉价材质手镯，1940年第1期《国货商标汇刊》发布上海永秀斋赛璐珞制品厂商标注册信息，其中"原料名称及来源"一项为"赛璐珞赛珍及类似赛璐珞物品国内及美英德"，"出品名称"一项为"夹发、发梳、手镯、皂匣、纽扣、筹码雀牌、玩具"，"行销地点"一项为"国内各商埠及南洋群岛"。[1]由此可推测廉价材质首饰在民国的流行状况一直呈上升之势。

2.6.5.2 手镯

旗袍形成于20世纪20年代，盛行于20世纪三四十年代。旗袍袖型的款式十分多样，主要有宽袖型、窄袖型、长袖、中袖、短袖或无袖等。袖型的花样常随潮流而变化，时而流行长袖，长过手腕，时而流行短袖，短至露肘。旗袍袖型的变化对手镯的佩戴产生了影响，比如，当袖子较短时，佩戴手镯的需求随之大增，当袖子短至暴露上臂时，人们才会佩戴臂钏。从洋装的角度来看，手镯的佩戴同样与衣袖的长短密切相关。

从形态来看，民国时尚手镯可分为圆环形、半圆环形（图2-70）、扁片形、细环形四种。圆环形手镯的横截面一般为正圆形，其直径较大，多在0.5cm以上，半圆环形手镯的横截面多为半圆形，扁片形手镯的横截面多为长方形或正方形，细环形手镯的横截面亦多为正圆形，但其直径通常较小，一般在0.5cm以下。从结构来分可分为封口式与开口式两种，封口式是指手镯为环状封合结构，没有开口，手镯的直径不可改变。封口式又可细分为封闭式与开合式两种，封闭式没有开口，直径固定不变，佩戴时手掌须从手镯中间穿过；开合式有开口与开合装置，直径固定不变，佩戴时只需打开开合装置，然后闭合即可，佩戴十分方便。一般开合式手镯的开口两端均有短链条相连，以防打开时手镯从手腕掉落。从材质来看，有黄金、白银、铂金、K金、翡翠、钻石、红宝石、蓝宝石、祖母绿、碧玺、珍珠、珊瑚、水晶、玛瑙、绿松石、青金石、玉石、人造宝石、赛璐珞、黄铜、胶木、电

图2-70　佩戴半圆环形手镯的路明女士，《良友》1939年第144期封面

[1] 佚名.永秀斋赛璐珞制品厂：商标名称图样及注册日期[J].国货商标汇刊，1940（1）：208.

木、玻璃、骨质、皮革、木材、树藤、纺织品等。制作工艺包括錾刻、镂雕、花丝、珐琅、宝石镶嵌、铸造、模压等。

圆环形素面手镯最为流行，形态简洁有力，结构为封口式，材质以翡翠、玉石、象牙、赛璐珞、玻璃等最受欢迎，可单只或多只同时佩戴。除了素面的，还有麻花状的圆环手镯也十分流行。雕刻有纹饰的圆环形手镯也很多，通常雕刻的纹饰为龙凤、花卉、动物等。张恨水在小说《纸醉金迷》写道："从账桌后面的小门里走出来一个中年妇人，只见她穿着雪花呢旗袍，烫发，手腕上戴着雕龙的金镯子，一切是表示着有钱，赶得上大后方的摩登装束。"[1]可见"旗袍、烫发、金镯子"是"大后方的摩登装束"。民国女子喜欢随身携带一块小手帕，有时候，小手帕可以掖在腋下的衣襟处，有时候，也可以掖在手镯里，如张爱玲在《金锁记》里的描述："七巧挽起袖子，把手帕子掖在翡翠镯子里，瞟了兰仙一眼。"[2]手镯与小手帕的搭配，十分有趣，也更增添了女性的妩媚感。

开口式的圆环形手镯也十分常见，比如藤镯。圆环形镶宝手镯也十分流行，手镯的表面镶嵌各类珠宝、玉石与珍珠，宝石的琢型方式有素面也有刻面，宝石的颜色丰富多彩，制作工艺多为洋镶工艺，显得珠光宝气、富丽堂皇（图2-71）。有一种圆环形镶宝手镯较为特别，为一个圆环，四周坠有小铃铛，这种铃铛手镯会发出声响，年轻人喜

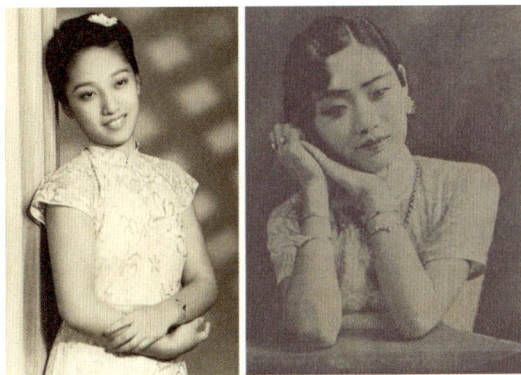

图2-71　佩戴圆环形镶宝手镯的民国女性

欢佩戴。著名漫画家丁悚对这种手镯有过描绘，作家苏青在小说中也对这种铃铛手镯有过描述："薇薇打扮完毕，张开小嘴只是啃自己拳头；她的腕上戴着一副精巧响铃镯，也是金制的，每只镯上有三个响铃，右手腕上还缚着一圈五彩络子，乃是立夏节上老黄妈给她套上的。"[3]

扁片形手镯包含素面、饰面与嵌宝类三种，扁片形素面手镯指手镯的表面没有任何装饰，这种手镯较为少见。最为常见的是扁片形饰面手镯与扁片形嵌宝手镯。扁片形饰面手镯指手镯的表面饰有纹样，或錾刻（图2-72）或浮雕，或刻花，或镂雕，或花丝，或肌理等，扁片形嵌宝手镯指手镯的表面镶嵌有珠宝、玉石、珍珠

[1] 张恨水.纸醉金迷[M].呼和浩特：远方出版社，2017.
[2] 张爱玲.倾城之恋：金锁记[M].北京：北京十月文艺出版社，2019.
[3] 苏青.苏青文集：小说卷（上）[M].合肥：安徽文艺出版社，2016.

等。从结构上看，亦有开口与闭口两种。有一种扁片形饰面手镯十分特别，这种手镯为左右不对称设计，要知道，不对称的设计样式在民国首饰中极为罕见。其表面平整，有颜色和纹理的渐变（图2-73）。图中为名花王小桃佩戴这种手镯的三幅写真，这种手镯的材料应为赛璐珞。赛璐珞材料在清末民初时比较流行，作为一种用来替代海柳、玳瑁、牛角等天然材质的人工合成塑料，因当时的工业并不发达，所以这种人工材质反而是稀缺品，价格并不低，民国后期，赛璐珞产品在国内已有生产，其价格才逐渐降低。除了上述的手镯，还有一种赛璐珞材质的扁片形饰面手镯极受欢迎，这种手镯最大的特点就是其对比鲜明的黑白两色，设计手法十分简约，现代感极强。

图2-72 《唯美》1936年第14期第11页

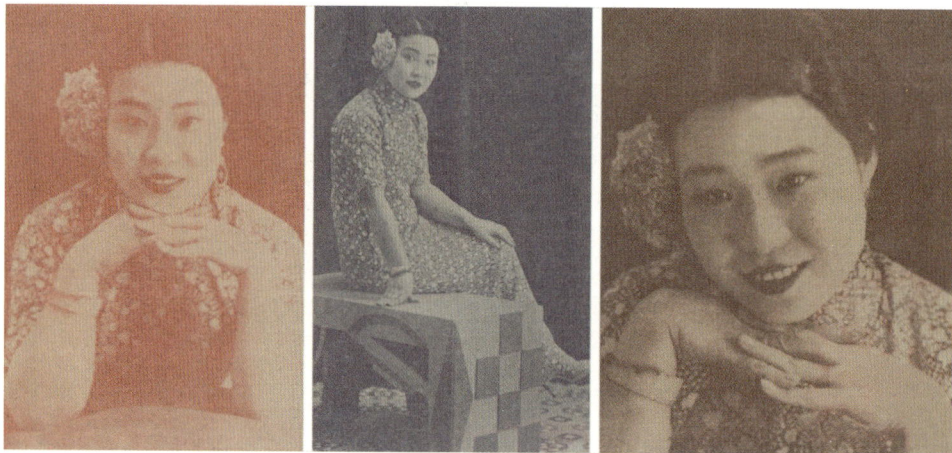

图2-73 佩戴扁片形手镯的王小桃，1935年

细环形手镯从民国初期就开始流行，女学生、舞女、名媛、明星、坤伶与知识分子皆有佩戴，可视为民国时尚手镯的爆款之一。细环形手镯可单只佩戴，但以多只佩戴最为流行。佩戴多只细环形手镯的形象在月份牌与娱乐媒体的女性写真（图2-74）中均可见到。1934年7月的《时代》杂志甚至称细环形手镯为"一九三四年夏季最流行的"样式。❶事实上，时至今日，在手腕上佩戴多个细环手镯的做法依旧流行。

❶ 佚名.[J].时代，1934，6（6）：12.

2.6.5.3 手链

顾名思义，"手链"为链接式的手镯，换言之，手链的部件之间由铰链、链条或编绳等连接，铰链、链条或编绳等均为活动结构，这就意味着从整体形态来讲，手链是软性的，各部件之间是可以活动的（图2-75）。手链的结构是清代链状手镯的延续，打开时呈长条状，使用时以扣件相连。当然，也有完全由链条制成的手链，还有由编织绳线或金属丝制成的手链，这种手链则更为柔软，佩戴极为舒适。

民国时尚手链的样式极为繁多，从形态来看，民国时尚手链的造型变化多端而又精彩纷呈。从结构来看，可分为链条式和铰链式两种，以铰链式为多。链条式指以链条、编绳构成，或者各部件之间由链条、编绳连接而成的手链，铰链式指各部件之间由铰链、锁扣、合页等装置连接而成的手链。

链条式手链在民国初期就有许多女子佩戴，直到20世纪40年代，链条式手链仍旧流行不减。这种手链的形态极其简洁，仅为一根粗细不一的链条。民国之前的中国妇女极少将链条直接当作项链或者手链佩戴，更多是作为其他贵重物件（如银器）的附属构件，所以链

图2-74 黎灼灼，《影星照相集》1935年第1期第12页

图2-75 民国银手链，民间收藏

条式手链的制作和佩戴应该是受到西洋时尚的影响。民国早期的链条式手链由纯手工制作，样式较少，后期则由自动链条机制作而成，样式较多，如"O"字链、"日"字链、费加罗链（Figaro）、肖邦链或狐尾链（Fox Tail Chain）、古巴链（Cuban）、蛇骨链（Snake）等西式链条均有见到，周璇女士的左手腕佩戴的就是一条古巴链（图2-76）。绳编手链亦为链条式手链的流行款式之一，其形制同样异常简单，通常由绳线编织而成，为开合结构。还有一种链条式手链，形制较为灵活，通常为各部件之间由链条连接，部件可以是纯金属饰件，也可以是镶嵌各种宝石的饰件，显得纤细而轻盈。此外，还有的链条式手链由皮质或纺织品材料为衬底，装饰部件均依附于衬底之上（图2-77），减少了金属部件对手腕皮肤的刺激，增强了佩戴的舒适性。

图2-76 周璇女士，20世纪40年代

图2-77 周文华女士，《电声》
1939年第31期封面

铰链式手链的样式最为丰富，以规则的几何形为主，纹饰以植物花卉、吉祥如意、云纹、水纹等最为常见。铰链式手链的装饰部件之间均有活动结构，使手链能紧贴手腕而佩戴，佩戴性较强。铰链式手链通常由金属如金、银制成，大多镶嵌有色彩斑斓的珠宝，其宽度从1.5~5cm不等，宽度较大的手链尤其受欢迎，体现了民国女性自信与优雅的时尚气质。民国的月份牌中，常见佩戴时尚铰链式手链的女性（图2-78），在诸多娱乐媒体，佩戴时尚铰链式手链的女性写真也极其多见。

图2-78 月份牌中佩戴铰链式手链的民国女性

2.6.5.4 手串

由各色珠宝玉石串成的手串在民国备受时尚女性的喜爱。这些手串通常用线绳串联珠宝、玉石与珍珠，甚至还有玻璃、塑料、人造珍珠与宝石等廉价珠子，款式有单条的、双条的，还有多条的，珠子形状有圆形、椭圆形、方形、长筒形、心形、水滴形等，颜色有黑色、白色、红色、紫色、蓝色、绿色、黄色等，颇为时尚。有的仅仅串联了一颗长筒形珠子，形态可谓简洁至极，而有的又是串联无数颗小珠子，极其繁复，但同样传递出一种单纯的美（图2-79）。

珍珠手串绝对是时尚腕饰的爆款，可见民国女性对珍珠的喜爱程度之深。珍珠手串由线绳串联珍珠而成，有单条与并列多条之别，民国画家方雪鸪创作的粉画《凝思》，画中的少女就有佩戴单条珍珠手串。多条并列的珍珠手串可以在月份牌中看到。还有的女性把长长的珍珠手串一圈一圈地绕在手腕上，并特地在尾端打一个结。珍珠手串中的珍珠的大小不一，但在同一款珍珠手串中，珍珠的尺寸通常都是大小一致的，极少在同一款珍珠手串中使用不同大小的珍珠的做法。在单条与并列多条的款式中，又以并列多条的款式最受欢迎，明星、名媛、女学生、名闺、交际花、舞女等人士都喜欢佩戴。著名影星李绮年佩戴的一款珍珠手串极为特别（图2-80），其整体造型为喇叭形，串联珍珠无数，且珍珠的颜色有深浅变化，设计风格十分简洁且现代，体现了明星在装扮上的大胆与开放，引领着大众服饰的时尚潮流。

图2-79　朱静霞小姐，《永安月刊》1940年第13期封面

图2-80　南国影坛祭酒李绮年女士，《中华》1939年第81期第28页

2.6.5.5　臂钏

臂钏为佩戴在上臂的饰物，有专家认为，"臂钏也叫'跳脱'，一般是以捶扁的金银条盘绕多道而成，所盘圈数不等，少则三五圈，多则十几圈，形如弹簧，两端另用金银丝编成环套，以便调节松紧。佩戴效果就像同时套了几个手镯。跳脱起初戴在手臂上，隋唐时期佩戴位置下移至腕部，无论贵妇还是民女都可佩戴。至清代这种手饰由于过于累赘，不再受到欢迎，遂渐渐消失。"[1] 但也有专家认为，清代的臂钏实际上是一种佩戴于上臂的手镯，如："手镯的款式多样，但佩戴比较多的

---

[1] 包铭新，李晓君，赵敏. 中国服饰这棵树[M]. 上海：上海书店出版社，2004.

是圆柱形的。佩戴的位置也有所不同，有的是卡在手腕的位置，有的是在小臂位置，还有佩戴在大臂上的，是为臂钏。"❶又如："将几个手镯合并制作在一起，形成一件饰物，这种饰物就是臂钏。""可以想象，戴着这种饰物，无论从什么角度观察，都为数道圈环，宛如佩戴着几个手镯。"❷无论如何，民国女子喜爱佩戴臂钏，一些时髦女性，将手镯当成臂钏，圈在上臂，表现女性丰满浑圆的魅力，这多少有点"复古"的意思，但20世纪20年代后期与20世纪30年代，女性佩戴臂钏最为风靡，戴臂钏为时髦之举（图2-81），直到20世纪40年代，佩戴臂钏的女性才渐渐减少。

民国女子佩戴臂钏时，臂钏时常顺着上臂滑落至前臂，于是，聪明的女子想出一个办法，将手帕叠成同心方胜，掖在臂钏当中（图2-82），臂钏就不会滑下来了。张爱玲在小说中描述过在臂钏中掖手帕的情况："她（七巧，作者注）摸索着腕上的翠玉镯子，徐徐将那镯子顺着骨瘦如柴的手臂往上推，一直推到腋下。她自己也不能相信她年轻的时候有过滚圆的胳膊。就连出了嫁之后几年，镯子里也只塞得进一条洋绉手帕。"❸这里说明手镯与臂钏并无区别，把手镯从手腕推到上臂，就变成了臂钏，两者只是佩戴部位的不同。此外，在臂钏中掖手帕并非单纯为了稳定臂钏，从另一个角度来讲，亦是权宜之计：

图2-81 阮玲玉，《中国电影女明星照相集》1934年第1卷第2期第6页

图2-82 金清美小姐，《妇人画报》1934年第24期第2页

❶ 王静渊，庄立新.明清近代服饰史[M].北京：化学工业出版社，2020.
❷ 高春明.中国服饰[M].上海：上海外语教育出版社，2002.
❸ 张爱玲.金锁记[M].呼和浩特：内蒙古大学出版社，2003.

"有些臂环有开口，可以直接扣在手臂上，夏季时，阔妇人穿着短袖旗袍，因此女性露出了纤长的手臂，她们喜欢把手镯戴在手臂上，于是就制作外粗中空的手臂镯，由于旗袍没有口袋，随身携带的手帕没地方放，于是就把手帕塞进臂环，让手帕的另一端荡下来。" ❶说明臂钏与手帕的搭配也是出于某种无奈。

文学作品中多有不同材质臂钏的描写，又以黄金臂钏的描写为多，如："这已到了四川的初夏季节。魏太太穿了一件蓝绸白花背心式的长衫，两只肥白的手臂完全露出。在左臂上围了一只很粗的金膀圈，当大后方大家全着了黄金迷的日子，凡是佩戴着新的金器品，那就是表示了那人有钱。" ❷诸多的文字描写，说明黄金材质的臂钏较为普遍。除了黄金臂钏，韩邦庆的《海上花列传》中还有对其他材质的臂钏的描写文字："我（吴雪香，作者注）说一对莲蓬要四十块洋钱哚，真个四十块洋钱，勿是我骗耐哦。耐勿相信，去问小妹姐好哉。耐一歇极得来，常恐倪要耐拿出四十块洋钱来，连忙说十块。就是十块末，阿是耐搭我去买得来嗄？耐就搭我买仔一只洋铜钏臂连一只表，也说是三十几块哚，说到我自家个物事末就勿稀奇哉。" ❸这里说的洋铜多指日本产红铜，属于较为廉价的材质。又有："翠凤随手把桌子一拍，道：'赶俚出去，看见仔讨气！'这一拍太重了些，将一只金镶玳瑁钏臂断作三段。" ❹这里写的是金镶玳瑁臂钏，事实上嵌宝类臂钏的受欢迎程度十分之高。再有："原来翠凤浑身缟素，清爽异常，插戴首饰，也甚寥寥，但手腕上一副乌金钏臂从东洋赛珍会上购来，价值千金。" ❺这里提到从日本引进的乌金臂钏，所谓乌金，实为白金，只是着色后呈黑色。

民国时尚臂钏的款式较多，有圆环式、珠串式、珠花式、嵌宝式、绳编式等，以圆环式最为流行。圆环式又分圆柱形、细条形和宽条形。臂钏的结构较为简单，一般为开口结构。细条形臂钏可谓民国时尚首饰的爆款之一，这种臂钏形状细窄，犹如一根金属丝，纤细的造型显得轻盈飘逸，与身材相对苗条的东方女性的整体气质非常搭配。细条形臂钏盛行于20世纪30年代中期，时尚女性对它趋之若鹜（图2-83）。图中女士的臂钏上还缠有棉线，以防臂钏下滑。林徽因在其小说中对细条形臂钏也有过描写："看她里面穿的是一件古铜色衣裳，腰里一根很宽的铜质软带，一边臂上似乎套着两三副细窄的铜镯子，在那红色浴衣掩映之中，黑色古锦之前。我只觉到她由脸至踵有种神韵，一种名贵的气息和光彩，超出寻常所谓美貌或是漂亮。" ❻1934年第21期《妇人画报》的封面是一幅淡彩画，画中的时髦女郎身穿白色旗袍，左手臂佩戴的三只细条形臂钏十分醒目，女郎面带微笑，神情恬静，传递了

❶ 冒绮.民国上海女性首饰研究[M].北京：中国纺织出版社有限公司，2021.
❷ 张恨水.纸醉金迷[M].呼和浩特：远方出版社，2017.
❸❹❺ 韩邦庆.海上花列传[M].北京：人民文学出版社，1982.
❻ 林徽因.九十九度中[M].成都：四川人民出版社，2017.

一种闲适优雅的东方都市女性的知性美。圆环式臂钏亦是最为流行的臂钏款式,其简洁的造型十分具有现代感。

圆环式臂钏从剖面形状来看,有圆形、半圆形和扁平形,制作材料多为金属类和玉石类,表面光滑,一般没有纹样装饰。此外,藤镯亦可作为臂钏佩戴于上臂。嵌宝类臂钏较为少见,原因在于臂钏的佩戴位置在上臂,与腋下的肌肤接触甚密,镶嵌宝石的结构有对腋下肌肤造成伤害的潜在风险。但也有例外,这里介绍一件中国出口外洋的银质嵌宝臂钏(图2-84),由6块装饰片组成,装饰片之间有合页结构连接,片与片之间可以活动,整体为开口结构,尾端有开合装置。这件臂

图2-83 《沙漠画报》1938年第13期封面

钏的每一个饰片的造型有点类似盾牌,均镶嵌有素面翡翠与碧玺。装饰纹样主要为寿纹,具有典型的中国传统风格。晚清民国时期的外销银器一般称为"中国出口银器"(China Exports Silver,缩写为CES),外销银器中包含许多首饰,深受西方人士喜爱。中国银匠运用传统技术制造外销银器,结合龙凤、戏曲故事、人物风景、梅兰竹菊、鸟雀、松鹤、八仙、"福寿"字等中式纹饰,带给西方社会匠心独运的东方风情和华夏文明,竟也在西方掀起一股东方时尚风潮。不过,好景不长,20世纪30年代后期,由于国际形势动荡,国外供求急剧下降,天津、上海、九江、武汉等外销银主产地逐一沦陷,外销银器业开始衰落,直至20世纪中后期于香港消亡。

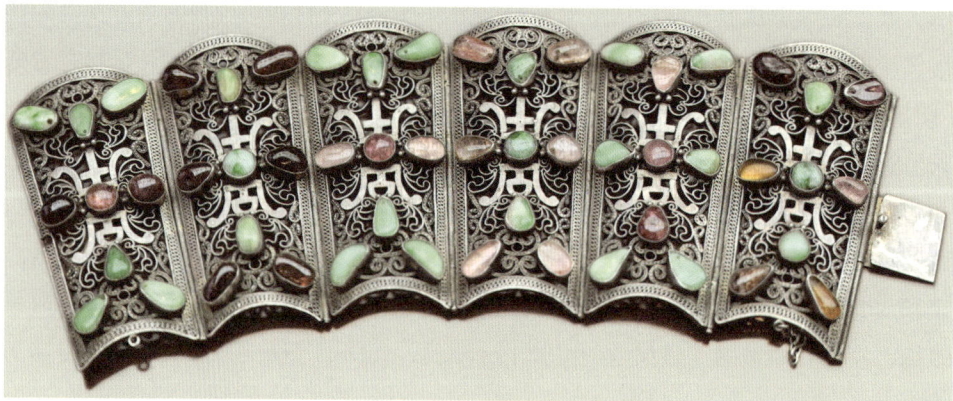

图2-84 民国出口银质嵌宝臂钏(刘玉平收藏)

2.6.6 手饰

民国女子对佩戴手饰十分重视，尤其追求时髦的女性，佩戴手饰是必不可少的日常装扮。民国时尚手饰以戒指为主，其样式大多受外来的影响，呈现简约的现代设计风格，造型以几何形为主，体现了人们对现代机械美学的追求。在制作工艺方面，洋镶工艺是最大特色，又以爪镶最为常见，宝石的琢型以素面与刻面为主，异形或未经雕琢的宝玉石较为少见。选材方面，传统的贵金属与宝石得以沿用，受西洋时尚影响，洋金、银合金、人造宝石与珍珠，以及塑料等材质亦有运用。

2.6.6.1 概述

民国时期，时髦女性所佩戴的戒指早已失去了最初的戒律意义，蜕变为纯粹的装饰品，并成为服饰时尚的一个组成部分。"民国时期，戒指通常作为搭配旗袍和时髦服装必不可少的装饰品之一。从平民百姓到明星、名媛，皆佩戴戒指"。[1] 而样式时髦的西式戒指，国内即可轻松买到，如："意大利以雕刻出名，所以戒指上常常嵌着很小的石像，颜色有粉红、黄白几种，上海大公司里也可买到。"[2] 时髦女性佩戴的戒指中以钻石戒指和翡翠戒指最受欢迎，而从佩戴数量来讲，戒指的单枚佩戴已成常态，思想活跃的女性甚至同时佩戴多枚不同材质与样式的戒指。

2.6.6.2 样式

民国时尚戒指的样式非常丰富，从诸多媒体发布的戒指图，可以窥见一斑。1939年1月第6期《电声》杂志刊登戒指样式图（图2-85），共26款，其中7款为男款，19款为女款。男款戒面多为方形，镶有主石一颗，戒肩有几何形装饰，戒圈较宽，尽显阳刚之气。女款的戒面同样镶嵌有主石，主石之外有多颗配石环绕，戒圈较窄，显得纤细柔美。镶嵌工艺均为洋镶工艺，包括包镶、爪镶、轨道镶和

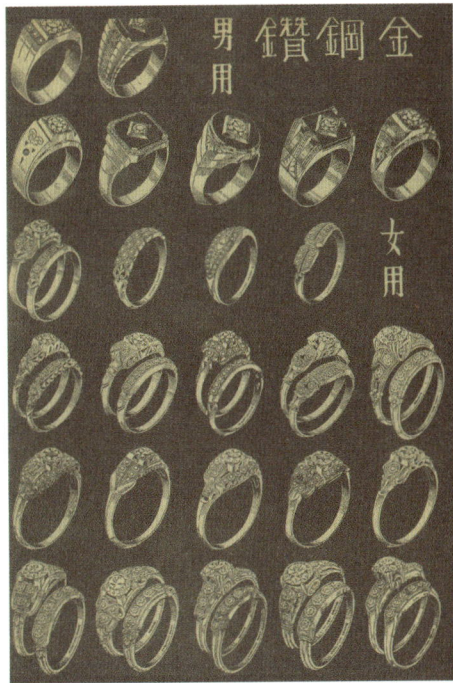

图2-85 《电声》1939年1月第6期第33页

❶ 王静渊，庄立新.明清近代服饰史[M].北京：化学工业出版社，2020.
❷ 繁千.戒指杂话[J].时事月报，1930，2（1）：7.

起钉镶等四种宝石镶嵌工艺。主石与配石的搭配设计，提升了戒指绚丽的视觉效果，而宝石的尺寸并不算大，所以戒指的整体效果显得优雅而不夸张。又如1934年10月《晨报：妇女生活画报》发表的女明星写真，她们手指上佩戴的戒指也多为戒面中央一颗主石、四周围绕小颗粒配石的款式。

媒体发布的首饰广告中附加的戒指图尤其多，例如，1918年第2期《世界画报》中的品珍首饰广告，广告中附有一枚戒指的线描图，该戒指的样式为爪镶单颗素面宝石，设计风格较为拙朴。而品珍在1938年第18期《凤藻》发布的首饰店广告中，刊登的戒指的样式则要精致得多（图2-86），戒指的戒面为一颗刻面宝石，经由爪镶而成，镶爪极其精细，使宝石得以最大限度地显露在外，戒指侧面雕刻有

图2-86　品珍首饰店广告，《凤藻》1938年第18期正文前插页

纹样，增强了戒指的装饰性。1927年4月17日《图画时报》中的绮华公司广告，也有戒指图片两张，图中戒指皆为方形戒面，其中间镶嵌一颗主石、四周围绕配石，并附文："夹白金镶嵌之杂色钻戒每只八元半起。"[1]1946年10月10日《大晚报国庆纪念特刊》有号称"钻石权威"的国际首饰公司的广告，其中有两枚戒指的线描图，图中两枚戒指的款式不同，其中一枚的戒面镶嵌圆形钻石，四周围绕小钻，呈方形排列，另外一枚的戒面为长条形，镶有三颗小钻石，呈轨道状排列。1926年第317期《图画时报》的美洛洋行广告，提及了多款戒指的名字，如：孙中山纪念戒、爱情学生戒、暹罗蓝宝石戒、真金电镶番戒等，[2]均为当时的新款式，此外，广告中还有四枚戒指图，其中一枚戒指的戒面为英文字母"S"形，十分少见，其余三枚皆为镶嵌宝石的款式。

总地来说，民国时尚戒指的样式以抽象几何形为主，戒面多呈圆形、椭圆形、正方形、长方形、梭形、菱形、六边形、八边形等，民国时期上海鸿翔服装公司的老板金泰钧的太太说："当时的戒指款式很多是西方引进来的，有棱子形、椭圆形、八边形，全部用珠宝钻石翡翠做成，中间一颗主钻，周围围绕十八颗小钻的叫'一条龙'，周围围绕八颗小钻的叫'九粒头'，也有周围围绕六颗小钻的款式，主钻材料一般是翡翠。"[3]金泰钧太太提及的"一条龙"戒指样式可以在月份牌中见到

❶ 佚名.绮华公司广告[N].图画时报，1927-4-17：第351号，第2版.
❷ 佚名.美洛洋行广告[N].图画时报，1926-9-5：第317期，第2版.
❸ 冒绮.民国上海女性首饰研究[M].北京：中国纺织出版社有限公司，2021.

（图2-87）。还有一种"戒指表"颇为独特（图2-88），亦为进口产品，张恨水在小说中对这种戒指表有过描写："燕西看时，原来小手指上，戴了一只白金丝的戒指。在指臂上，正有一颗纽扣大的小表。"[1]制作"纽扣大的小表"需要十分精湛的工艺技术，小说中提及这是瑞士货，当时，恐怕也只有钟表之国瑞士才拥有这种精细的加工技术了吧。

图2-87　谢之光，月份牌（局部），20世纪30年代

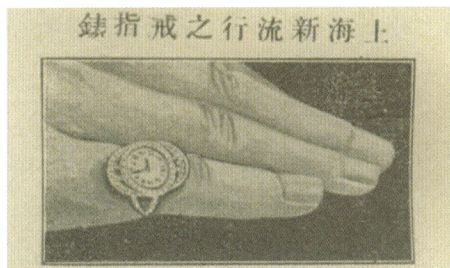

图2-88　《上海新流行之戒指表》，《礼拜六》，1921年第136期第10页

民国时尚手饰中，婚戒占有较为重要的地位。受西方时尚的影响，民国人士开始追求西式婚俗，以赠送戒指作为定情信物，如1930年第238期《中国摄影学会画报》记载："沪东杨树浦大学女生某素与大西路大学男生某过从甚密，已至交换戒指程度。最近竟因大西男生别有所恋，而不得不遗弃沪东之女生。本月内某星期日，大西男生竟跑到沪东女生之宿舍，问她索回戒指，当时她极其漂亮，即自手中脱下戒指还他，并向他要求签字据，谓我俩已从此解除婚约，孰知他走后，她竟是Faint倒地上口里大呼'Beware of boys'，当时沪东某大学女宿舍内，为她呜咽者竟达四五十人之多，其中有一位小姐大发雷霆，大骂'不要脸的男子，一个金刚钻戒指要戴几个Miss'这话确值得回味的。"[2]这则趣闻以戒指定情之后遭遇变故，之后，男方居然向女方索回了戒指，实在令人啼笑皆非。此外，在电影中也有以戒指定情的画面，比如1932年上映的、由张石川执导、胡蝶与郑小秋主演的剧情类电影《啼笑姻缘》，影片中就有男女主角以戒指定情的情节（图2-89），可见戒指定情已十分流行。除了戒指定情，许多时髦女性都会选择举行中西结合式或者纯粹西式的婚礼，在婚礼上举行交换戒指的仪式，林徽因在小说中对此有过描写："她没有勇气说什么，她哭了一会儿，妈也流了眼泪，后来妈说：阿淑你这几天瘦了，别哭了，做娘的也只是一份心。……现在一鞠躬，一鞠躬地和幸福作别，事情已经太晚得没有办法了。吵闹的声浪愈加明显了一阵，伴娘为

---

[1] 张恨水.金粉世家[M].北京：中国华侨出版社，2018.
[2] 少记者.一个金钢钻戒指要戴几个Miss[J].中国摄影学会画报，1930，5（238）：2.

新娘戴上戒指，又由赞礼地喊了一些命令。"❶

到民国后期，婚戒已成为婚礼的必需品，如娱乐杂志《沙漠画报》曾有专文介绍西式新娘服饰装扮，包括婚戒款式："本版附带着介绍给不久未来的新婚夫妇一些结婚戒指的样式，其中凡金属雕花、钻石、宝石等的样式都有，而且非常可爱，请你和他注意看看吧（图2-90）！"❷这里介绍的婚戒均为镶嵌宝石的款式，为典型的西式设计风格。

◁（秋小郑奥蝶胡之中缘姻笑啼）『言無証事心指約加手』▷

图2-89　《啼笑姻缘中之胡蝶与郑小秋》，《电影周刊》1932年第2期第1页

图2-90　可可，《到教堂去：结婚礼服及戒指》，《沙漠画报》1941年第4卷第12期第30页

2.6.6.3　材质与工艺

从材料来看，民国时尚手饰的制作材料颇为丰富，有金、银、铜、各色宝玉石等，宝玉石包括钻石、红宝石、祖母绿、蓝宝石、翡翠、珊瑚、碧玺、玛瑙、珍珠、月光石、青金石、绿松石、橄榄石、石榴石与人造宝石等。

宝石方面以钻石最受欢迎，上海新派女性喜欢大颗粒的钻戒，尤其是镶嵌粉红钻和火油钻的戒指。在民国的文学作品中，关于钻戒的描写十分常见，如："他（洪五爷，作者注）在西服口袋里掏摸了一阵，摸出两个小锦装盒子来，那盒子也都不过是一寸见方。他首先打开一只盒子盖来，露出里面绿色的细绒里子，盒子心里，一只金托子的钻石戒指，正正当当地摆在中间。那钻石亮晶晶的，光芒射人眼睛，足有老豌豆那么大。"❸一粒豌豆的直径约为0.7cm，而同等大小的钻石约为2克拉，即便在今天，2克拉的钻石也是价值不菲。

民国时期还十分流行"鸽子蛋"，可见体积硕大的宝石更受人追捧，正如一项调

---

❶ 林徽因.九十九度中[M].成都：四川人民出版社，2017.
❷ 可可.到教堂去：结婚礼服及戒指[J].沙漠画报，1941，4（12）：30.
❸ 张恨水.纸醉金迷[M].呼和浩特：远方出版社，2017.

查所言："至于中国人欲购之钻，只求其大，不问有无毛病，重在4~8克拉者，最佳，以之镶耳环或戒指用。"[1] 所谓"鸽子蛋"就是大克拉的钻石戒指，很多贵妇对鸽子蛋都有执拗的喜爱，各种颜色的鸽子蛋戒指十分常见。一个鸽子蛋的直径约为3cm，而同等大小的钻石约有12克拉，能够买得起如此巨大钻石的人非富即贵，因此，鸽子蛋戒指被看作贵妇的门面。事实上，"鸽子蛋"除了形容钻戒，也可指称其他大颗粒宝玉石制成的戒指（图2-91），所以，在很多民国时期的电影中，能够看到贵妇们佩戴各种"鸽子蛋"戒指打牌的情景，由于"鸽子蛋"十分昂贵，因此，硕大的"鸽子蛋"除了是一种装饰品外，也是地位和财富的体现。

图2-91　佩戴"鸽子蛋"戒指的胡蝶女士

翡翠亦受时尚人士喜爱。翡翠戒指有素戒与镶嵌戒之分，所谓翡翠素戒是指整个戒指仅由翡翠一种材质制成的款式，而翡翠镶嵌戒则是指戒圈为金属材质、戒面镶嵌了翡翠的戒指款式。从民国初期到末期，这两种款式都极为流行，可谓民国时尚手饰的"常青树"。

民国女性对珍珠可谓情有独钟，不仅项链、耳饰、手镯上有珍珠，戒指上亦不例外，与珍珠项链一样，珍珠戒指的流行贯穿了民国历史的始终。由于戒指的体量较小，即使是一颗小小的珍珠也足以成为戒指的主角（图2-92），图中这枚珍珠戒指为开口结构，值得注意的是，其开口处位于戒圈的一侧，而非戒圈的正下方，并且，其开口处呈三角形，正负形对应，细节上的处理颇为用心，不过，现今这种开口处理方式已极其少见，原因在于佩戴时尖锐的开口容易造成手指皮肤的不适。此外，民国的时尚珍珠戒指，不仅可以镶嵌

图2-92　民国银花丝镶嵌珍珠戒指
（刘玉平收藏）

---

[1] 佚名. 钻石产地与市面[J]. 实业杂志，1920（33）：132.

单颗珍珠，甚至还可以同时镶嵌两颗珍珠。一般而言，为了佩戴舒适，民国时尚珍珠戒指镶嵌的珍珠的尺寸都较小，而珍珠的品种较为丰富，但多数为半球形珍珠，俗称"馒头珠"，除了白色珍珠，黑珍珠亦可见到。样式也较丰富，以珍珠作为主石的样式最多，显得清新淡雅，少量样式辅有配石，显得更为奢华。此外，珊瑚亦为人们喜爱的宝玉石之一，无论是月份牌还是娱乐媒体，佩戴珊瑚戒指的女性形象都十分常见。

民国时尚戒指的制作工艺较为多样，运用较多的为洋镶工艺、珐琅工艺、錾刻、镂刻、铸造、花丝等。洋镶工艺主要应用于嵌宝类的戒指，以包镶、爪镶和针镶为最多。錾刻、镂刻和珐琅工艺主要应用于金属表面处理，使金属表面呈现不同的纹理图案和色彩。花丝工艺往往与镶嵌宝石工艺一并运用，所谓"花丝镶嵌"是也。而铸造工艺则用于戒指的出坯，属于前期加工工艺，经执模之后，再行镶嵌宝石，才能完成嵌宝类戒指的制作。纯金属类戒指的制作材质有金、银、铜等，一般分为表面无任何装饰的素戒和装饰有纹样或雕刻的装饰戒，素戒多见于结婚戒指，而装饰戒的纹饰多由錾刻与镂刻制作而成，样式颇多，不一而足。嵌宝类戒指为时尚戒指的大宗，样式也颇多，为时髦女性之最爱。众多制作工艺中，亦可见到金镶玉工艺（图2-93），这枚戒指的戒面较为特别，镶嵌了一颗椭圆形珊瑚，在珊瑚的中央位置，又嵌有黄金饰片，为典型的金镶玉工艺。此外，珐琅工艺也被应用于时尚戒指的制作中，缤纷的珐琅彩更增添了时尚戒指的美丽，相较于嵌宝类时尚戒指，珐琅时尚戒指可谓物美而价廉。

图2-93　金镶玉工艺，杭稚英，20世纪30年代

2.6.7　足饰

足部的装饰物称为足饰，而足饰的历史颇为久远，非洲部落女子和男子很早就开始佩戴足环了，欧洲女子亦有佩戴足饰的习俗。中国古代女子亦有佩戴足环的例子，至民国，足饰似有复兴之势，时髦女性纷纷佩戴之。民国时期的足饰主要为脚镯，质地以贵金属为多，形制较简单，一般为开口结构，有锁闭装置。

2.6.7.1　概述

足饰在世界各地均可见其踪影，且自古有之，尤其在崇尚金饰的非洲，富有男女均佩戴黄金足饰，南洋一带，孩童佩戴足环的习俗一直保存到近世。民国时期，中国东南沿海一带亦有孩童佩戴足环的习俗。包天笑在《六十年来妆服志》中有记载："脚镯，亦名足钏，闽粤淮扬之间，男女皆有，以银为之，都属于儿童辈。男子长大，则卸之，女子往往至嫁后产子，方除去之，大约为压胜之具，惟今已作装饰品了。舞女歌倡，竞以脚镯，脚链为饰，掩映于蝉翼丝袜之间。更有系以小金铃者，行步时丁零作响，怀疑为花底猫儿也。"[1] 可见脚镯已从孩童的脚踝转移到了"舞女歌倡"的脚踝，而在大上海的十里洋场，夜夜歌舞升平，演出中舞女的纤纤玉腿，戴上脚镯，可为舞剧增添色彩，所以，舞女喜爱戴脚镯应该也有一点职业需要的意思。在那个舞女歌倡引领时尚的年代，脚镯自然也就成了时髦之物。

2.6.7.2　足部装饰

应该说，脚镯的佩戴从"习俗"演变为"时尚"，还是有一定的社会文化背景的，在西洋时尚的影响下，西方的服饰时尚大举入华，国人穿洋装、烫发、佩戴西洋配饰的现象比比皆是，洋袜与高跟鞋随处可见，而脚镯与高跟鞋的配伍，绝对珠联璧合："我们的'高跟鞋'，还辅以脚镯，或曰足钏，'掩映于蝉翼丝袜之间，更有系以小金铃者，行步时丁零作响'，较之西人单调的咯咯之声，犹如交响之曲，更加绘声绘色。"[2] 著名画家叶浅予在1929年第1期《时代画报》发表的一幅时装画（图2-94），恰好展示了这种脚镯与高跟鞋的绝妙配伍。[3]

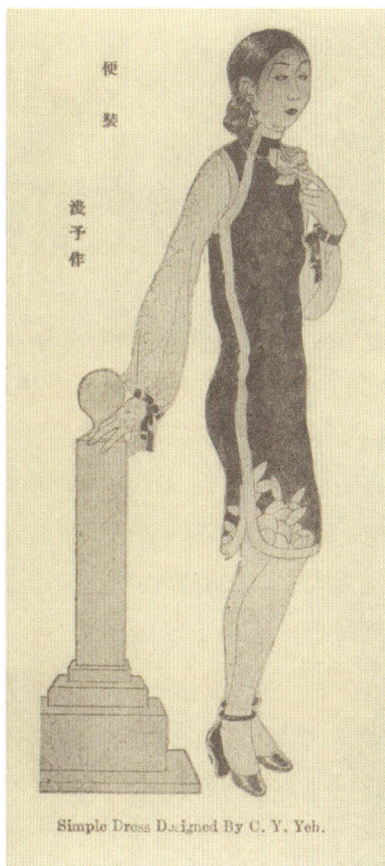

图2-94　叶浅予，《便装》，《时代画报》1929年第1期第38页

---

[1] 天笑.六十年来妆服志[J].杂志，1945，15（4）：33.
[2] 周松芳.民国衣裳：旧制度与新时尚[M].广州：南方日报出版社，2014.
[3] 叶浅予.便装[J].时代画报，1929（1）：38.

2.6.7.3　脚镯的流行

1920年第3期《妇女杂志》有《法国新流行之脚镯》的报道："迩来法国妇女，盛行一种脚镯，于宴会跳舞时往往戴之。此种脚镯，价值颇巨，为最佳之珠宝及钻石制成，惟戴时只用一只，皆在右足之上。闻此项脚镯，为一跳舞名伶所发起，该名伶于跳舞时，辄戴脚镯，光耀夺目，颇得闺秀欢迎，因之纷纷效学，遂致风行全国云。"[1] 这则消息提及脚镯时尚源于法国，"闻此项脚镯，为一跳舞名伶所发起"，而脚镯时尚传入中国，最先佩戴时尚脚镯的也是舞女名伶，一时佩戴脚镯竟成风气："街头妇女，穿犰皮大衣，脚手戴金镯，看在男人眼帘，均愿生只口，她们都是靠口福。"[2] 名伶佩戴脚镯的消息时有报道，如京剧表演艺术家李玉芝受上海服饰时尚影响而佩戴脚镯："这个玩意（指脚镯，作者注）在北京的一角还相当时兴，不过没见过它的人便要有点大惊小怪了，可是在上海它已经十分盛行：女人的脚脖子上边戴着个赤金镯子，当然戴着它便需要裸腿赤足了，耀耀照眼，金黄色的光，真是好看！据说那叫'脚镯'，多么新颖的名词啊？！"[3] 再如京剧表演艺术家蒋慕萍，仰慕余派老生杨宝森已久，趁由上海北上观光之际，欲拜杨宝森为师，特设筵席，席间蒋慕萍装扮一新："蒋小姐这天则不是海派打扮，而是穿了一件纯粹北方的'紫'色丝绒旗袍，脚下只是一双平底缎鞋而已，不过在丝袜里边隐约可以看见'脚腕子'带着一只黄澄澄的赤金像是'镯子'似的玩意，大概就是一般贵族妇女所戴的所谓'脚镯'了！"[4] 电影明星也以佩戴脚镯为时髦，画家董天野的一幅明星漫画造像，画中明星胡枫身穿泳装，脚踝佩戴一对脚镯，显露颇为休闲的神情。1936年第9期《青青电影》的封底为影星李丽出浴图（图2-95），图中李丽右足佩戴的嵌宝脚镯清晰可见。于是，经舞女名伶与明星的传播，大多女性也纷纷戴上脚镯。

聪明的商家，早已嗅到了此中商机，许多银楼金店，都开始设计制作脚镯，甚至为客户订制。有外国首饰商，也欲在中国设厂生产脚镯，1948年第282期《商标公报》刊载第50400号商标申请，该申请由美国首饰商雅各·克莱斯勒（Jacques Kreisler Manufacturing）公司呈请，商标名称为："捷克·斯莱斯勒（Jacques Kreisler）"，商品为："第九项贵金属之仿造品类，手镯、足镯、悬挂饰物别针。"[5] 雅各·克莱斯勒公司最早于1922年在美国第五大道333号开设名为克莱斯勒·斯特恩（Kreisler

---

[1] 佚名.妇女新闻：国外之部：法国新流行之脚镯[J].妇女杂志（上海），1920，6（3）：6.
[2] 佚名.上海滩镜头[J].上海特写，1946（28）：2.
[3] 佚名.李玉芝足部新花样[J].立言画刊，1944（300）：11.
[4] 佚名.杨·蒋师生摆筵记：师父清隽戴墨镜·徒弟京派有脚镯[J].戏世界，1948（367）：1.
[5] JACQUES KREISLER MANUFACTURING呈请.审定商标第五〇四〇〇号[J].商标公报，1948（282）：24.

Stern）的首饰店，该品牌的首饰设计为典型的美式中性风格，生产男士袖扣、手表，也有女士腕表、胸针、耳环和足镯等，可见民国时期，外国首饰公司亦有在中国设厂生产时尚首饰。

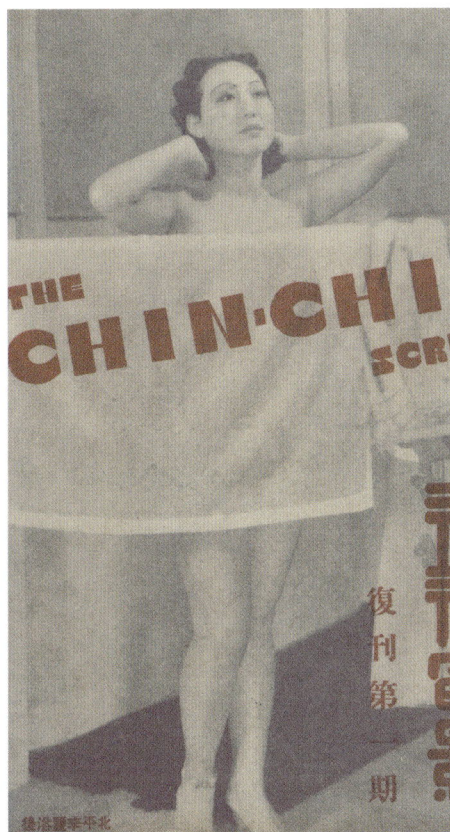

图 2-95　电影演员李丽女士，《青青电影》1936年第 9 期封底

2.7 珍稀的20世纪50—70年代

1949年新中国成立，百废待兴，物资匮乏之下的实用主义审美观让人们放弃了对服饰美的追求。20世纪50年代初期，人们的服饰基本上还是延续民国时期的款式与审美格调，烫发、大花裙子、首饰和高跟鞋还有一定的生存空间。20世纪50年代后期，民国时期遗留的服饰风尚失去了地位，人们对服饰时尚美的追求转化为对革命工作的热情，劳动美与心灵美最终被社会广泛认同。这一时期的服装崇尚简洁、朴实，颜色相对单调，以绿色、蓝色、黑色与灰色为主，体现了劳动美的本色与时代风尚。

20世纪60年代中期，男女服装归于一统，女装趋向男性化，军便服大行其道，"不爱红装爱武装"的信条被女性奉为圭臬，女性浑身散发着"革命"气质，代表着当时的服装时尚。单调的颜色，统一的款式，时尚失去了个性。服装尚且如此，遑论首饰的流行，可以说，中国女性服饰在20世纪60年代中后期以后实际进入了虚无状态，时尚首饰已然绝迹，留下的是一片空白。

20世纪70年代初期和中期的时尚同20世纪60年代末期的一样，最流行的依旧是草绿色军装，如到了1976年岁末，服饰的坚冰逐步消融了，西方的"奇装异服"悄悄闯入国门，喇叭裤逐渐流行起来，小脚裤、花衬衫也开始复活，人们追求美的意识逐渐苏醒，中国走出了那个"灰蓝黑绿"的时代。

20世纪70年代，在业界人士及有关方面的呼吁下，为满足出口换汇的需要，在周恩来总理的支持下，珠宝首饰行业以工艺美术品厂的形式得以少量恢复，部分传统题材产品的生产被批准，一些设有首饰科的工艺美术品厂可以从事专门的首饰设计与制作，产品以传统题材与样式为主，富有中国传统文化特色，受到外国人士的喜爱，但由于国内的老百姓极少购买和佩戴首饰，这些产品主要用于外销。

2.7.1 北京的时尚首饰业

北京于1949年初新中国成立以后，发展经济成为政府的首要工作之一，北京市政府对本市的金店与银楼进行了整顿。"1949年3月，军管会下令金银制品行业将所存金银制品全部送交中国银行进行兑换，明令禁止金银买卖，将金银收归国有，统一分配。这些政策使得北京的私营金店、银楼相继停业或转业。1950年12月，在政府的组织下，国营金银饰品店在廊坊头条开设，由人民银行领导，主营金银制品的加工制作和出售。1953年后，北京市私人经营的金银首饰店基本消失"。❶

　　然而，由于手工业生产在当时的国民经济中占有举足轻重的地位，所以，各级政府都对工艺美术行业有所扶持。1950年，北京成立了首家经营传统工艺品出口业务的专业公司——北京市特种工艺出口公司（后更名为北京工艺进出口有限责任公司），此间，政府"向私营进出口商和生产作坊提供了80万元贷款，全年出口额达到280万美元"❷。1956年，中国推行公私合营的社会主义改造，成为工艺品出口发展的第一个转折点。"至1956年，已发展为公私合营的北京市第一、第二花丝生产合作社和北京市第一、第二镶嵌生产合作社四个合作社，共600位社员。1958年，这四个合作社又合并为北京花丝镶嵌厂，很多花丝镶嵌艺人充实到该厂的各个岗位，成为当时国内金银花丝镶嵌制品的主要产地，也是当时全球首饰行业规模最大的企业，员工达613人。"❸1958年北京花丝镶嵌厂成立之后，业界始有"花丝镶嵌"的称谓。1960年，北京花丝镶嵌厂又调出部分工人，在北京工艺美术工厂成立了花丝镶嵌车间，初步形成科学化、规范化的管理体系，大大提高了生产效率，北京花丝镶嵌厂也因此成为集图样设计、产品加工、科研于一体的企业，并且走向批量化的生产道路。1971年北京市首饰厂成立，花丝镶嵌大师侯重宾作为技术骨干被调到了首饰厂样品组，负责样品的设计制作工作。多年来，北京市首饰厂生产了大量深受人们喜爱、具有新时代特色的耳饰、手镯、戒指等首饰产品。

　　这时期的工艺美术行业由小而散的小型作坊、工厂，逐步转型为集约化生产的现代企业，如著名花丝艺人毕尚斌在1955年2月，"带着压丝机、铺板和手使的工具，在崇文门参加了北京第一花丝生产合作社"❹。工艺美术品的出口得以扩大，产品出口至芬兰、美国，以及非洲、亚洲多国，成就了1956—1965年的北京工艺美术品出口的第一个高峰。1964年国家批准K金首饰出口，相关业务发展迅速。北京工艺品进出口公司四科首饰组升格为首饰科，1965年再升为首饰部，同年10月15日成立北京首饰进出口公司，并相继成立了首饰加工厂，以生产和销售金银花丝镶嵌首饰为主，从此，珠宝首饰成为北京首饰进出口公司的单独业务。北京首饰进出口公司首饰部又分为玉石科、金饰科、银饰科、加工科等科室，职工最多时达到两三百人。1972年，北京刺绣厂改为北京市首饰厂，开始转向生产金银首饰。该厂前身为1952年成立的加工刺绣产品的合作社，1970年1月由手工艺合作社改为集体所有制的合作工厂，20世纪90年代末期工厂关闭。

❶ 吴明娣.百年京作：20世纪北京传统工艺美术的传承与保护[M].北京：首都师范大学出版社，2014.
❷ 谭烈飞.北京方志提要[M].北京：中国书店出版社，2006.
❸ 吴明娣.百年京作：20世纪北京传统工艺美术的传承与保护[M].北京：首都师范大学出版社，2014.
❹ 孟皋卿.中国工艺精华[M].北京：新华出版社，2000.

从款式方面来看，应该说，中华人民共和国成立后，传统金银花丝镶嵌首饰的国内市场较为萎靡，种类较为单一，多为银花丝烧蓝首饰。部分首饰艺人根据市场的需要，不再仅仅制作金银花丝首饰，也逐渐开始生产和制作胸章、奖杯、奖牌等。如1950年，中国志愿军入朝鲜作战，指战员胸章就是由当时北京花丝镶嵌厂的南雅亭设计的。首饰种类除了戒指、手镯、项链等外，还新增了领带夹、袖扣、别针等新品种（图2-96）。以动物为题材的首饰较受欢迎，这些动物形象包括仙鹤、蝴蝶、孔雀、兔子、熊猫、长颈鹿、狮子、猫等，特征鲜明，形象生动，具有新的时代特色。

图2-96　1978年的戒指和别针

北京的工艺美术教育对于珠宝首饰行业的发展功不可没。1958年北京市工艺美术学校成立，该校的金属工艺专业承担着为北京金银花丝行业培养人才的任务。1962年，花丝名匠翟德寿开始在北京市工艺美术学校执教，带领学生进行花丝技艺的实际操作。20世纪60年代初，毕业于该校的白静宜、王沂华、柳淑兰、徐书惠、杨玉栋、韩宽、程淑美等一批具有较高设计水平的学生被分配到北京花丝镶嵌厂。1963年，来自上海美术设计公司的首饰设计专家吴可男也被调入北京花丝镶嵌厂，从事首饰设计及研究工作。这些设计师为北京的花丝镶嵌首饰注入了新的活力，使花丝镶嵌首饰走上了设计与研究相结合的道路，从此，传统的花丝镶嵌首饰具备了新时代的特征，产生了良好的社会反响。

2.7.2　上海的时尚首饰业

据《上海二轻工业志》统计，中华人民共和国成立初期，上海珠宝首饰业从业人员有1000余人，1950年销售额为6134元。1951年重建上海珠玉商业同业公会时，全市共有珠宝店和工场（作坊）106家，从业人员700人左右，销售额上升为17890元。1955年底，上海珠宝首饰商家增至235家，经营珠宝钻翠的琢磨、镶嵌、收购和捎卖，产品比重钻石占70%，珍珠占10%，翡翠占15%，其他占5%。可见，钻石作为舶来品，受欢迎程度依旧保持最高。1960年，上海光明玉模工艺厂与东风镶嵌饰品厂合并为公私合营上海光明玉模厂，1966年11月，该厂改名为国营光明玉模厂，主要产品为玉模、瓷模和宝石。1969年底至1973年，上海珠宝首饰业曾一度停产，光明玉模厂转产晶体管，并从工艺美术工业公司划出。1973年9月，光明玉模厂由上海市玩具工业公司划归上海市工艺美术工业公司，恢复原来业务。1977年，该厂总产值为145.6万元，其中珠宝产值30.34万元，出口额为29.7万元。

上海首饰业的发展并非一帆风顺。中华人民共和国成立初期，为稳定金融，安定社会，制止金银投机和走私，中国人民解放军华东军区司令部于1949年6月10日颁行《关于华东区金银管理暂行办法》，规定："金银饰品业除出售制成品外，不得私自买卖金银，不得收兑金银饰品。"随着社会风气逐渐转变，首饰市场日趋萎缩，至1951年5月，全市160家银楼首饰店已先后转业或歇业。然而，20世纪50年代的上海赛珍饰品却行销全国，原因在于上海赛珍饰品的制造材料均为廉价材质。上海赛珍饰品原系档次较低、种类较多、销售比较普及、款式比较流行的饰品，有近百年历史。20世纪20年代起赛珍饰品开始仿照金银饰品款式生产铜质饰品，20世纪40年代该业已有作坊、饰品（商业）、银器、发夹、绢花、梳篦杂货、塑胶专业组织，并成立了上海赛珍饰品同业公会。中华人民共和国成立后，该业一度迅速发展，"1954年，上海赛珍饰品行业有饰品作坊32家，个体手工业户225家，从业人员665人，年产值146万元，生产经营的品种有戒指、胸花别针、耳环、发夹、项链、金属纽扣和人造宝石等。1956年合作化高潮时，该业产品相近的作坊相继合并为蓬莱发夹社、第二十三五金等4家生产合作社。1958年，蓬莱发夹社和第二十三五金社又合并为国营上海饰品厂，职工139人，主要生产戒指、别针、项链、木鱼铃和帐钩等铜饰品。当时生产这类饰品的还有上海金银饰品厂和上海联合徽章厂。1960年，行业为节约用铜，试制成功了铝质饰品，表面光洁，彩色鲜艳，价廉物美，颇受欢迎。1964年，全业生产赛珍饰品550万打，其中铝饰品474万打，铜饰品40万打，人造宝石饰品30万打，总产值588.1万元"。❶可见赛珍饰品的生产规模之大。此外，"1973年后，上海金属工艺二厂和上海徽章厂陆续恢复生产铜铝饰品。1974年，铜铝饰品产量146.08万打，产值163.04万元。同年，上海金属工艺三厂从意大利进口水钻，制成的水钻赛珍饰品颇受消费者青睐。1978年，上海钻石厂研制国产水钻获得成功，并由上海金属工艺四厂试生产，接着上海金属工艺四厂又在上海激光研究所的协作下，运用真空镀膜工艺研制成功新颖的透明变色水钻投入生产"。❷说明上海赛珍饰品的生产一直维持在较高的水平与产量，其产品因样式设计的与时俱进、价格的亲民，而深受人们喜爱。

---

❶❷《上海二轻工业志》编纂委员会.上海二轻工业志[M].上海：上海社会科学院出版社，1997.

钻石一直是上海时尚人士的心爱之物，在钻石加工方面，上海领跑全国。1955年，金鑫、松元、荣成、永和、新华和利工等6家个体作坊合并组成荣成磨钻商店，共有磨钻工14人。除承接首饰钻旧翻新业务外，还磨制生产和实验用的工业钻。1958年4月，荣成磨钻商店改名为上海磨钻厂。同年，南市区达玉麟磨钻作并入，职工增至29人。除继续修改旧钻外还少量加工金刚石砂轮割刀和手表厂用的钻石刀。此后，又从珠宝业卢湾区店陆续调入职工，1961年全厂职工41人。1966年，上海磨钻厂改名为上海钻石工具厂，1969年该厂为外贸公司批量进口的毛坯钻石试行加工并取得成功。1972年，上海市工艺品进出口公司正式进口钻石毛坯交该厂加工，从此，上海的钻石加工从旧钻改磨转为直接将矿产毛坯钻石加工成首饰钻。1973年，上海艺术品雕刻五厂并入上海钻石工具厂，职工增至280人。1974年，上海钻石工具厂从比利时和美国引进了一批先进的首饰钻加工设备和检测仪器，使上海首饰钻加工得到较快的发展。1979年首饰钻产值达到923.4万元。

2.8　开放的20世纪80年代

1978年12月，党的十一届三中全会召开，中国开始实行对内改革、对外开放的政策。改革开放带来思想解放的新浪潮，国家经济和人民生活水平得以逐步提高，中国向世界敞开大门，外来的服饰文化冲击了国人的服饰审美观念，整个社会的衣着色彩变得鲜艳，中国时尚逐渐与世界潮流接轨。

1979年1月1日中美建立正式外交关系，在此之后，美国、日本以及欧洲国家成为中国工艺美术品的主要出口国。1979年4月，法国时装设计师皮尔·卡丹（Pierre Cardin）将春季服装发布会的服饰作品带到中国，在北京民族文化宫举办了中国有史以来第一个外国品牌的时装展示会。皮尔·卡丹带来的8个法国模特和4个日本模特，穿戴着皮尔·卡丹设计的服装和时尚首饰，在流行音乐的伴奏下走起了"猫步"，台下的人们穿着蓝灰制服，屏住呼吸观看表演，这一场时装秀，极大地挑战了中国人的审美观念，这是新中国成立以来，中国人民与巴黎最新时尚的第一次碰撞，引发了巨大的反响。当时的中国，"服饰生活基本上是否定流行现象的，向中国介绍流行，是将超越10亿的巨大人口从统一化的服饰生活中解放出来，进而也是将市民生活自由化的一个重要契机"。❶可以说，皮尔·卡丹把国际时尚带到了中国，从此，新中国的服饰时尚次第花开，姹紫嫣红。

20世纪80年代初期，服饰流行与变化的速度相对缓慢，到了20世纪80年代中后期，市场机制臻于成熟，服饰流行的更迭周期不断加快。1980年，第一本时尚杂志《时装》在北京诞生，为国人打开了国际时装的最早窗口，1988年创刊的《ELLE世界时装之苑》是第一本进入中国的国际高端女性杂志，自创刊以来，始终引领着读者时尚生活新风潮，为中国女性启发时尚灵感。

2.8.1　产销

党的十一届三中全会以来，中国首饰业从来料加工转向内销市场，初期呈现供不应求的"野蛮生长"的状况，反映了被压抑几十年的需求突然被激活而不知所措的现状。

---

❶ 彭永茂.时尚巴黎：近现代法国服饰史研究[M].沈阳：辽宁人民出版社，2017.

在北京，1985年之前只有三个地方销售珠宝：北京饭店、友谊商店和工美服务部珠宝专柜，都需要使用外汇券购买。1985年之后，珠宝首饰业迅速发展，数家珠宝城在城内开张营业。1985年9月5日，中国珠宝首饰进出口公司成立，该公司代表国家负责全国的钻石、珍珠、黄金等一类商品的进出口许可经营审批和配额管理，同时开展珠宝首饰包括黄金、白银等贵金属的进出口贸易和"三来一补"业务。中国珠宝首饰进出口公司在北京顺义设立北京艺兰珠宝厂，是北方较早的珠宝首饰工业园区之一，又在上海设立钻石经营部，逐步发展成为当时我国大型的钻石加工贸易区。

在上海，首饰行业出现新变化。中青年设计师既得到老艺人的经验传承，又受到西方文艺思潮的影响，他们的设计大胆革新，作品既有传统神韵，又颇具现代气息，设计突出时尚理念、造型构思新颖、色泽晶莹典雅。在各方的共同努力下，上海首饰行业逐渐恢复生机。1982年，国家决定开放内销金银饰品市场，上海金属工艺一厂改名为上海远东金银饰品厂，上海金属工艺二厂改名为上海宇宙金银饰品厂，两厂被轻工业部指定为上海内销金银饰品定点生产企业，上海工艺美术品服务部被定为试销单位，自1982年10月1日起上市试销金银饰品，年产值为1926.3万元。1984年，上海市首饰设计研究中心成立（1987年改名为上海工艺美术公司首饰研究所），从事金银首饰的新工艺、新设计、新材料、新产品的开发和研制。同年，上海环球饰品厂（原系由生产铜饰品的第二十三五金生产合作社和生产发夹的蓬莱发夹生产合作社合并组成）也由轻工业部增列为定点生产企业，该年各厂共生产金银饰品5050.8万元，出口为282.6万元。据《上海二轻工业志》介绍，1985年后，上海远东金银饰品厂、上海宇宙金银饰品厂、上海环球饰品厂和上海珠宝玉器厂分别恢复和新建了老凤祥银楼、宇宙金银饰品厂门市部、环球银楼和申龙银楼，并分别在上海市区设立了20多家特约经销处，推出"老凤祥""宇宙""环球"和"申龙"等牌号金银首饰应市，充分发挥上海首饰百年老店声誉好、质量优、款式新的名牌效应。

广府地区成为时尚汇集之地。"香港服饰通过广东随后迅速传遍内地。只要服装是港味的，深圳货、广州货在内地都作为新款接受，广东成为全国人民时尚的聚焦点。那时的服装店鳞次栉比，卖成衣的地摊和小铺子在大街小巷里接成长龙。男女时装、西装、运动衣、针织衫、旅游鞋、化妆品、墨镜、首饰……各种潮流服饰琳琅满目"。❶而广东首饰行业的发展也是始于改革开放的20世纪80年代，1980年，经中国人民银行批准，广东被允许开展金银珠宝"来料加工"业务，于是，广东有了进军珠宝界的"入场券"。那时，深圳正是"三来一补"——来料加工、来样加

❶ 孙恩乐.岭南最大移民群体服饰：广府服饰[M].北京：中国纺织出版社，2014.

工、来件装配、补偿贸易兴盛之时，全国的珠宝首饰行业率先从香港转移到广东深圳、番禺等地区，"三来一补"的优惠政策加上与香港同行学习，使得广东珠宝行业得到了飞速的进步和发展。据统计，"20世纪80年代，中国黄金饰品生产定点企业全国有10余家，加上其他宝玉石饰品生产企业共有95家，从业人员达2万人，年产值为16063万元人民币，销售额不到2亿元，出口创汇为1600万美元。"[1]此时，有着全球资源的香港珠宝厂商纷纷把目光聚焦到广东，与香港仅一江之隔的番禺，由于地缘相近、语言相通，再加上厂房、劳动力费用低廉等优势，成为香港珠宝企业转移的第一站，也催生了番禺珠宝产业。20世纪80年代中期，随着改革开放的深入，港商纷纷在香港接单，然后到番禺加工，番禺珠宝首饰市场逐渐兴旺。1986年，由香港富隆珠宝和中国工艺品进出口总公司广东控股公司合资建立的番禺第一家合资珠宝首饰厂正式成立，承接富隆在香港接的订单，专做来料加工。随着订单量不断增大，为扩大效能，加工方将珠宝的传统手工业制作流程分解为不同工序，转变为现代分段式流水线作业，这极大提高了宝石镶嵌的工作效率，也方便了工厂的管理。此后十几年间，近千家"三来一补"企业如雨后春笋般不断涌现，与香港形成了"前店后厂"（"前店"指港澳地区，"后厂"则指珠三角地区）的发展模式，如大家耳熟能详的周大福、周生生、六福、谢瑞麟等品牌，均在番禺设厂进行来料加工生产。

2.8.2　材质

从材质方面来讲，时尚首饰涉及贵金属与宝石，因而其发展进程受到国家政策的影响颇大。随着黄金储备的提升，1982年国家决定开放内销金银饰品市场，国务院发布《关于恢复市民黄金饰品加工制作的规定》，放开了黄金饰品零售市场，贵金属在有管制的条件下开始流通，市场开始出现黄金首饰产品，各大城市纷纷开设黄金首饰零售店，消费者可以在黄金零售店购买黄金首饰。1986年全国掀起黄金购买热潮，国内一些地质矿产企业转型进入珠宝首饰行业，同时深圳等沿海地区引进一大批珠宝合资企业和来料加工企业，市场上的黄金首饰供给大增。

也有一些使用简单镶嵌工艺制造而成的珠宝首饰，但款式方面消费者的选择非常有限，人们也普遍缺乏宝石或珠宝方面的知识。除了贵重的钻石、红宝石、蓝宝石、祖母绿等，也有珍珠、水晶、绿松石、海蓝宝、石榴石、珊瑚等半宝石制成的时尚首饰，甚至还有大量廉价材质（如黄铜、塑料、玻璃、人造宝石等）制成的首

---

[1]《中国珠宝年鉴》组委会.中国珠宝年鉴–2002[M].北京：地质出版社，2003.

饰。如赛珍饰品大量使用了铜、铝、水钻、人造宝石等材质来制作首饰，品种与花色繁多，其中水钻制造技术与质量，经过改革开放之后近十年的发展，已接近国外先进水平。可以说，此一时期，中国大陆开始全面掌握现代珠宝首饰的生产工艺和流程，大量的机械设备投入到了首饰制造业，机械制作与模具浇铸首饰的出现，催生了批量、廉价的首饰，曾经与尊贵、稀缺为伍的黄金首饰，也纷纷被普通人群所佩戴（图2-97）。

图2-97　姚中玉，宣传画《祖国我爱你》（局部）

2.8.3　款式

20世纪80年代初期，普通消费者对珠宝首饰市场的消费意识刚刚苏醒，对珠宝的需求量很大，但是对珠宝首饰知识的了解程度很低，对珠宝首饰的鉴赏水平也就更无从谈起。消费者消费珠宝首饰时想到的首先就是保值性，而不是珠宝首饰的设计与工艺价值。

由此可知，20世纪80年代国内市场中的黄金首饰的品类并不多，常见的有项链、方形或圆形箍戒，以及环形耳饰等。刻有文字的黄金戒指颇受男士的欢迎，"發"字黄金方戒是当时的经典款，还有"福""寿""吉祥""如意"等字样的金戒也十分流行。80年代中期，沿海地区商人身价暴涨，浮夸的大金链也常常被男士佩戴在脖子上。大宝石也开始流行，由于大众传媒的发展，带动了电影、流行音乐、迪斯科等大众娱乐文化的发展。港台女星热衷于佩戴大而浮夸的宝石首饰，彰显妩媚的女性魅力，这些首饰大多由廉价金属、合金、人造宝石、塑料、贝壳与玻璃等材质制成，光芒四射，这都是由于荧屏中的首饰需要更多考虑镜头效果，所以夸张的造型成为首要因素。

2.8.4　教育与设计师

我国较早把珠宝专业纳入到学历教育之中，早期的珠宝专业大都开设于有地质学专业的院校，从而使我国的珠宝学历教育具有扎实和系统的矿床学、岩石学和矿物学基础。在珠宝专业学科的建设上，中国的珠宝学历教育具有系统性，不仅包括地质学、宝石学和材料学系统的专业学习，还包括设计、商贸、市场学等课程。

职业教育开辟了中国珠宝教育的先河。20世纪80年代中期，在对英国、日本和美国等国家珠宝教育考察调研后，中国地质博物馆宝石研究室和中国地质大学（武汉）率先开展了珠宝的职业教育。宝石研究室以开展短期的宝石鉴定培训班为主，武汉珠宝学院引进了英国FGA教育体系，开始了中国的珠宝教育。之后职业教育的培训内容不断拓宽，以满足行业和企业发展的需求为目的开设了一系列课程，并对大众和普通消费者及珠宝收藏爱好者设立了专门的课程，培养出了许多优秀的珠宝首饰人才。

首饰设计的高等教育始于中央工艺美院。1985年，中央工艺美院创立金属工艺专业，开设首饰设计课程。设计教育家、中央工艺美院教授郑可在制订教学计划时，特别强调，"培养大专水平的金属工艺设计人才，必须是既懂理论又能动手的专门人才，以适应四个现代化的迫切需要。也就是说，既能动脑又能动手、结合实际的专门人才，以改变和提高这个行业现有的水平。"❶并特别阐明，在四年教学中要接触到的各种首饰材料如下："① 金属首饰（真金、K金、哑金、银、铜等）。② 陶瓷首饰。当今世界非常流行，在我们陶瓷之国条件更为优越。③ 塑料首饰。现在世界上大型首饰不断发展，为了减轻重量，大型首饰多用塑料制作（塑料首饰可镀金、银等，尤其是中、低档产品）。④ 玻璃首饰。可以用料器制作（料器可模仿珊瑚、玛瑙、松石、翡翠等）。⑤ 宝石、钻石、珍珠首饰等。"❷ 从郑可开出的首饰材料名目可知，当时比较流行的首饰材料有陶瓷、塑料与玻璃等，这些都是时尚首饰的常用材料。

此时，中国设计制作的首饰已日趋成为重要的出口商品，取得了较好的经济效益。首饰的品种与款式也有较大的发展，首饰设计师的设计能力也日益增强，涌现了许多优秀的首饰设计师，如吴可男、张心一、张京羊、周泉根、施明德、陆莲莲、刘红宝等，他们大多从工艺美术品设计转入珠宝首饰设计这个新兴产业，早期主要从事黄金产品的设计和工艺研究，多人被评为"中国工艺美术大师"，是国内珠宝首饰设计的"拓荒者"。他们的作品屡屡在国际首饰比赛中获奖，如上海老凤祥设计师张京羊的作品《星月生辉》，斩获1982年东南亚钻石首饰设计比赛大奖，实现了中国设计师零的突破，成为中国第一位获国际奖的首饰设计师；北京工艺美术研究所的吴可男，1983年在东南亚钻石首饰设计比赛中获优秀设计奖；上海金属工艺一厂（老凤祥有限公司的前身）的张心一，1987年获得东南亚钻石首饰设计比赛的最佳设计奖（图2-98）；上海首饰设计研究中心陆莲莲的胸针作品《圈律》荣获1989年东南

---

❶❷ 连冕.中国现代设计先驱：郑可研究[M].济南：山东美术出版社，2021.

亚钻石首饰设计比赛优胜奖；上海工艺美术公司首饰设计所的宋普设计的胸饰《柠檬》获香港足金首饰设计比赛优胜奖；上海远东金银饰品厂的施明德，设计制作的五件套首饰1983年获中国工艺美术百花奖优秀创作设计二等奖，设计制作的《女士蛇革项链》1987年获东南亚钻石首饰设计比赛大奖等。

图2-98 张心—设计的首饰作品

2.9 百花争妍的20世纪90年代

20世纪90年代中国服饰的最大特点是品位与个性的发轫。改革开放带来了国际的交流，促进了国内服饰的发展，国际上但凡有新的流行风尚，很快就会在中国的大地上畅行无阻，中国的时尚呈现前所未有的多样化格局。同时，时尚人群已经意识到品位与个性在时尚风潮中的价值和地位，越来越多的时尚人士在追求时尚的过程中，有意识地强调自身的个性化因素，从而彰显自身与众不同的时尚品位。此外，经历了十多年外来服饰风尚的冲击，20世纪末的中国人也已经渐渐认识到本土民族服饰的重要性，东方式审美得到越来越多的认可，现代服饰工艺与传统风格融合的可能性得到加强，"个性化"已成为重要的时尚标签，从众、同众的着装现象不复存在，张扬个性、求新求异成为新的时尚，中国的时尚进入多元化的时代，"性感"这一概念迅速蔓延，紧身裤、热裤、迷你裙、吊带裙、露脐装等，呈现了新时期人们服饰审美观念的变化。

2.9.1 产销

20世纪90年代，国家针对贵金属的政策出现变动。1993年，政府将执行多年的黄金价格的固定定价方式改为浮动定价方式。1996年1月18日，经中国人民银行深圳特区分行批准，深圳市首家黄金珠宝专业市场——深圳黄金珠宝广场正式开门营业。1999年12月中国开放了白银市场，上海华通白银交易市场的白银交易价格成为国内白银市场的参考价格，而白银市场的开放被业界视为黄金市场开放的"预演"。由于贵金属管制被取消，国内生产工艺和技术日趋成熟，行业准入壁垒不断降低，市场逐步进入自由竞争阶段，珠宝首饰业因此出现转型分化，原有国有企业及合资企业的经营状况开始滑坡，而股份制企业和私营企业开始崛起。如1996年4月20日，上海老凤祥有限公司正式揭牌成立，公司把工美系统原有的三厂一所一行联成一体，并把原有的16家零售商店也吸引进来，被列为上海市第二批现代企业制度改革试点单位，成为当时全国首饰行业规模最大、技术实力最雄厚的企业。

除了贵金属，在宝石方面，1993年以后宝石市场开始变得空前活跃，而钻石的异军突起也颇为值得一提。1993年，国际钻石商贸公司（The Diamond Trading Company，DTC）把"钻石恒久远，一颗永流传"的广告语带到中国，这是一次极其成功的营销。大力推广之下，戴比尔斯公司（De Beers）的钻石迅速占据了中国的钻石市场，该公司把钻石包装成了爱情的象征，钻石戒指成为世间男女缔结爱情的信物，从此，中国城市消费者的婚庆习俗在很大程度上得以改变。"经过戴比尔斯在中国市场上12年坚持不懈、声势浩大的营销，伴随中国人收入的增长，钻石已经成为中国城市消费者中最流行的珠宝首饰。一些香港零售商已经扩展到了内地，该地区的钻石市场从1993年的5亿美元增长到了去年的14亿美元。"❶

2.9.2　材质

20世纪90年代，时尚首饰制作材质十分多样，无论是昂贵的黄金、钻石，还是廉价的人造宝石、黄铜、塑料等，都可以用来设计制作时尚首饰，贵金属当中，尤以黄金和铂金最受欢迎。黄金和铂金都是镶嵌宝石的材料，人们在选择镶嵌宝石的用材上，一度十分推崇铂金，最开始是选择Pt900，当市场有了Pt950后，Pt900几乎无人问津，而当有了Pt990时，人们又追求Pt990，可见人们对铂金的钟爱无止无休。

此外，对黄金的钟爱也是一如既往，当然，人们对黄金纯度的追求也是保值观念的体现。当市场出现99金（足金）时，低于此成色的黄金几乎无人问津，而当市场出现999金（千足金）时，99金几乎没了销路。有的品牌公司甚至推出四条九（9999）的金，作为其招牌的金饰，人们竞相购买。更有甚者，市场还出现了五条九（99999）的金（金含量99.999%），以此招徕消费者。

戴比尔斯公司带着钻石登陆中国之后，"无钻不成婚"的观念深入人心，钻石婚戒成为婚庆首饰新时尚，中国的钻石消费量也随之快速增长，显然，钻石已成为首饰时尚的新宠。

2.9.3　款式

20世纪90年代初期，中国珠宝首饰行业的发展非常迅速。这个时期，深圳等地出现的珠宝工厂如同雨后春笋，数量非常可观。对于这个时候的消费者而言，首饰是否保值仍然是他们需要考虑的，但与此同时，款式和流行与否也已经成为他们的考量指标之一。因此，这个时期的首饰商开始越来越重视消费者的这种需求，并根据消费者的需求来设计珠宝首饰产品，而珠宝首饰中的创意元素也开始受到重视，

❶ 北京大陆桥文化传媒.世界品牌故事：珠宝卷[M].中国青年出版社，2009.

各大院校也纷纷开设珠宝设计专业，以满足市场的需要。

国际时尚品牌越来越多地进驻中国大陆市场，给国内原有的首饰市场格局带来一定冲击，国内首饰品牌开始模仿外来品牌的产品款式，行业间有了竞争压力，企业开始有了自我改造的内在冲动，品牌意识得到加强。此外，很多港台的珠宝公司也嗅到了中国大陆市场蕴藏的巨大商机，纷纷在大陆快速扩张。比如，在黄金首饰方面，来自香港的周大福与周生生，成为当时黄金首饰的时尚引领者，为内地的消费者带来更多的黄金首饰流行样式。而在世界黄金协会的推广下，许多具有创新设计风格的黄金首饰被介绍给中国的消费者，许多当红艺人都做过黄金首饰的广告代言人。时尚杂志、专业协会与媒体的蓬勃发展，为中国的时尚首饰发展注入活力。如1991年9月23日，中国宝玉石协会（中国宝玉石协会自第四届理事会起，更名为"中国珠宝玉石首饰行业协会"，简称：中宝协）成立，同年10月，《中国黄金报》创刊、1992年《中国宝石》与《中国珠宝首饰》创刊、1993年《时尚》杂志创刊、1994年《全国宝玉石周刊》创刊等，这些珠宝首饰商家和媒体给中国的首饰消费者带来了新的产品和设计理念，使中国的消费者也开始重视珠宝首饰的品牌、款式、流行与设计附加值，具有设计感的时尚首饰逐渐被大众所接受。

随着诸多珠宝首饰品牌的大放异彩，1996年之后，国有、内联、民营首饰企业相继进入市场，珠宝首饰的品类和款式也开始增加。铂金及镶嵌饰品成为珠宝首饰新兴门类，技术工艺革新与自主研发设计也日渐受到重视，珠宝首饰产业开始呈现集约化与品牌化的发展趋势。深圳的珠宝首饰业在这一阶段逐渐崛起，一些半国营性质的首饰企业带头向香港的首饰工厂学习，为后来的发展积累了宝贵的经验。

20世纪90年代大陆的首饰款式受到欧美及港台地区的影响很大，时尚感十足。迪斯科、摇滚、运动风、港台风等时尚风潮此起彼伏，深刻地影响了大陆的首饰时尚。具有不同设计风格的首饰款式经众多的媒介传播到中国大陆，这些媒介包括电视、电影、时尚杂志、期刊、流行音乐、街舞等。电影明星对首饰时尚的传播尤为关键，数量众多的影星写真经不同的媒体被广泛传播，这些影星往往打扮入时（图2-99），佩戴各种款式的珠宝首饰，如珍珠耳环、金属耳钉、珍珠锁骨链、塑料

图2-99　马羚，《大众电影》1993年第1期封面

203

手链、宝石戒指、贝母胸针、立体发箍、蝴蝶结发饰、丝带束脖项饰等，这些首饰款式新颖时尚、色彩绚丽、形态多样、设计风格大胆豪放，极具"氛围感"，深受大陆时尚人士的喜爱。

2.9.4 首饰设计教育

职业教育方面，20世纪90年代，中国地质大学（武汉）珠宝学院创建了GIC（Gemological Institute of China）证书教育，涉及宝石鉴定、钻石鉴定分级、翡翠鉴定、首饰设计和首饰制作等内容。国检珠宝培训中心还创建了NGTC（National Gemstone Testing Center）证书教育体系，包括宝石鉴定与评价证书课程、钻石鉴定分级证书课程、珠宝营销与管理证书课程、首饰设计等证书课程。之后，中国珠宝玉石首饰行业协会创建了GAC（Global Assessment Certificate）证书教育，主要涉及宝石鉴定技术等内容。此外，从1995年开始，世界黄金协会开始关注中国黄金首饰市场的发展和提高，为了让黄金首饰呈现更好的设计，世界黄金协会不仅每年举行一次黄金首饰设计研讨会，邀请国内著名设计师共同参与，还组织全球性的黄金首饰设计大赛，许多中国设计师都在大赛中崭露头角，新一代的设计师不断涌现。

首饰设计教育方面，北京服装学院1993年开始招收本科生，开设首饰设计课程（图2-100），随后，中央美术学院于1995年开始招收本科生，中国地质大学（武汉）1999年也开始招收专科生，并于2000年开始招收本科生。尽管这些高校在培养目标与课程设置方面各有侧重，但不可否认的是，它们都为中国高校的现代首饰设计教育做出了重大贡献，为中国的首饰界培养了一大批具有现代设计理念的设计师和艺术家，从某种程度上改变了国内首饰业的格局，提升了消费者的审美水平，使中国的首饰设计理念与时尚逐渐紧随国际潮流。

图2-100 北京服装学院学生服饰设计作品，作者：胡俊，1997年

2.10 进入21世纪

21世纪初，中国珠宝业的发展驶入了快车道，珠宝首饰产业已初具规模，具备了良好的发展基础。截止到2005年，"中国珠宝首饰业产值发展到近1000亿元，从业人员发展到200万人，成为世界上最大的铂金消费国、亚洲最大的钻石市场之一、世界上第四大黄金消费国、世界上最大的玉石和翡翠消费市场。中国共有珠宝首饰生产企业共5000多家，其中年销售额超过亿元的企业达到500家，已经建立了19个珠宝玉石首饰特色产业基地"。❶

2.10.1 产销

受时尚首饰变化周期以及客户多样化与个性化需求的影响，新时期时尚首饰制造商必然要使企业的产品向多品种、小批量、多批次、短周期的方向发展，从而使产品实现过程变得更为复杂和多变，也必然带来企业生产模式——需求、设计、制造、销售与服务——的变革，使之具有高效率和高柔性的功能。

总体来讲，进入21世纪之后，国内珠宝首饰的生产模式主要包括：单件小批量生产、大规模定制与多品种小批量柔性生产等几种模式，正是通过这几种生产模式，21世纪之后，我国的珠宝首饰业实现了多个"名列前茅"："2010年，中国珠宝消费超过2500亿元，我国已成为世界上黄金消费第一大国、年消费黄金超过500吨；成为世界上第一铂金消费国，消费铂金达49吨；成为世界上最大的玉石消费国，白玉、翡翠、玛瑙、水晶等消费位列全球第一。钻石首饰消费位居世界第二，年消费总额达250多亿元人民币。同时，我国还是世界上最大的珠宝镶嵌加工生产国、最大的流行饰品生产国、最大的珍珠生产国以及最大的人造宝石加工国；钻石切磨被国际珠宝界誉为'中国工'，每年加工钻石300万克拉，居世界第二位。"❷可见，中国已当仁不让地成为世界上最重要的珠宝加工大国和世界上最庞大、最重要的珠宝消费市场，而庞大的产业与消费市场，反过来又有力地支撑了中国时尚首饰全产业链的发展，在此基础上，时尚首饰的生产和消费，均进入高速发展期。

珠宝首饰企业的销售模式以连锁店模式为主导，但单店模式也有其独特的市场

---

❶ 程建强，黄恒学.时尚学[M].北京：中国经济出版社，2010.
❷ 中国珠宝玉石首饰行业协会.十年[M].北京：地质出版社，2010.

定位和发展空间。此外，新的销售模式不断涌现，比如网店、买手店、社交平台直销等，绝大多数的时尚首饰都是通过这些方式实现销售，当然，企业或独立设计师可以根据自身情况来合理选择销售模式，以实现更快的发展和更大的市场影响力。一般来讲，无论是大型制造商还是体量较小的独立品牌，都会采取线上与线下相结合的销售方式，例如，周大福聚焦全链条智能化改革，在已有的"云柜台"等科技应用基础上打造更强的销售赋能工具及设备，优化全渠道顾客体验；六福珠宝则应用3D技术，推出"Diamond In Your Style"定制服务，同时升级SCRM系统（指社交客户关系管理系统，即Social Customer Relationship Management System的简称），提供更有效的个性化服务。而一些体量小、转型快的独立设计师品牌也能够率先嗅到最新的时尚气息，设计制造富有创新性的时尚首饰产品，这些产品大多陈列在品牌官网与买手店，而买手店主往往会在大量的时尚首饰中，挑选适合自己店铺销售的产品，从而实现买手店的独有特色。目前，国内时尚首饰买手店遍地开花，较有特色的买手店如COINK CONCEPT和Chinese Medicine，都取得了不错的销售业绩。

2.10.2 材料与工艺

时尚首饰的制作材料在新时期得到前所未有的发展，除贵金属、天然宝石、廉价金属、半宝石、人造宝石、化学材料以外，环保材料异军突起。应该说，环保已成为当今社会的主流意识，环保材料首饰也成为当下新潮的首饰时尚。由于传统的首饰材料一般包括金、银、铜、珍珠、宝石等。这些材料的开采、加工和制造过程中，往往需要耗费大量的能源和原材料，势必会对环境产生污染和破坏。例如，金矿开采会导致森林破坏、水源污染和土壤退化，而珍珠养殖则会浪费大量的水资源，产生垃圾和废水。所以，选择环保材料制作而成的首饰，不仅能表达人们对环境的关爱，也能切实帮助保护地球环境。例如，高纳仕（GAONAS）公司用电路板、螺母、光碟、工业废弃齿轮与人造宝石等材料相结合而设计制作的首饰，宣扬环保理念，主题涉及海洋污染、光污染、人类垃圾、工业废弃物等问题，以此宣扬环保理念。此外，高纳仕的另一件巨型蝴蝶首饰，其主石为一颗人造祖母绿，由南极科考队带回来的玻璃瓶制作而成。

智能材料也日渐成为热点。智能首饰是在传统首饰的基础上，通过嵌入感应器、传感器、芯片等电子元件而实现智能功能的新型产品，它不仅能够提供美学享受，还具备实用的功能，如健康监测、信息传递与支付等。此时，智能芯片和生物传感器也成了首饰材料，只要在首饰内部嵌入智能芯片和生物传感器，就能够根据佩戴者的心跳速度、体温升降和情绪波动，来相应调整首饰的光线及色彩，从而打造多种情感体验的时尚首饰。

当然，传统的首饰制作材料在表达时尚概念方面同样不可或缺（图2-101）。进入21世纪之后，我国在珠宝首饰流通领域的改革不断："2000年，我国白银取消'统购、统销'制度，白银市场放开。2000年10月，上海钻石交易所成立，建立了国内唯一的钻石进出口交易平台。2002年，上海黄金交易所正式运行，黄金原料市场放开。2003年，央行取消了黄金饰品企业审批制度，黄金饰品市场放开。2005年，我国居民黄金投资市场全面放开。"❶至此，珠宝首饰流通体制的改革取得了重要成果，极大促进了中国珠宝首饰市场的发展和繁荣。中国的K金和铂金的生产已经具有相当高的水平和能力，中国的时尚黄金饰品从追求黄金纯度的"足金""千足金"与"万足金"，到降低黄金重量的"3D硬金"工艺，再到强调工艺和文化并重的古法黄金的发展阶段，体现了国内消费者对黄金首饰的态度，发生了从追求保值增值，到追求设计与工艺并重的转变，彰显出人们对时尚首饰的消费有了更高层次的追求，这一点对于首饰的品牌化建设具有重大意义。

图2-101　张雪莉，《蝴蝶飞舞》胸针，材质：18K金、翡翠、红宝石、钻石、大明火珐琅

此外，宝石镶嵌的加工优势也极为明显，中国已经具有成为世界珠宝加工中心的能力和基础。宝石的产出方面，中国已成为淡水珍珠的生产大国，其年产量达到600多吨，占世界淡水珍珠总产量的80%。人造宝石的加工也是独领风骚，已发展成为以广西梧州为代表的人造宝石切磨加工中心，我国钻石加工能力和水平亦不甘示弱，已达国际水准，年加工钻石达300万克拉，从业人员约16000人。随着珠宝业的快速发展，中国的一些地区利用当地区域优势，陆续形成了一批珠宝玉石资源开发基地、首饰加工基地和贸易中心等，为进入21世纪的中国时尚首饰业的发展奠定了坚实的基础。

值得一提的是，培育钻石近年来的迅速崛起，改变了国际钻石市场的格局。要知道，中国人的钻石消费从刚开始盛行的5~10分的小钻，到2000年的20~30分的主流钻，人们购买钻石时对克拉数的要求越来越高。2004年，随着广告语"你是我的另一半"的推出，50分的婚戒成为热销品，2005年，北京七彩云南公司重磅推出1

❶ 中国珠宝玉石首饰行业协会. 十年[M]. 北京：地质出版社，2010.

克拉29999元"让你尊贵、不再昂贵"的克拉钻石推广活动，并创造出克拉钻单天销售37颗、订货80颗的奇迹。此后的几年，克拉钻每年以8%~10%的增幅上涨，中国的钻石消费从此进入"克拉"时代。然而，进入2020年，培育钻石的消费逐渐形成气候，天然钻石的销量开始下降。与天然钻石相比，培育钻石更具可持续性，作为可持续发展的钻石，培育钻石对环境造成的影响比开采天然钻石小80%以上，具有无地表破坏、低碳排、低耗水、安全无冲突等优势。近年来，全球培育钻石的产量持续上涨，中国的培育钻石行业可谓一家独大，2021年中国培育钻石产量达到400万克拉，占全球培育钻石产量的43%。培育钻石的异军突起，改变了人们对钻饰的态度，越来越多的人接受了培育钻石，不再选择购买价格高昂的天然钻石首饰，掀起了培育钻石首饰消费新时尚，致使天然钻石的销售遭遇重挫，价格"跌跌"不休。这种状况表明人们对于首饰材料保值的观念正在逐渐改变，人们的环保理念也在进一步上升，设计的价值已成为时尚首饰最重要的因素之一。

2.10.3　款式

时尚风潮的多样化导致时尚首饰从形态、材质、色彩、制作工艺与设计观念等方面，都呈现出多姿多彩的局面（图2-102）。21世纪之后，新的时尚风潮可谓一波未平，一波又起，如哈韩、哈日、清纯、复古、怀旧、嘻哈、赛博朋克、民族、波普、轻奢、波希米亚、快时尚、多巴胺、易装、中性、萝莉、混搭等风格。这些风潮从早期的有迹可循，尚可分门别类，到后期的群雄并起，凸显了21世纪时尚"多元并存"与"稍纵即逝"的特点。可以说，21世纪诸多社会、政治、经济、人文与科技的发展状况，给新一代

图2-102　郑志影，《田园系列–三个辣椒》吊坠，材质：和田玉籽料、碧玉、南红、钻石、彩宝

的时尚首饰设计师带来了无穷无尽的灵感，引发了一轮又一轮的时尚首饰设计潮流。例如，由于科学技术向宇宙空间的深入扩展，设计师出于对太空、宇宙与苍穹的向往，以及对生命的珍惜与顾念，引发了"科幻元素"的国际时尚趋势；新旧媒体的交互影响、城市化步伐的不断加快，唤起人们对过去年代的依恋，于是"复古风"盛行；由于自然生态遭受破坏而导致环境问题频发，"环保"与"可持续"的主题风

行一时；随着我国文化复兴战略的大力实施，国人的文化自信逐渐被建立起来，国人对优秀传统文化的认可度也越来越高，为满足消费者对具有中国特色首饰产品的需求，时尚首饰的"国潮设计风"一直热度不减。

国外时尚首饰的设计对国内具有较大的影响。随着越来越多的外国时尚首饰走进中国，成为时尚人士的新宠，中国的时尚首饰设计师发挥了"拿来主义"的精神，对外国时尚首饰进行模仿。例如，2001年前后，当戴比尔斯公司在中国推出"煽动"系列钻石款式时，当时全国的珠宝店售卖的几乎都是类似款的钻石，其他款式几乎卖不动。2003年世界黄金协会推出 K-gold 18K 金饰概念，改变了国内传统黄金饰品的"保守"形象，K-gold 18K 金饰以时尚的设计、多变的造型及炫美的色彩，开创了时尚金饰消费理念，树立了黄金饰品的时尚形象。再如，当国外的铂金钻戒在中国流行时，用白色K金和黄色K金镶嵌的钻石首饰基本无人问津。不过，经过多年的努力，中国的时尚首饰市场愈发成熟，多数制造商都逐渐有了自己的设计产品，形成了一定的设计风格。例如，周大福的福星宝宝系列首饰是一款非常受欢迎的首饰系列，它以宝宝为主题，寓意宝宝的健康成长和幸福未来，多年来销售火爆，成为行业引以为傲的设计IP。此外，在18K金饰风行全国的时候，国内的首饰商积极自主研发相关产品，攻克了18K黄金的工艺难题，使18K金饰的款式不断迭代，成为日常时装的主要配饰。

此外，首饰与流行色的关系得到了前所未有的加强。每一年，全球的流行色发布机构如潘通（Pantone）、Color Futures、Color of the Year、巴黎娜丽罗获设计事务所（Nelly Rod）等，都会发布年度流行色。这些机构通过不同的方法和视角，为各行各业提供关于未来流行色的洞察和指导。近年来，越来越多的首饰商会根据年度流行色，推出相应的时尚首饰产品。由于首饰制作材料尤其是宝石材料，天然具备缤纷的色彩，随着人造宝石技术的进步，宝石的色彩种类和纯度更是得到了巨大的发展，所以，首饰商可以根据不同的流行色系来选择相应的宝石，进行首饰设计制作。事实上，尽管金属的固有色十分有限，但现代金属表面着色技术的发展，已经可以满足人们对不同金属色彩的需求。故而，无论是金属还是宝石，都能完全满足不同年度流行色的要求，生产出符合年度流行色的时尚首饰。

除了多姿多彩的女性时尚首饰，男性时尚首饰的关注度与佩戴度也在上升，越来越多的时尚男士开始佩戴首饰，标榜自己与众不同的时尚品位。男性时尚首饰的品类包括耳饰、戒指、手镯、项饰、胸饰等，设计风格多呈现摇滚、嘻哈、赛博朋克与中性风。应该说，男士佩戴耳饰是一种新的时尚动向，此前，男士的耳垂基本上是首饰佩戴的"禁区"。不过，总体来看，男士耳饰的款式一般较为简单，往往为形态简约的耳钉，表明"突破"还是较为温和的。款式最为多样的男性时尚首饰当属胸饰，无论是形态自由奔放的花卉，还是造型简洁有力的抽象物体，都可以在男性时尚胸饰中见到，体现了新时期首饰"性别"特征进一步模糊的特点，中性化的时尚首饰占据了一定的市场份额，而女性首饰男性化与男性首饰女性化的特点也有进一步强化的趋势。

总体来看，假如以材料价值作为依据，首饰市场可分为高端、中端与低端市场，一般来讲，高端首饰市场对时尚的回应较为迟缓，低端市场由于成本限制，对时尚的回应也较为迟缓，相比之下，中端市场对时尚的回应最为迅捷，为时尚首饰的主要阵地。较长时间以来，西方快时尚品牌因为价格便宜，款式新颖，更新较快等特点，深受年轻人群的喜爱，然而，到了21世纪10年代后期，随着消费者越来越追求个性化，西方快时尚品牌的质量和设计饱受诟病，曾靠"仿大牌"的设计吸引消费者，反而成了"嘲点"。此外，随着各大网络购物平台中国本土品牌越来越多地出现，本土品牌的时尚产品得到了越来越多的关注，相较于西方快时尚品牌千篇一律的风格和"季抛"质量，本土快时尚品牌的风格更为多元，同价位的质量也更好。

2.10.4　品牌

随着珠宝首饰业竞争的加剧，市场在工艺、设计以及文化理念方面都对产品提出了更高的要求，企业必须不断挖掘、创新珠宝文化，吸收先进的设计理念和元素，针对不同群体的特定需求，打造自己的产品，扩大品牌的影响力，才能在市场上立于不败之地。为了大力实施品牌战略，提升珠宝首饰产业的竞争力，2001年中国珠宝玉石首饰行业协会启动了"中国珠宝首饰业驰名品牌"的培育工作，经过不懈的努力，一大批时尚首饰品牌成长起来。如老凤祥、金伯利、周大福、潮宏基、梦金园、赛菲尔、ITEN十心十箭、Abyb、Wens、白岚、ARSIS等，还有一些时尚首饰独立品牌也做得风生水起，如尤目、见石、CUNZU、软山（Soft Montain）、衣锦媚行、达弥（daartemis）、BLACKHEAD、Tender Society、CHUNRAN、BEA BONGIASCA、Beautyberry、Hefang、Ejing Zhan、Molism design、Cough in vain，以及智能首饰品牌totwoo等，快销时尚首饰较有代表性的品牌有：序列构造、SUMIYAKI感冒、Masw麻秀、SUN HUNTER三横等。

品牌的成长，离不开产品在设计上的不断突破。迈入21世纪之后，越来越多的珠宝首饰企业意识到设计的价值，从而将设计视为打造品牌的"执行工具"，使设计成为顶层战略思维与面向未来的品牌核心竞争力。设计的差异化同样可以提升品牌的辨识度，由于珠宝制作的技术壁垒相对较低，外观设计也缺乏强有力的专利保护，极易被抄袭仿冒，因此难以通过外观设计达成较高壁垒。尤其对于时尚首饰而言，其外观设计的变化周期较短，一旦品牌产品的外观被抄袭，对于品牌而言，缺乏足够的时间来应对，从而造成难以弥补的损失。然而，一旦将产品与品牌实现较强的绑定，形成较强的品牌风格，被抄袭的风险就会大大降低，因为，高品牌辨识度的设计一旦被抄袭，就会被辨识且被定义为山寨。所以，在设计中融入品牌标志性元素，形成品牌设计风格，比如施华洛世奇的水晶元素、天鹅元素、潘多拉的串珠元素、梵克雅宝的四叶草等，这种差异化设计就成了国内大多数时尚首饰品牌的追求目标。当然，设计之外，还要融入时尚潮流、商业目标、市场定位、销售形式等，甚至还要彰显一定的社会责任，因为，时尚不仅与美有关，也与社会风潮有关。所以，当时尚发展到一定程度，不论是品牌还是企业家，都不能只是为了盈利和抢占市场而设计、生产商品，品牌要承担一定的社会责任，为消费者提供正确的消费指引。

品牌的建立也离不开专业媒体的宣传与推广，《时尚芭莎》《中国宝石》《芭莎珠宝》《中国珠宝首饰》《中国宝玉石》《深圳珠宝》等刊物，以及中国珠宝行业网、中国珠宝玉石首饰行业网、POP首饰趋势网等网站，为国内首饰业提供各种最新资讯服务的同时，也加快了行业间的信息交流，扩大了对珠宝品牌的宣传力度。此外，专业媒体与首饰商、大众传媒、艺术院校、明星网红、设计师、艺廊等形成共谋，不断开发新的时尚热点，生成新的首饰时尚风潮。

诸多专业的珠宝展在为时尚首饰提供展示的空间的同时，也频频触发了时尚首饰的设计灵感。上海、深圳和北京三大国际珠宝展为行业树立整体形象，也为企业塑造品牌、展示文化与实力提供了最佳的舞台。三大国际珠宝展已成为集珠宝首饰新品展示、商业交易、品牌推广、文化传播、信息交流和学术交流于一体的国际化、综合性的展示平台，在国内外的影响力日益增大。与此同时，首饰设计大赛也如雨后春笋，许多优秀的设计师都在多个国际国内首饰设计大赛中崭露头角，中国的首饰品牌与设计师开始走向世界。

2.10.5 首饰设计教育与设计师

进入21世纪，尤其是2004年之后，珠宝首饰设计教育的规模呈高速扩张之势，国内许多高等教育院校纷纷建立首饰设计方向，开设首饰设计课程，可以说，高校首饰设计教育在全国遍地开花。据不完全统计，时至今日，全国已有超过200所院校开设了首饰设计专业，而与首饰行业相关的学生数量每一年也在逐渐增加，海归的首饰设计师也开始加入到国内首饰设计行业竞争的行列。

首饰设计教育与行业的持续发展，致使优秀设计师层出不穷，尤其是独立首饰设计师的大量涌现，极大地丰富了市场上的首饰产品款式和类型，这些独立首饰设计师在设计个性化的道路上越走越远，其产品款式呈现空前的多样化，更有极强的风格调性，消费者也往往更容易对他们的产品产生品牌忠诚，所以，市场也被他们进一步细分。而"多元化"恰是21世纪时尚首饰的最大特点，这种"多元化"体现在时尚首饰的各个方面，款式设计的"多元化"尤为突出。这是因为一方面，由于消费者在个性表达方面的需求愈发强烈，对时尚首饰的个性化设计提出了要求，另一方面，产品销售的渠道越来越多样，使得各种"独立""定制"的首饰设计迎来了春天，人们会依照自己对"自由"与"个性"的理解来选择珠宝首饰，这种需求在高端消费人群中尤为明显，个别名媛明星甚至因为自己无法购买到能够满足自身需要的首饰，萌发了亲自操刀设计首饰，或者寻找专业定制的想法，从而带动了珠宝定制的热潮。此外，由于每个人的个性相去甚远，所以，倒逼设计师设计千变万化的首饰款式，21世纪的首饰由此搭上了"自由"与"个性"的高速列车。随着"自由"与"个性"的程度不断加强，"自由"与"个性"就成了"时尚"的代名词，似乎首饰的款式越"个性"，就越"时尚"。

此一时期，具有代表性的高中端时尚首饰设计师有：陈世英、赵心琦、蔡安和、胡茵菲、王焜、钟华、郑志影、张雪莉、刘明明、徐一诺、马瑞（图2-103）、朱丹燚、陆爱爱、张嫚婧等。他们引领首饰设计时尚浪潮，在现代社会里追求自我、标新立异、表达时代精神、勇于创新，他们的作品符合现代生活方式和审美观念，适应时代和社会生活的需求。

图2-103 马瑞，《毒系列—蛇》胸针，材质：18K黄金、和田白玉籽料、墨玉、钻石

2.10.6 未来时尚首饰发展趋势

纵观时尚发展的历程，可见时尚的发展过程就是解放身体以及释放身体美感的过程。"总体来看，自20世纪开始的当代服装时尚的历史经历的是一个由'解放身体束缚'到'肯定身体的外观'再到'追求身体的欲望'的发展过程，是一个不断走向肉身的身体化过程。"[1]基于此，时尚首饰的未来趋势总结如下：①受"身体即时

[1] 齐志家.时尚与身体美学[M].北京：人民出版社，2015.

尚"思潮的影响，时尚首饰更倾向于服务于身体的塑造。从佩戴方式上来讲，嵌入身体的形式更为突出，装饰作用进一步减弱，反之，与社会风潮的关系则进一步加强；②新媒体时代的信息呈现扁平化和碎片化的特点，资讯的泛滥与快速更迭导致流行周期变得更短，时尚首饰同样也会呈现周期更短、时尚风格更为多样化与碎片化的特征；③与生活方式的关系更为紧密。在生活方式的影响下，时尚首饰为生活方式服务的倾向更加凸显，其形态、佩戴方式、选材以及结构都会受到相应的改变；④从早期的"趋同"功能到后期的"求异"功能，时尚在社会上影响的范围更小，势必导致时尚首饰的目标人群进一步被细分，标签化、符号化、身份认同与归属的特性进一步加强，消费群体以年轻人为主；⑤时尚首饰与艺术首饰的边界逐渐模糊，呈现跨界的趋势，时尚首饰的思想性、概念性、先锋性以及引领性更为明显，与人工智能、虚拟技术、可穿戴技术的融合方式更多元。具体来讲，时尚首饰势必从艺术首饰中汲取更多的营养，把艺术首饰的概念元素作为自身的设计起点，融入新的创意与时尚性，从而不断开发新一代时尚首饰作品。此类时尚首饰或可称为"创意型时尚首饰"或"概念型时尚首饰"。

参考文献

[1] 苏珊·拉·尼斯.金子：一部社会史[M].汪瑞，译.北京：北京大学出版社，2016.

[2] 菲利帕·梅里曼.银子：一部生活史[M].安静，译.北京：北京大学出版社，2016.

[3] 王受之.世界现代设计史[M].北京：中国青年出版社，2002.

[4] 王受之.世界时装史[M].北京：中国青年出版社，2002.

[5] 齐奥尔特·西美尔.时尚的哲学[M].费勇，等译.北京：文化艺术出版社，2001.

[6] 卞向阳.百年时尚——海派时装变迁[M].上海：东华大学出版社，2014.

[7] 高宣扬.流行文化社会学[M].北京：中国人民大学出版社，2015.

[8] 杨道圣.时尚的历程[M].北京：北京大学出版社，2013.

[9] 罗兰·巴特.流行体系：符号学与服饰符码[M].敖军，译.上海：上海人民出版社，
    2000.

[10] 布莱克曼.时尚百年[M].张翎，译.北京：中国纺织出版社，2014.

[11] 唐绪祥.中国民间美术全集.饰物卷[M].南宁：广西美术出版社，2002.

[12] 沈从文，王㐌.中国服饰史[M].北京：中信出版集团，2018.

[13] 袁仄，胡月.百年衣裳：20世纪中国服装流变[M].北京：生活·读书·新知三联
    书店，2010.

[14] 克莱尔·菲利普斯.宝石与珠宝[M].别智韬，柴晓，全余音，译.北京：电子工业
    出版社，2021.

[15] 路甬祥.金银细金工艺和景泰蓝[M].郑州：大象出版社，2004.

[16] 大卫·瑞兹曼，若斓达·昂.现代设计史[M].李昶，译.北京：中国人民大学出版
    社，2013.

[17] 卡罗琳·科克斯.百年时尚珠宝设计[M].王陶均，译.上海：东华大学出版社，
    2019.

[18] 丁文萱.时装首饰的美好年代[M].北京：文物出版社，2017.

[19] 齐志家.时尚与身体美学[M].北京：人民出版社，2015.

[20] 程建强，黄恒学.时尚学[M].北京：中国经济出版社，2010.

[21] 多米尼克·古维烈.时尚简史[M].治旗，译.桂林：漓江出版社，2018.

[22] 袁仄，王子怡，蒋玉秋，等.北京服饰文化史[M].北京：北京工艺美术出版社，
    2019.

[23] 黄建平.百年上海设计[M].上海：上海大学出版社，2017.

[24] 张竞琼.从一元到二元：近代中国服装的传承经脉[M].北京：中国纺织出版社，2009.

[25] 冒绮.民国上海女性首饰研究[M].北京：中国纺织出版社有限公司，2021.

[26] 徐华龙.民国服装史[M].上海：上海交通大学出版社，2017.

[27] 吴明娣.百年京作：20世纪北京传统工艺美术的传承与保护[M].北京：首都师范大学出版社，2014.

[28] 孙恩乐.岭南最大移民群体服饰：广府服饰[M].北京：中国纺织出版社，2014.

[29] 上海市戏曲学校中国服装史研究组，周汛，高春明.中国服饰五千年[M].香港：商务印书馆有限公司，1984.

[30] 周松芳.民国衣裳：旧制度与新时尚[M].广州：南方日报出版社，2014.

[31] 黄能福，陈娟娟，黄钢.服饰中华：中华服饰七千年[M].北京：清华大学出版社，2011.

[32] 梅新林，陈玉兰，刘文.江南服饰史[M].上海：上海古籍出版社，2017.

[33] 周汛，高春明.中国传统服饰形制史[M].台北：南天书局有限公司，1998.

[34] 李欧梵.上海摩登：一种都市文化在中国1930–1945[M].毛尖，译.北京：北京大学出版社，2001.

[35] 谭烈飞.北京方志提要[M].北京：中国书店出版社，2006.

[36] 陈重远.老珠宝店[M].北京：北京出版社，2006.

[37] 贾葭.摩登中华：从帝国到民国[M].上海：东方出版中心，2019.

[38] 连冕.中国现代设计先驱：郑可研究[M].济南：山东美术出版社，2021.

[39] 李轶南.晚清民国时期江南地区设计艺术研究[M].南京：东南大学出版社，2021.

[40]《上海二轻工业志》编纂委员会.上海二轻工业志[M].上海：上海社会科学院出版社，1997.

[41] 田自秉，华觉明.历代工艺名家[M].郑州：大象出版社，2008.

[42] 江苏省地方志编纂委员会.江苏工艺美术志[M].南京：凤凰出版社，2020.

[43] 王静渊，庄立新.明清近代服饰史[M].北京：化学工业出版社，2020.

[44] 孟皋卿.中国工艺精华[M].北京：新华出版社，2000.

[45] Liesbeth den Besten.On Jewellery–A Compendium of International Contemporary Art Jewellery[M]. Stuttgart: Arnoldsche Art Publishers, 2011.

[46] Alba Cappellieri.Gioielli alla Moda[M]. Mantua: Corraini Edizioni, 2016.

[47] Stefano Papi, Alexandra Rhodes.20th Century Jewelery & the Icons of Style[M]. London: Thames & Hudson Ltd: 2 Edition, 2016.

[48] Barbara Paris Gifford.Jewelry Stories–Highlights from the Collection 1947–2019[M]. Stuttgart: Arnoldsche Art Publishers, 2021.

[49] Cally Blackman. 100 Years of Fashion[M]. London: Laurence King Publishing, 2012.

[50] Baker Lillian. Fifty Years of Collectable Fashion Jewelry[M]. Paducah: Collector Books, 1986.

[51] Deanna Farneti Cera. Adorning Fashion: The History of Costume Jewellery to Modern Times[M]. HongKong: Jewelry Connoisseur. 2020.

[52] Judith Miller.Costume Jewellery[M]. London: Octopus Publishing Group Ltd, 2010.

[53] Diana Scarisbrick, Jack Ogden, Ronald Lightbown, et al. Jewellery: Makers·Motifs·History·Techniques[M]. London: Thames & Hudson, 1989.

[54] Alba Cappellieri.Jewellery: from Art Nouveau to 3D Printing[M]. Milano: Skira Editore S. P. A., 2018.

[55] Juliet Weir–de La Rochefoucauld.Lydia Courteille: Extraordinary Jewellery of Imagination and Dreams[M]. Suffolk: ACC Art Books, 2016.

[56] Juliet Weir–de La Rochefoucauld.Women Jewellery Designers[M]. Suffolk: ACC Art Books, 2017.

[57] Carol Woolton.Fashion For Jewels: 100 Years of Styles and Icons[M]. London: Prestel Publishing Ltd, 2010.

[58] Pamela Y. Wiggins.Warman's Costume Jewelry: Identification and Guide[M]. Iola: Krause Publications, 2014.

[59] Florence Muller, Edited by Patrick Sigal. Costume Jewelry: For Haute Couture[M]. London: Thames & Hudson Ltd, 2006.

[60] Caroline Pullee.20th Century Jewelry[M]. Chicago: Mallard Press, 1990.

[61] Sylvie Raulet.Art Deco Jewelry[M]. London: Thames & Hudson Ltd, 2002.

[62] Fritz Falk.Art Nouveau Jewellery[M]. Stuttgart: Arnoldsche Art Publishers, 1999.

[63] Maia Adams. Fashion Jewellery: Catwalk and Couture[M]. London: Laurence King Publishing, 2012.

[64] Corinne Davidov, Ginny Redington Dawes.The Bakelite Jewelry Book[M]. New York: Abbeville Press Publishers, 1988.

[65] Sharon G. Schwartz, Laura Sutton. Eisenberg Originals[M]. Atglen: Schiffer Publishing Ltd, 2017.

[66] Wilhelm Lindemann, Anne–Barbara Knerr.Zeitgeist–A Century of Idar–Oberstein Costume Jewellery[M]. Stuttgart: Arnoldsche Art Publishers, 2009.

[67] Christopher Mozsory.Nature Transformed: French Art Nouveau Horn Jewelry[M]. New York: Macklowe Gallery, 2012.

[68] Henri Vever.BIJOUTERIE FRANCAISE AU XIX SIÈCLE (1800–1900)[M]. Paris: H. Floury, 2015.

[69] John Peacock.20th Century Jewelry–The Complete Sourcebook[M]. London: Thames & Hudson Ltd, 2002.

[70] Carole Tanenbaum.Vintage Costume Jewellery–A Passion for Fabulous Fakes[M]. London: Antique Collectiors' Club, 2006.

[71] Diane Venet, Barbara Rose, Adrien Goetz. Bijoux d'artistes,De Picasso, A Jeff Koons[M]. Paris: Flammarion, 2011.

[72] Amanda Vaill, Janet Zapata.Seaman Schepps: A Century of New York Jewelry Design[M]. New York: The Vendome Press, 2004.

[73] Nancy Schiffer. The Best of Costume Jewelry[M]. Atglen: Schiffer Publishing Ltd, 2008.

[74] Carole Tanenbaum.Fabulous Fakes: A Passion for Vintage Costume Jewelry[M]. New York: Artisan, 2005.

[75] Beatriz Chadour–Sampson.Sonya Newell–Smith, Tadema Gallery London: Jewellery From the 1860s to 1960s[M]. Stuttgart: Arnoldsche Art Publishers, 2021.

[76] Caroline Cox.Luxury Fashion: A Global History of Heritage Brands[M]. London: Bloomsbury Publishing Plc, 2013.

[77] Daniel James Cole, Nancy Deihl.The History of Modern Fashion From 1850[M]. London: Laurence King Publishing, 2015.

[78] J.Anderson Black, Madge Garland.A History of Fashion[M]. London: Orbis Publishing Limited, 1985.

[79] Vivienne Becker, Deborah Nadoolman, Colin McDowell.SWAROVSKI Celebrating a History of Collabrations in FASHION, JEWELRY, PERFORMANCE, and DESIGN[M]. New York: Rizzoli International Publications, 2015.

[80] Martin Chapman, Michael Hall.Cartier in the 20th Century[M]. London: Thames & Hudson, 2014.

[81] Patrick Mauries.Jewelry By Chanel[M]. London: Thames & Hudson, 2012.

[82] Patricia Corbett, Ward Landrigan, Nico Landrigan.Jewelry By Suzanne Belperron[M]. London: Thames & Hudson, 2015.

[83] Vincent Meylan.Van Cleef & Arpels: Treasures and Legends[M]. Suffolk: ACC Art

Books, 2017.

[84] Alexander Fury. Dior Catwalk: The Complete Collections[M]. London: Thames & Hudson, 2017.

[85] Jan Brand. Fashion & Accessories[M]. Arnhem: TERRA ArtEZ Press, 2007.

[86] Alexander Fury, Catwalking: Photographs by Chris Moore[M]. London: Laurence King Publishing Ltd, 2017.

[87] Christopher Breward.The Culture of Fashion: A new history of fashionable dress[M]. Manchester: Manchester University Press, 1995.

[88] Yvonne J. Markowitz, Elizabeth Hamilton. Oscar Heyman: The Jewelers' Jeweler[M]. Boston: MFA Publications, 2017.

[89] Deanna Farneti Cera.Coppola E Toppo: Fashion Jewellery[M]. Suffolk: Antique Collectors' Club Ltd, 2009.

[90] Sylvie Raulet, Olivier Baroin. Suzanne Belperron[M]. Suffolk: Antique Collectors' Club Ltd, 2011.

[91] Louisa Guinness. Art as Jewellery: From Calder to Kapoor[M]. Suffolk: ACC Art Book, 2018.